江苏省第八批“六大人才高峰”高层次人才资助项目

区间数决策集对分析

刘秀梅　赵克勤　著

科学出版社
北京

内 容 简 介

本书是把集对分析及其联系数用于区间数多属性决策建模与应用研究的专著,共9章。第1章为绪论,第2~4章介绍区间数与联系数的性质以及区间数向联系数的转换与计算,第5~8章是集对分析在各种不同的区间数多属性决策问题中的应用,第9章介绍基于赵森烽-克勤概率的新型风险决策和进一步需要研究的问题。

本书重点是集对分析用于区间数多属性决策中的不确定性分析。特点是:"新",把集对分析理论和联系数系统地用于区间数决策理论方法建模创新;"实",全书结合各种应用实例说明集对分析理论和联系数在区间数决策中的应用;"简",简明扼要地说明集对分析理论,联系数的算法,区间数向联系数的转换方法,基于集对分析联系数的区间数决策模型的建模、计算和分析步骤等。

本书适用于高等院校管理科学与工程、系统工程、数学与应用数学、自动化与系统控制等专业的教师、学生以及各类管理决策人员使用,也可供研究和应用集对分析的各类科技人员和数据处理相关的科研人员参考。

图书在版编目(CIP)数据

区间数决策集对分析/刘秀梅,赵克勤著.—北京:科学出版社,2014.10
ISBN 978-7-03-041993-4

Ⅰ.①区… Ⅱ.①刘… ②赵… Ⅲ.①决策论-研究 Ⅳ.①O225

中国版本图书馆 CIP 数据核字(2014)第 222851 号

责任编辑:张海娜 王迎春 / 责任校对:郭瑞芝
责任印制:徐晓晨 / 封面设计:蓝正设计

科学出版社出版
北京东黄城根北街16号
邮政编码:100717
http://www.sciencep.com
北京厚诚则铭印刷科技有限公司 印刷
科学出版社发行 各地新华书店经销
*
2014年9月第 一 版 开本:720×1000 1/16
2021年1月第五次印刷 印张:16 1/4
字数:327 000

定价:98.00元

作 者 简 介

刘秀梅，女，1963 年生，教授，连云港师范高等专科学校初等教育学院副书记、副院长，中国系统工程学会决策科学专业委员会委员，江苏省“六大人才高峰”培养对象，连云港市首批、第四批“521 新世纪高层次人才培养工程”培养对象，连云港市“学术技术带头人”，学校“青蓝工程”学术带头人，主要研究方向为数学和数学教育、数学分析、联系数学等，发表学术论文 50 余篇。

赵克勤，男，1950 年生，研究员，诸暨市联系数学研究所所长，浙江大学非传统安全与和平发展中心集对分析研究所所长，中国人工智能学会理事、人工智能基础专业委员会副主任、集对分析联系数学专业筹备委员会主任，主要研究方向为联系数学，1989 年提出集对分析（联系数学），已出版《集对分析及其初步应用》、《奇妙的联系数》两部专著，主编出版论文集两部，发表学术论文 100 余篇。

序

拿到这部《区间数决策集对分析》专著的初稿，令人振奋和欣喜。集对分析理论自赵克勤于1989年提出以来，已经走过了20多年，从别人对集对分析理论的不熟悉、不了解，到现在全国已经有包括《中国科学》在内的500多家学术期刊发表集对分析方面的论文1600多篇，一大批科研工作者在参与集对分析理论与实践的研究，研究队伍越来越壮大，集对分析在实际工作中得到了越来越广泛的应用。这本书是集对分析领域继《集对分析及其初步应用》、《体育用联系数学》、《水文水资源集对分析》等专著后的又一项研究成果。

出于工作的需要，我多年来从事决策科学理论方法和决策实践的研究，深感随着现代科学技术和社会经济的快速发展，决策科学研究工作者面临的决策问题日益广泛且复杂，探讨新的决策理论和新的决策技术日益迫切。本书的两位作者是中国系统工程学会决策科学专业委员，第一作者刘秀梅是江苏省"六大人才高峰"培养对象，她勇于把由中国人原创的集对分析理论用于决策科学研究创新，从2007年起连续在《决策科学年会论文集》和《系统工程与电子技术》、《模糊系统与数学》、《数学的实践与认识》上发表有关区间数决策集对分析方面有创见的论文近20篇，有些论文被*Mathematical Reviews*、*Engineering Index*和《中国数学文摘》收录，并在此基础上形成本书，为决策科学理论方法和决策实践的创新提供了全新的视角和途径，因而是决策科学领域的一项新成果，值得鼓励和支持。

集对分析从系统的角度研究集对中两个集合的确定性关系和不确定性关系，利用联系数对系统的确定性和不确定性进行刻画，因而可以较好地用于各种系统决策问题的研究。本书基于集对分析的不确定性系统理论，探讨区间数的性质，用联系数表示区间数的确定性和不确定性，给出了区间数向联系数的转换公式及联系数决策模型，在区间数、三角模糊数、梯形模糊数、直觉模糊数表示的多属性决策问题中加以运用，用不同的实例说明了集对分析在解决区间数多属性决策问题上的有效性和科学性。

决策科学是一门古老而又年轻的学科，集对分析是一种新的理论，系统地把集对分析用于决策科学更是近几年的事，其不完善之处在所难免，但长江后浪推前浪，区间数决策集对分析一定会在更多学者的深入研究和更多决策工作实践中得到完善和发展。

中国系统工程学会副理事长

中国系统工程学会决策科学专业委员会主任委员

2013年11月8日于北京

前　言

写作本书的最初动机源自我们就区间数决策集对分析作了多角度、多层次的持续研究，发表了系列论文。最早是在《数学的实践与认识》的2008年第23期上发表"基于联系数复运算的区间数多属性决策方法及应用"一文，之后又在该刊2009年第8期、2010年第1期、2011年第6期、2012年第4期、2013年第3期上相继发表"基于区间数确定性与不确定性相互作用点的多属性决策""基于集对分析联系数的信息不完全直觉模糊多属性决策""基于联系数的区间数多属性决策非线性模型及应用""区间数特性集对分析及在多指标决策中的应用"（与吴维煊合作）和"基于联系数的属性权重未知的区间数多属性决策研究"；与此同时，在《模糊系统与数学》的2009年第2期、2010年第5期、2011年第5期、2012年第6期上相继发表"基于SPA的D-U空间的区间数多属性决策模型及应用""基于联系数不确定性分析的区间数多属性决策""基于二次联系数的区间数多属性决策方法及应用""属性等级和属性值均为区间数的多属性决策集对分析"，在《系统工程与电子技术》的2009年第10期上发表"基于联系数的三角模糊数多属性决策新模型"（与王传斌合作），在《智能系统学报》2012年第5期上发表"基于联系数的不确定空情意图识别"，在《连云港师范高等专科学校学报》等其他刊物和中国系统工程学会决策专业委员会学术年会论文集上发表关于区间数决策集对分析方面的学术论文，累计近20篇；其中4篇被*Mathematical Reviews*收录，1篇被*Engineering Index*收录，9篇被《中国数学文摘》收录。

在我们的上述工作之前或同时，还有其他学者从另外的角度把集对分析用于区间数决策研究，代表性的文献有中国科技大学叶跃祥的"一种基于集对分析的区间数多属性决策方法"、卫贵武博士的"权重为区间数的多属性决策的集对分析法"、韩利娜等的"基于集对分析的一种区间数的排序方法"、汪新凡等的"基于联系数贴近度的区间数多属性决策方法"、王万军的"区间数排序的一种联系数方法"、施丽娟等的"基于集对分析的区间直觉模糊多属性决策方法"、张传芳等的"一种基于区间型联系数的多指标决策方法"、谭乐祖等的"采用区间数的集对分析目标威胁判断模型"、狄钦等的"基于满意度的区间数多属性决策"等，以上这些工作表明，区间数决策的集对分析研究已经有丰硕的成果，这些成果为撰写一本区间数决策集对分析专著提供了丰富的素材和重要参考。在此感谢所有为区间数决策集对分析研究作出贡献的专家学者。

但是，专著和论文不同。如果把论文比喻成珍珠，那么专著就是由珍珠做成的工艺品,需要有整体设计和结构构思。换言之,论文可以选择不同的角度写作,但专著的形成则需要系统性地研究区间数决策应用集对分析的特点,还要深入思考区间数决策集对分析的有效性和科学性原理。表面上看,区间数决策是一个数学建模及其计算与分析的问题,区间数决策集对分析无非是基于集对分析及其联系数的一种数学建模及其计算分析。实质上,一种认识是把区间数仅看成一种数,另一种认识是把区间数看成数与系统的一种综合。有不少学者基于前一种认识,从事区间数决策的非集对分析研究并取得相应成果。例如,高峰记等研究了基于可能度的区间数决策;徐泽水等给出了区间数决策的若干集结算子;陈侠等研究了区间数决策的群体决策等。需要把他们的工作与基于集对分析的区间数决策研究进行比较和分析,取长补短,丰富区间数决策集对分析内容。当然,这也是集对分析一直主张把同一个问题作集对分析与不作集对分析相比较后才下结论的题中之意,这一主张也是集对分析从 1989 年提出以来不断发展的奥秘所在。本书的主要工作则是基于后一种认识,认为区间数具有数与系统的双重特性,因而需要在区间数决策研究中把确定性的计算(对于数)与不确定性分析(对于系统)进行有机结合。

基于以上思考,本书的第 1～3 章阐述区间数与区间数决策的特点、集对分析理论和联系数的特点及其运算规则,以及区间数向联系数的转化;第 4 章阐述基于联系数的区间数决策建模思想、建模步骤,以及模型的运算与不确定性分析,是全书的重点;第 5～8 章主要是各种实例应用的介绍以及区间数决策集对分析与非集对分析结果的比较与分析,其间不仅说明不同问题背景下的区间数决策进行集对分析的一些处理技巧,更重要的是用实例剖析说明区间数决策集对分析的有效性和必要性。

本书是江苏省人力资源和社会保障厅、江苏省财政厅和江苏省组织部联合组织的“六大人才高峰”项目资助课题“区间模糊数多属性决策集对分析方法及应用”(2011-JY-003)的研究成果,在此向江苏省人力资源和社会保障厅、江苏省财政厅和江苏省组织部表示感谢。此书的出版也得到了连云港师范高等专科学校的资助。书稿初成后,得到了中国系统工程学会决策科学专业委员会主任委员孙宏才等专家的审阅,提出不少修改意见,在此一并致谢。

刘秀梅,赵克勤

2014 年 2 月 5 日

目　　录

第 1 章　绪　　论

1.1　区间数决策问题概述

1.1.1　决策

决策是指为了达到一定的目标，从两个或两个以上的方案中选择其中之一的分析判断过程[1]。从数学意义上说，决策是在给定决策空间中的一项寻优活动，目的是让决策结果达到最大效用值。

决策与人们的日常工作和生活息息相关，人们随时随地都在作决策，决策也时时应用于各领域，如经济决策、工程项目决策、军事指挥决策等。

要作出一个好的决策，决策目标是一个关键因素，也是决策的一个难点。

首先，目标是一个复杂的概念，这是因为目标有单指标目标和多指标目标之分。单指标目标就是只有一个指标的目标，例如，出差去某城市，仅以到达这个城市为目的，且不计到达的时间长短，不计达到的具体地点，不计到达该目的地的费用，这是一个单指标目标的问题，也是一个简单的决策问题。但如果目标是既要达到某个城市，又有时间限制，例如，在 12h 内到达，而且到达该城市的费用只能在 200 元以内，决策就变得复杂了。

其次，目标也可能不完全清楚，例如，这个学期结束后准备去北方某个地方度假，去北方的什么地方，是哈尔滨还是齐齐哈尔，还是吉林或者大连，或是别的城市，这就为决策增加了难度。

再次，目标还可能动态变化，例如，某人准备出国考察，准备先去澳大利亚，再去美国，之后去英国，返回时先到北京，再到上海，需要决策何时启程和制定各地逗留时间。

决策活动中，不仅目标复杂，而且可供选择的方案也会受多种因素的影响和限制，有的甚至相当复杂。

首先，方案与目标有对立的一面，目标常常是一些指标或属性组成的集合，指标越多，方案就越复杂。这是因为：①各个指标在指标体系中重要性不一致，如何确定不同指标的重要程度是一个复杂的问题；②不同指标会有不同的物理量纲，例如，经济收益类指标用元、万元等作为量纲单位，时间类指标以时、分、秒或年、月、日等为量纲单位，空间距离类指标以千米、米、厘米等为量纲单位，还有一些具有物理性质的指标，如能量指标，以千瓦、焦耳、千焦或重量指标千克、吨等为量纲单位等，同一个指标体系中的这些不同物理量纲指标也增加了方案的复杂性；③方案中的各个指标数值可以是确定的一个数，也可以是一个带有不确定性的区间数，还可以是概率统计意义下的样本参数——均值、标准差，甚至可以是不用数字表达的语言变量，例如，“时间较短”“费用不多”“满意”“比较满意”“优”“良”“中”“一般”“差”“太差”等。其次，备选的方案可以不止一个，可以是 3 个、4 个、5 个、6 个或更多。

再次，决策人可以在无主观偏好条件下进行科学的决策，也可以融入决策人的偏好进行决策。当然，这里指的决策人可以是一个人也可以是一群人，后者常被称为群决策。且有决策力的大小问题摆在决策中间，决策方案也可能是一个复杂的系统或开放的动态系统。就决策过程来看，也有简单和复杂之分。简单者，一步决策到位(决策的长度只有“一步”)；复杂者，要事先制定决策程序，对程序本身先进行评选、决策，确定用何种程序进行决策后，再具体按照这个既定程序实施决策的各个步骤，特别是对复杂问题的决策大都要先“决策出一个决策程序，再按程序决策”，这使得决策出现“自嵌套”，也就是“决策中有决策”“决策套决策”。

从决策的现实意义看，决策模型的建立也具有很大的可塑性，同一个问题用不同的模型有不同的结果，模型的优劣如何评价也是一个复杂问题，当然，这里指的模型可以是数学模型，也可以是物理模型或其他模型。

简而言之，决策在日常工作和生活中司空见惯，比比皆是，可以说每个人都是决策行家、高手，但细究起来，决策仍是一个棘手问题。

1.1.2 区间数决策

人人离不开决策，而决策本身又是一个复杂的过程，人们为了解决这个矛盾，自然地产生了一个“范围”的想法，也就是对目标作范围限定，对方案中的指标多少也作范围限定，对各指标的数值表述也作范围限定，对决策的结果也作范围限定。例如，不要作出最坏的决策，能作出好和较好的决策就认可。这样，当用具体的数字来表示某种范围时，区间数决策就应运而生[2]。

所谓区间数决策，就是决策要素(决策目标、决策用指标和指标权重)中的部分要素或全部决策要素的“值”用区间表示的决策。

但是区间数决策给人们带来表达方便的同时，也带来麻烦，原因在于区间数自身带有不确定性，也就是给定一个区间数，这个区间数内部的任意一个数都可以在决策模型中出现，由此带来的后果是决策模型带上了不确定性，决策模型的不确定性又影响到决策结果的确定性、科学性、优劣性和可靠性，最终影响到了决策结果的可信性。

于是，决策科学研究工作者把研究的重点转向了区间数的研究，试着消除其中的不确定性，包括如何定义区间数的运算[3]，如何比较区间数的大小，以便对不同的区间数进行排序[4-5]等。

从已有的一些文献看，对区间数进行大小排序的研究大致分成数量型和位置型两类，前者从区间数数量大小的角度研究区间数的大小排序，后者注意到区间数在数轴上的位置也与区间数的数量大小排序有关[5]；前者主要是在某种给定的法则下，如定义区间数的所谓四则运算法则，在这些法则的基础上，给出区间数的大小排序的定义，当然是唯一确定的排序；但后者从区间数所在的空间位置角度研究，发现在给定若干区间数时，可能不存在最大区间数，从而使得若干区间数的大小排序难以求得，进而提出一些折中的思路，例如，提出“拟最大区间数”、“可能度”这些模糊的概念[6-7]。应当说，后一种顾及区间数位置的研究比前一种单纯地从数量大小研究区间数排序已有进步，而且已涉及区间数的不确定性问题，把以上两种研究思路运用到区间数决策中，也就大致把区间数决策研究工作分成两类。

一类是沿着若干区间数有确定大小排序这个思路展开决策研究。在给定的 n ($n \geqslant 2$)个方案找出最优方案，而且同时给出一组唯一确定的方案优劣排序，该类工作的实质直截了当地说，就是把含有不确定性的区间数决策完全作为不含不确定性的确定性决策来处理，由此得到的决策结果唯一确定，但其客观合理性令人置疑，也很难让人接受，因为区间数决策因目标中含有不确定性，或因指标权重中含有不确定性，或因指标值(指标的评价标准或被决策用指标值)中的不确定性而具有不确定性，在无视或者忽略这种不确定性后作一系列的数学处理，直至对决策结果也不作不确定性分析，于情于理都说不过去。

另一类研究思路虽然已经注意到区间数含有不确定性，但在具体的处理方法上，采取引进“可能度”、“拟最大区间数”等含有不确定性的概念，也使得决策者为难，因为如何在一个具体的决策问题中，给出一个科学合理的“可能度”仍然无客观规律可循，“可能度[8-9]”成为另一种可以称为主观不确定性的“防空洞”；“相似度区间数[10]”成为一种“以模糊制模糊”的“挡箭牌”。

因此，如何客观地处置区间数决策的不确定性成为应用数学与管理科学领域的一个难点[11-13]。

1.2 区间数决策的集对分析思路

1.2.1 集对

集对是指具有一定联系的两个集合组成的一个系统。

为什么要建立集对这个系统？最早源自赵克勤对集合论罗素悖论(Bertrand Russell paradox)的思考[14-16]。

罗素(Bertrand Russell，1872—1970)，英国数学家、哲学家，于1903年构造了一个集合 X，X 中的元素 $X_1, X_2, \cdots, X_n$ 都不属于自己，然后罗素问：集合 X 是否属于 X？如果回答 X 不属于 X 自己，那么 X 正好属于 X 自己；如果回答 X 属于自己，那么 X 正好不属于 X 自己，无论如何都自相矛盾。

为了说明上面这个悖论，罗素举了个例子：村里有一个理发师贴出公告，宣称他为所有不为自己理发的人理发。现在问：理发师自己的头发该由谁来理？如果他不给自己理发，那么按照理发师发布的公告，他应该为自己理发；如果他为自己理发，同样根据理发师公告，理发师不能为自己理发。无论如何都不能确定该理发师自己的头发由谁来理。

罗素悖论震撼了当时的数学界，著名法国数学家庞加莱(Jules Henri Poincaré，1854—1912)坦言："我们围住了一群羊，而羊群中已混进了狼。"这一悖论之所以引起世界数学界的震动，是因为罗素悖论指出了：即使构造一个普通的集合，例如，把"所有不为自己理发的人组成一个集合 A"这样一件普通和简单的事，也遇到令人棘手的不确定性问题。而集合论在当时已被公认为现代数学的基础。

如何解读著名的罗素悖论？数学家进行了长达一个多世纪的激烈争论，史称"第三次数学危机"；客观地说，这次争论促进了现代数学的大发展，也引发了集对(SP)概念的形成和集对分析[14-16]的诞生。

因为在罗素悖论中，如果同时用两个集合描述理发师所称的"全体服务对象"就可避免悖论的产生，其思路是，用一个集合 A 描述确定需要理发师理发的人，用另一个集合 B 描述理发师自己，由于理发师自己由谁理发不确定，为此给 B 乘上一个系数 i，i 在$[-1,1]$区间视不同情况取值，再把 A 和 Bi 联系起来组成集对 $H=(A,Bi)$，既方便直观，又简明易懂。这中间有 3 个关键点：①用两个集合(集合 A 与集合 B)描述同一个对象，而不是用一个集合描述一个对象；②让具有不确定性的集合 B 乘上一个不确定取值的系数 i，从而使得集合 B 本身与集合 A 一样是确定的，这种确定性使得这两个集合能够作相对确定的运算，同时又使集合 B 的不确定性因 i 的作用得到外显；③用一个联系符"$\oplus$"把集合 A 与集合 B 联系起来组成一个数学表达式。

罗素悖论的集对解读说明了在数学基础研究中引进集对这个概念既必要又实用[16]。

1.2.2 集对分析的基本思路

集对分析(SPA)的基本思路是根据一定的需要对组成集对的两个集合的关系展开研究。不论这些关系的具体内容如何，都可以从是否有不确定性这个角度分成两类，一类是确定的关系，另一类是含有不确定性的关系。在不计各种关系权重的前提下，建立集对中两个集合的关系联系数 $A+Bi$，其中 A 是确定的关系数，B 是含有不确定性的关系数，i 表示不确定性，在$[-1,1]$区间视不同情况取值。$A+Bi$ 同时也是集对 $H=(A,Bi)$的特征函数，也称为二元联系数，在此基础上再作有关集对特征函数的建模、运算和分析。

必要和可能时，也可以对其中确定的关系设置"参考关系"，从而把两个集合的关系进一步分成与“参考关系”相同的“同关系”、与“参考关系”相反的“反关系”及与“参考关系”既不相同又不相反的“异关系”，从而把集对的特征函数从二元联系数 $A+Bi$ 形式拓展成 $A+Bi+Cj$ 形式的三元联系数，如果问题求解的精度要求比较高，还可以把 $A+Bi+Cj$ 进一步拓展成四元联系数 $A+Bi+Cj+Dk$、五元联系数 $A+Bi+Cj+Dk+El$ 等，甚至元数更多的多元联系数，从而更精细和清晰地刻画两个集合的各种关系以及由这些关系形成的空间结构。

当要计及集对中两个集合的各种关系的权重时，则对集对的特征函数计入权重。

集对的各种形式的特征函数统称为联系数，联系数是集对分析的主要数学工具，利用联系数不仅把两个集合的各种关系数用一定的数学运算符联系起来，而且能同时刻画出两个集合的关系所在的状态和趋势，从而使得由各种关系搭建而成的结构成为动态的有序结构和可变化的柔性结构，当然这种结构的最基本形式是一种两极结构，在此两极结构的基础上演化出多极结构，从而撑起集对分析大厦。

集对分析这个大厦之广，表现在集对分析已在一个广阔的领域中得到应用，集对分析于 1989 年正式提出到现在，已经在航空、航天、气象、地理、地质、水文水资源、矿山、能源、交通、林业、农业、社会、经济、工程、建筑、产品开发、信息处理、体育、军事、教育、文化、数学、物理等众多领域得到应用，至今已可以在中国知网(http://www.cnki.net)上用集对分析作为关键词检索到研究和应用集对分析的论文达 1700 多篇，有 170 多家高校学报、380 多种专业学术期刊发表了研究应用集对分析的论文，被《中国数学文摘》、*Mathematical Reviews*、EI 与 SCI 权威刊物检索、收录的有关集对分析论文达 200 多篇。

1.2.3 集对分析在区间数决策中的应用

国内已有一批学者把集对分析用于区间数决策研究，代表性的工作有中国科技大学的叶跃祥等通过引入“完美联系数”的方法把区间数转换成三元联系数，进而计算各个综合评价值联系数与完美联系数的距离，依据距离的大小作出区间数多属性决策方案的优劣排序[17]；甘肃联合大学的王万军分别研究了集对分析中的偏联系数在区间数决策中的应用，研究决策中模糊语言用区间数表示的集对分析，给出一种基于联系数“势值”大小的区间数排序方法[18]；湖南大学的汪新凡把区间数决策的集对分析与 TOPSIS 方法相结合[19]；西南大学的韩利娜等研究了基于集对分析的区间数排序，其特点是考虑决策人对区间数的偏好[20]；昆明理工大学的黄英艺等沿用叶跃祥的思路，研究区间数的决策问题[21]；黑龙江科技学院的杨春玲等也证实了叶跃祥等给出的“完美联系数”方法的有效性和合理性[22]；韩朝超等研究了一种可用于能力评估的区间粗糙集对法[23]；卫贵武也证实了叶跃祥的“完美联系数”方法的有效性[24]；施丽娟等研究了基于集对分析的区间直觉模糊多属性决策方法[25]；王坚强等研究了基于集对分析的区间概率随机多准则决策方法[26]；王霞和张肃也研究了基于集对分析的直觉模糊多准则决策[27-28]；盛文平和谭乐祖等则把基于区间数的集对分析用于军事防御目标威胁评估[29-30]；等等。这些工作从多个方面说明了集对分析方法用于各种区间数决策问题的有效性和可行性。

1.2.4 区间数决策不确定性的集对分析

本书作者于 2007 年开始研究集对分析在区间数决策不确定性分析中的应用，因为区间数的不确定性客观存在，区间数多属性决策时产生的不确定性无法回避。由于区间数决策的广泛应用特点，对区间数多属性决策中的不确定性只能采取集对分析一直提倡的“客观承认，系统描述，定量刻画，具体分析”[31]的做法，特别是“具体分析”，几乎可以适用于各种区间数决策问题中的不确定性分析。基于以上认识，本书采取不同于前面所述的众多学者研究区间数决策时应用集对分析的思路，坦率地承认区间数决策问题中的种种不确定性，在此基础上大胆引进“确定-不确定的 D-U 空间(determine-uncertain space)”，在该空间中建立基于集对分析联系数的区间数多属性决策模型，其中的数学处理过程实质上是把联系数看做一种作了重新定义的向量，一种含有不确定性的复数，借助复数的模和幅角计算法则，以及 i 的不确定性分析，走区间数多属性决策“联系数化”的新路子，提出了区间数多属性决策的新方法，这方面的文章先后在《模糊系统与数学》、《数学的实践与认识》、《系统工程与电子技术》、《智能系统学报》等核心期刊发表，至今已有 10 余篇，且被 *Mathematical Reviews* 收录 4 篇[32-35]。文章中所采用的方法计算量小，简明易懂。另外，在研究过程中，为验证新模型的正确性，多采用其他文献、其他数学方法处理过的区间数决策问题作为模型的应用实例，以便于作对照研究，无一例外地与同一决策问题采用其他方法处理的结果作对比验证；所不同的是，本书的决策方法增加了不确定性分析这个重要环节，借此检验决策方案优劣排序的稳定性和可靠性，形成了二次排序(初排序和终排序)的概念，使决策方案具有可信性、可靠性和科学性，并不断扩大验证范围，结果显示，已经做过的工作无一例外地表明了借助集对分析联系数建立的区间数决策模型，原理科学，方法简明，结论合理，可操作性强，便于实际决策工作者应用[32-41]。

集对分析有着一个内容丰富的不确定性系统理论，其基本思想是根据事物的确定性与不确定性总是成对存在的原理[42]，把研究对象中的确定性关系和不确定性关系作为一个不确定性系统加以处置。不确定性与确定性的层次性，确定性与不确定性的相互联系和相互作用，确定性与不确定性的相互嵌套，联系势，联系熵等，都在这一系统中得到具体表述。基于这一理论，所谓的区间数，其实不仅是一个“数”，同时也是一个具有不确定性的系统，区间数的这种既是数又是系统的双重特性又进一步表明，区间数是一个数(集合)和系统(集合)所组成的集对，对区间数开展集对分析乃是区间数的题中之意，从而从本质上为区间数决策集对分析提供了理论基础，也从一个侧面说明了区间数集对分析建模的有效性原来就根植于区间数的集对特性。

借助对区间数系统性质的认识，可以发现区间数具有宏观层次与微观层次，其确定性处于宏观层次，区间数的两个端点处于宏观层次；区间数端点内的那些点处于微观层次，具有不确定性。此外，还有连接区间数宏观层次与微观层次的中间层；它们是区间数的期望值，以及与此期望值有直接关系的左半区间数期望值和右半区间期望值，本书称为期望值集合，从集对分析看，这是基于区间数概率统计理论的确定性与不确定性相互作用点(集)。

另外，还存在基于集对分析联系数的“模”的区间数确定性与不确定作用点(集)，这两类点(集)是连接区间数宏观层与微观层的节点，所有这些节点构成了介于区间数确定性层次与不确定性层次之间的中介层，不少区间数决策问题可以在区间数的中介层上得到满意解或较满意解，因为从信息利用的角度看，区间数中介层上的点同时含有区间数确定性的信息与不确定性的信息，以及确定性与不确定性相互作用的信息，因而是区间数的一类代表值，除非区间数决策必须要考虑极端值，否则取这些点作相对确定性的数学建模，并以这种点为中心作邻域意义上的不确定性分析，包括区间数边界上的端点值分析，使得区间数决策不确定性的集对分析既方便又直观，既科学又客观，既有集对分析联系数学建模的独特性，又与其他方法有良好的兼容，从而使得基于集对分析的区间数多属性决策建模和分析方法具有广泛的适用性。

总之，区间数是确定性与不确定性的对立统一，是数与系统的对立统一，承认这些对立统一，承认这些对立统一之间还存在中介过渡，能确定的确定，原本是不确定的承认其不确定性，并结合问题的具体要求作不确定性分析；把确定的数学计算与不确定性的系统分析有机结合，这是区间数决策集对分析的理论特色和方法特色，也是其应用价值所在。

参考文献

[1] 孙宏才，田平，王莲芬. 网络层次分析法与决策科学[M]. 北京：国防工业出版社，2011.

[2] 胡启洲，张卫华. 区间数理论的研究及其应用[M]. 北京：科学出版社，2010.

[3] 韦兰用. 韦振中. 区间数判断矩阵中区间数的运算[J]. 数学的实践与认识，2003，33(9)：75-79.

[4] 徐泽水，达庆利. 区间数排序的可能度法及其应用[J]. 系统工程学报，2003，18(1)：67-70.

[5] 孙海龙，姚卫星. 区间数排序方法评述[J]. 系统工程学报，2010，26(3)：304-312.

[6] 胡新合，张守健，孙智. 基于区间数排序可能度法的施工方案评价方法研究[J]. 工程管理

学报，2013，27(5)：70-73.
[7] 朱方霞，陈华友．区间多属性决策问题研究综述[J]．模糊系统与数学，2013，27(3)：149-159.
[8] 钱伟懿．曾智．基于可能度的区间粗糙数排序方法[J]．运筹与管理 2013，22(1)：71-76.
[9] 魏艳艳，陈子春，徐福成．基于可能度的区间直觉模糊数排序方法及其在决策中的应用[J]．西华大学学报(自然科学版)，2014，33(2)：11-16.
[10] 陈春芳，朱传喜．基于向量相似度的区间数排序方法及其应用[J]．统计与决策，2014(3)：76-78.
[11] 高峰记．可能度及区间数综合排序[J]．系统工程理论与实践，2013(8)：2033-2040.
[12] 邱涤珊，贺川，朱晓敏．基于概率可信度的区间数排序方法[J]．控制与决策，2012，27(12)：1894-1898.
[13] 兰继斌，胡明明，叶新苗．基于相似度的区间数排序[J]．计算机工程与设计，2011，32(4)：1419-1421.
[14] 赵克勤．集对与集对分析——一个新的概念和一种新的系统分析方法[C]//全国系统科学与区域规划研讨会论文，包头，1989.
[15] 赵克勤．集对分析及其初步应用[M]．杭州：浙江科技出版社，2000.
[16] 赵克勤，赵森烽．奇妙的联系数[M]．北京：知识产权出版社，2014.
[17] 叶跃祥，糜仲春，王宏宇，等．一种基于集对分析的区间数多属性决策方法[J]．系统工程与电子技术，2006，28(9)：1344-1347.
[18] 王万军．集对分析方法在数据挖掘中的应用[J]．甘肃联合大学学报(自然科学版)，2006，20(6)：65-67.
[19] 汪新凡．区间数多属性决策的 SPA-TOPSIS 方法[J]．湖南工业大学学报，2008，22(1)：61-64.
[20] 韩利娜，张俊容．基于集对分析的一种区间数的排序方法[J]．科教文汇，2007(1)：69-70.
[21] 黄英艺，蔡光程，刘文奇．一种基于 SPA 的不确定多属性决策的排序方法[J]．昆明理工大学学报(理工版)，2008，33(6)：113-116.
[22] 杨春玲，张传芳．基于联系数的多属性决策模型[J]．黑龙江科技学院学报，2008，18(1)：66-69，80.
[23] 韩朝超，黄树彩，张建伟．一种可用于能力评估的区间粗糙集对法[J]．南京信息工程大学学报(自然科学版)，2010，2(3)：262-266.
[24] 卫贵武．权重为区间数的多属性决策集对分析法[J]．统计与决策，2008(12)：157-158.
[25] 施丽娟，黄天民，翟秀枝．基于集对分析的区间直觉模糊多属性决策方法[J]．西南民族大学学报(自然科学版)，2009，35(3)：468-491.
[26] 王坚强，龚岚．基于集对分析的区间概率随机多准则决策方法[J]．控制与决策，2009，24(12)：1877-1880.
[27] 王霞．二元联系数的多准则直觉模糊决策[J]．智能系统学报，2010，5(5)：454-457.
[28] 张肃．基于集对分析和直觉模糊集的语言型多属性群决策方法[J]．科技导报，2008，26

(12)：67-69.
[29] 盛文平，杨明军，王威. 基于联系数的空中目标威胁评估模型[J]. 舰船电子工程，2010，30(7)：39-41.
[30] 谭乐祖，杨明军. 采用区间数的集对分析目标威胁判断模型[J]. 电光与控制，2011，18(2)：73-76，84.
[31] 赵克勤，宣爱理集对论——一种新的不确定性理论方法与应用[J]. 系统工程，1996，14(1)：18-24.
[32] 刘秀梅，赵克勤. 基于联系数复运算的区间数多属性决策方法及应用[J]. 数学的实践与认识，2008，38(23)：57-64.
[33] 刘秀梅，赵克勤. 基于SPA的D-U空间的区间数多属性决策模型及应用[J]. 模糊系统与数学，2009，23(2)：167-174.
[34] 刘秀梅，赵克勤. 基于联系数不确定性分析的区间数多属性决策[J]. 模糊系统与数学，2010，24(5)：141-148.
[35] 刘秀梅，赵克勤. 基于二次联系数的区间数多属性决策方法及应用[J]. 模糊系统与数学，2011，25(5)：115-121.
[36] 刘秀梅，赵克勤. 基于集对分析联系数的信息不完全直觉模糊多属性决策[J]. 数学的实践与认识，2010，40(1)：67-77.
[37] 刘秀梅，赵克勤. 基于联系数的区间数多属性决策非线性模型及应用[J]. 数学的实践与认识，2011，41(6)：57-63.
[38] 刘秀梅，赵克勤. 属性等级和属性值均为区间数的多属性决策集对分析[J]. 模糊系统与数学，2012，26(6)：124-131.
[39] 刘秀梅，赵克勤. 基于联系数的不确定空情意图识别[J]. 智能系统学报，2012，7(5)：450-456.
[40] 刘秀梅，赵克勤. 基于联系数的属性权重未知的区间数多属性决策研究[J]. 数学的实践与认识，2013，43(3)：143-148.
[41] 刘秀梅，赵克勤. 区间数伴语言变量的混合多属性决策[J]. 模糊系统与数学，2014，28(1)：113-118.
[42] 赵克勤. 成对原理及其在集对分析(SPA)中的作用与意义[J]. 大自然探索，1998，17(4)：90.

第 2 章　区　间　数

2.1　区间数的基本概念

2.1.1　规范区间数

定义2.1.1　设 a、b 是两个实数，$a,b\in\mathbf{R}$，且 $b>a$，则称 $[a,b]$ 为规范区间数，简称区间数。其中 a 是区间数的下界，b 是区间数的上界。当要考虑区间数的上界和下界是可以变动的量时，常记区间数的下界为 x^-，区间数的上界为 x^+，记区间数为 $\tilde{x}$，则有区间数一般表示式

$$\tilde{x}=[x^-,x^+] \tag{2.1.1}$$

式中，$x^-,x^+\in\mathbf{R}$，且有 $x^+\geqslant x^-$，满足式(2.1.1)的区间数称为规范区间数，简称区间数。

由式(2.1.1)可知，区间数 x 具有以下 3 个特点。

(1) 区间数具有上界和下界，并由上界和下界确定一个一维区间，见图 2.1.1。

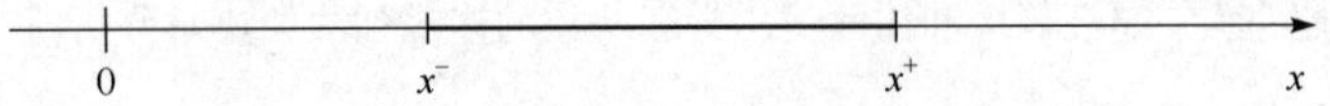

图 2.1.1　区间数 $\tilde{x}=[x^-,x^+]$在数轴上的表示

由图 2.1.1 可见，x^- 和 x^+ 不仅给出了一个区间数 $\tilde{x}=[x^-,x^+]$，而且给出了区间长度，记为 $l_x=x^+-x^-$；区间数在一维空间(数轴)上的位置 P_x。

(2) 区间数是一个实数集，这是因为区间数 $\tilde{x}=[x^-,x^+]$代表的是一个取值范围，即

$$\tilde{x}=[x^-,x^+]=\{x_k\,|\,x^-\leqslant x_k\leqslant x^+\} \tag{2.1.2}$$

式中，x_k 是区间数 $\tilde{x}=[x^-,x^+]$中的一个变量，根据集对分析理论[1-2]，这里的 x_k 也是一个不确定量。

显然，对于一个给定的区间数 $\tilde{x}=[x^-,x^+]$，满足式(2.1.2)的 x_k 有无穷个，这无穷个 x_k 组成一个实数集，这个实数集就是区间数 $\tilde{x}$。

(3) 区间数是一个集对。

2.1.2　区间数的内点

区间数带有集合的特征，其实质是数集，给出的是变量(不确定量)的取值范围，当一个区间数给出以后，区间数确定了介于区间数上界和下界之间的一切实

数，这些实数就是区间数内部的点，简称内点，定义如下。

定义 2.1.2　设区间数 $\tilde{x}=[x^-,x^+]$，满足$\{x|x^-<x<x^+\}$的 x 称为区间数的内点，简记为 IP(x)。

显然，区间数的内点 IP(x)有无穷个。

2.1.3　区间数的值

在某些实际应用问题中，在要研究的量是连续变量的情况下，有时仅知道这个量的大致区间或是给出包含一些特殊的点的区间范围，这些特殊的点称为区间数的值。

定义 2.1.3　设区间数 $\tilde{x}=[x^-,x^+]$，称满足$\{x_k|x^-\leqslant x_k\leqslant x^+\}$的 x_k 为区间数的值，寻找区间数的值的过程称为对区间数取值，x_k 也称为区间数的取值点。

区间数的取值点可能是区间数的内点，也可能是区间数的上下界点。并不是区间数的所有内点都是区间数的取值点。

区间数的取值点 x_k 可能为有限个，也可能为无限个。区间数的值有多种分布形态，如均匀分布、正态分布、偏态分布及指数分布等。在区间数的值未知或分布未知的情况下，对区间数取值是具有不确定性的。因为当仅给出一个区间数时，只是给出了研究对象可能的变化范围，而该区间数中的取值点是什么分布，一般并不知道，这是区间数的一种不确定性。

定义 2.1.4　设有区间数 $\tilde{x}=[x^-,x^+]$，称 $L_x=x^+-x^-$ 为区间数 $\tilde{x}$ 的长度。

区间数的长度刻画了区间数的取值范围的大小。

2.1.4　区间数的性质

区间数的特点决定了区间数具有以下重要性质。

性质 2.1.1　确定性。

证明　(1)根据区间数的定义，一个区间数的上下界是确定的。

(2)当区间数上界和下界确定时，区间数的长度 $L_x=x^+-x^-$ 也是确定的。

(3)给定一个区间数 $\tilde{x}=[x^-,x^+]$，该区间数在数轴上的位置就被唯一地确定。

综上，区间数 $\tilde{x}=[x^-,x^+]$具有确定性。

性质 2.1.2　不确定性。

证明　根据区间数的特点(2)，只要满足式(2.1.2)的数 x_k 都属于区间数，即

$$x_k\in x \tag{2.1.3}$$

这说明，通常情况下，一个有确定的上下界的区间数具有取值的包容性，只要在给定的区间内取值，都是这个区间数所包容的。

性质 2.1.3　层次性。

证明　(1) 区间数的性质 2.1.1 表明给定的区间数在宏观层面上是确定的，其确定性体现在区间数的上界和下界这两个宏观参数上，这说明区间数具有“宏观层”。

(2) 区间数的内点的值具有分布不确定性和位置不确定性，这些不确定性客观存在，但又处在相对于上界、下界而言低一个层次的空间位置上，因此称其为微观层次。

(3) 当要进一步考虑 $x^- \leqslant x_k \leqslant x^+$ 的所有 $x_k(k=1,2,\cdots,n)$ 的数字特征时，取所有这些 x_k 的平均值

$$\bar{x} = \frac{1}{n}\sum_{k=1}^{n} x_k \tag{2.1.4}$$

或

$$\bar{x} = \frac{x^- + x^+}{2} \tag{2.1.5}$$

这个 $\bar{x}$ 不是区间数的上界和下界，但又含有 x^-、x^+ 的信息，同时又是区间数内点的“代表”，因此是介于区间数宏观层参数和微观层内点的一个中介层参数，从而说明，区间数还具有一个介于宏观层(上界与下界之间)与微观层(区间数内点所在层面)之间的中介层。

综上所述，区间数具有层次性，分别为宏观、中介和微观三个层次。

区间数的上述三条性质说明区间数不是一种普通的实数，特别是由于区间数的层次性，因而是兼有“系统”的性质和数的性质，这使得区间数比点实数复杂。当然，区间数也因此比点实数更有“弹性”和含有更多的信息。例如，在一般情况下人们并不确知区间数中的内点何种分布，而在点实数中，不存在“内点”以及“内点分布”的问题，因为点实数仅仅是一个实数，在实数轴上，点实数表现为一个点。

2.2　多参数区间数

2.2.1　三参数区间数

定义 2.2.1　设 a、c、b 是 3 个非负实数，$a,c,b \in \mathbf{R}$，且 $a \leqslant c \leqslant b$，则称 $[a,c,b]$ 为三参数区间数。其中 a 为三参数区间数的下界，b 为三参数区间数的上界，c 为三参数区间数的区中值。

由定义 2.2.1 知，三参数区间数其实就是在规范的区间数 $[a,b]$ 中增加了一个参数 c，因此，三参数区间数是规范区间数的一种具体化表示，其含义是，在所有可能的区间值中，首先要考虑 c，c 是区间数中取值可能性最大的一个数。

为了一般性地考虑和讨论三参数的上界、下界和区中值的可变性，也常用以下形式表示一个三参数区间数

$$\widetilde{x}=[x^{s},x^{m},x^{l}] \tag{2.2.1}$$

式中，$\widetilde{x}$ 为三参数区间数；x^{s} 为三参数区间数的下界，上标字母 s 是英文单词 small 的首字母；x^{m} 为三参数区间数的区中值，m 是英文单词 middle 的首字母；x^{l} 是三参数区间数的下界，l 是英文单词 large 的首字母。

当三参数区间数中 $x^{s}=x^{m}$ 或 $x^{m}=x^{l}$ 时，则三参数区间数为规范区间数；当 $x^{s}=x^{m}=x^{l}$ 时，三参数区间数为点实数形式的区间数，有时也简称点实数。

定义 2.2.2　设有三参数区间数 $\widetilde{x}=[x^{s},x^{m},x^{l}]$，称 $L_{x}=x^{l}-x^{s}$ 为三参数区间数 $\widetilde{x}=[x^{s},x^{m},x^{l}]$的长度。

同规范区间数一样，三参数区间数 $\widetilde{x}=[x^{s},x^{m},x^{l}]$的长度的大小刻画了三参数区间数的取值范围的大小。

由于三参数区间数是规范区间数的一种具体化，所以三参数区间数具有规范区间数的 3 个特点和 3 条性质。3 个特点如下。

(1) 三参数区间数具有上界和下界，并由上界和下界确定了一个一维空间，见图 2.2.1。

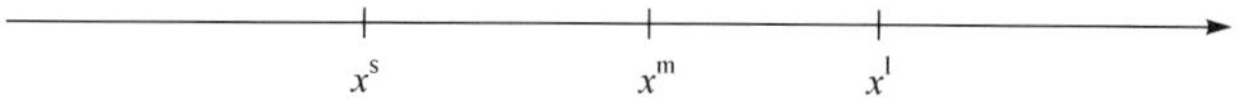

图 2.2.1　三参数区间数在数轴上的表示

由图 2.2.1 可见，x^{s}、x^{m}、x^{l} 不仅是在数轴上给出了一个三参数区间数 $\widetilde{x}=[x^{s},x^{m},x^{l}]$，而且给出了：①区间长度为 $L_{x}=x^{l}-x^{s}$；②三参数区间数在数轴上的位置；③"代表点"x^{m}，并且有 $x^{s}<x^{m}<x^{l}$。这个代表点 x^{m} 与规范区间数中的 x_{k} 点类似，只是在三参数区间数中，这个 x^{m} 被突显。

(2) 三参数区间数是一个实数集。

(3) 三参数区间数是一个集对。

三参数区间数的上述 3 个特点决定了三参数区间数的以下 3 条性质。

性质 2.2.1　确定性。

证明　(1)根据三参数区间数的定义，三参数区间数的上下界是确定的。

(2)当三参数区间数上界和下界确定时，区间数的长度 $L_{x}=x^{l}-x^{s}$ 也是确定的。

(3)给定一个三参数区间数 $\widetilde{x}=[x^{s},x^{m},x^{l}]$，该三参数区间数在数轴上的位置就被唯一确定。

综上，三参数区间数 $\widetilde{x}=[x^{s},x^{m},x^{l}]$具有确定性。

性质 2.2.2　不确定性。

证明　(1) 根据三参数区间数的特点(2)，只要满足式 $x^{s}\leqslant x_{k}\leqslant x^{l}$ 的数 x_{k} 都属于三参数区间数，即

$$x_k \in \tilde{x} \tag{2.2.2}$$

这说明，通常情况下，一个有确定上下界的三参数区间数具有取值的包容性，只要在给定的区间内取值，都是这个区间数所包容的。

(2) 三参数区间数内点分布的不确定性。

如果把满足 $x^s < x_k < x^l$ 式的 x_k 统称为三参数区间数 $\tilde{x} = [x^s, x^m, x^l]$的内点，那么这些内点在三参数区间数 $\tilde{x} = [x^s, x^m, x^l]$中的分布是不确定的，可以是均匀分布，即这些内点均匀地分布在三参数区间数 $\tilde{x} = [x^s, x^m, x^l]$内。例如，有三参数区间数 $\tilde{x} = [0, 0.5, 1]$，若只考虑其内点：0.1，0.2，0.3，0.4，0.5，0.6，0.7，0.8，0.9，那么这 9 个 x_k 点在区间[0，1]是均匀分布的。但在三参数区间数内部取值也可以不是均匀分布的，例如，可能在区中值 x^m 附近取值稠密，而在上下界附近取值稀疏。实际上，当仅给出一个三参数区间数时，只是给出了研究对象可能的变化范围和一个代表值，而该三参数区间数中的内点是什么分布，一般并不知道，这也是三参数区间数的一种不确定性。

性质 2.2.3　层次性。

证明　(1) 三参数区间数的性质 2.2.1 表明给定的区间数在宏观层面上是确定的，其确定性体现在区间数的上界和下界这两个宏观参数上，这说明三参数区间数具有“宏观层”。

(2)三参数区间数的内点的值具有分布不确定性和位置不确定性，这些不确定性客观存在，但又处在相对于上界、下界而言低一个层次的空间位置上，可以称其为“微观”层次。

但三参数区间数的层次性比规范区间数的层次性更为显著，这是因为，三参数区间数标出了 x^m 而区别于规范区间数。

在一些模糊集理论与应用的文献中，三参数区间数被称为“三角模糊数”；在一些研究和应用灰色系统理论的文献中，三参数区间数被称为“三参数灰数”，有的也称为三元区间数，其实都是三参数区间数。

2.2.2　四参数区间数

定义 2.2.3　设 a、c、d、b 是 4 个非负实数，$a, c, d, b \in \mathbf{R}$，且 $a \leqslant c \leqslant d \leqslant b$，则称 $[a, c, d, b]$为四参数区间数。其中 a 为四参数区间数的下界，b 为四参数区间数的上界，c、d 为四参数区间数的区中值或代表值。

由定义 2.2.3 知，四参数区间数其实就是在三参数区间数$[a, c, b]$中增加了一个参数 d，因此，四参数区间数是三参数区间数的一种扩展，其含义是，在所有可能的区间值中，首先要考虑 c、d。

为了一般性地考虑和讨论四参数的上界、下界和区中值的可变性，常用以下形式表示一个四参数区间数：

$$\tilde{x}=[x^{\mathrm{s}},x^{\mathrm{m}},x^{\mathrm{n}},x^{\mathrm{l}}] \tag{2.2.3}$$

式中，x 为四参数区间数；x^{s} 为四参数区间数的下界；x^{m}、x^{n} 为四参数区间数的区中值；x^{l} 是四参数区间数的下界。

当四参数区间数中 $x^{\mathrm{m}}=x^{\mathrm{n}}$ 时，四参数区间数为三参数区间数；当 $x^{\mathrm{s}}=x^{\mathrm{m}}$ 且 $x^{\mathrm{n}}=x^{\mathrm{l}}$ 时，四参数区间数为规范区间数；当 $x^{\mathrm{s}}=x^{\mathrm{m}}=x^{\mathrm{n}}=x^{\mathrm{l}}$ 时，四参数区间数为实数。

定义 2.2.4　设有四参数区间数 $\tilde{x}=[x^{\mathrm{s}},x^{\mathrm{m}},x^{\mathrm{n}},x^{\mathrm{l}}]$，称 $L_x=x^{\mathrm{l}}-x^{\mathrm{s}}$ 为四参数区间数 $\tilde{x}=[x^{\mathrm{s}},x^{\mathrm{m}},x^{\mathrm{n}},x^{\mathrm{l}}]$的长度。

由于四参数区间数也是规范区间数的一种具体化，所以四参数区间数也具有 3 个特点和 3 条性质。

(1) 四参数区间数具有上界和下界，并由上界和下界确定了一个一维空间，见图 2.2.2。

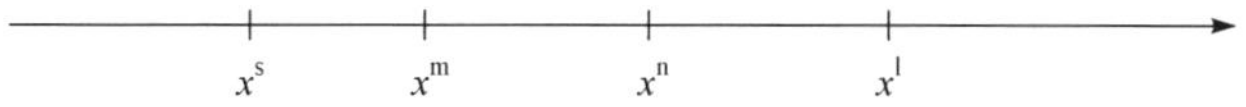

图 2.2.2　四参数区间数在数轴上的表示

由图 2.2.2 可见，x^{s}、x^{m}、x^{n}、x^{l} 不仅是在数轴上给出了一个四参数区间数 $\tilde{x}=[x^{\mathrm{s}},x^{\mathrm{m}},x^{\mathrm{n}},x^{\mathrm{l}}]$，而且给出了：①区间长度 $L_x=x^{\mathrm{l}}-x^{\mathrm{s}}$；②四参数区间数在数轴上的位置；③四参数区间数的两个代表点 x^{m} 和 x^{n}，并且 $x^{\mathrm{s}}<x^{\mathrm{m}}<x^{\mathrm{n}}<x^{\mathrm{l}}$，这两个代表点 x^{m}、x^{n} 与规范区间数中的 x_k 点类似，只是在四参数区间数中，x^{m} 和 x^{n} 被突显。

(2) 四参数区间数是一个实数集。

(3) 四参数区间数是一个集对。

四参数区间数的上述 3 个特点决定了四参数区间数的以下 3 条性质。

性质 2.2.4　确定性。

证明　(1) 根据四参数区间数的定义，四参数区间数的上下界是确定的。

(2) 当四参数区间数上界和下界确定时，区间数的长度 $L_x=x^{\mathrm{l}}-x^{\mathrm{s}}$ 也是确定的。

(3) 给定一个四参数区间数 $\tilde{x}=[x^{\mathrm{s}},x^{\mathrm{m}},x^{\mathrm{n}},x^{\mathrm{l}}]$，该四参数区间数在数轴上的位置就被唯一确定。综上，四参数区间数 $\tilde{x}=[x^{\mathrm{s}},x^{\mathrm{m}},x^{\mathrm{n}},x^{\mathrm{l}}]$具有确定性。证毕。

性质 2.2.5　不确定性。

证明　(1) 根据四参数区间数的特点(2)，只要满足 $x^{\mathrm{s}}\leqslant x_k\leqslant x^{\mathrm{l}}$ 的数 x_k 都属于四参数区间数，即有

$$x_k\in x \tag{2.2.4}$$

这说明，通常情况下，一个有确定上下界的四参数区间数具有取值的包容性，

只要在给定的区间内取值，都是这个区间数所包容的。

(2) 四参数区间数内点分布的不确定性。

如果把满足 $x^{s} \leqslant x_k \leqslant x^{l}$ 的 x_k 统称为四参数区间数 $x=[x^{s},x^{m},x^{n},x^{l}]$的内点，那么，这些内点在四参数区间数 $x=[x^{s},x^{m},x^{n},x^{l}]$中的分布是不确定的，可以是均匀分布，即这些内点均匀地分布在四参数区间数 $x=[x^{s},x^{m},x^{n},x^{l}]$内。例如，有四参数区间数 $\tilde{x}=[0,0.4,0.5,1]$，若只考虑其内点 0.1,0.2,0.3,0.4,0.5,0.6,0.7,0.8,0.9,那么这 9 个 x_k 点在区间[0,1]是均匀分布的。但有的在四参数区间数内部取值也可以不是均匀分布的，也可能在区中值 0.4 和 0.5 附近取值稠密，而在上下界附近取值稀疏。实际上，仅给出一个四参数区间数时，只是给出了研究对象可能变化范围和两个代表值，而该四参数区间数中的内点是什么分布，一般并不知道，这也是四参数区间数的一种不确定性。

性质 2.2.6 层次性。

证明 (1) 四参数区间数的性质 2.2.4 表明给定的区间数在宏观层面上是确定的，其确定性体现在区间数的上界和下界这两个宏观参数上，这说明四参数区间数具有宏观层。

(2) 四参数区间数的内点的值具有分布不确定性和位置不确定性，这些不确定性客观存在，但又处在相对于上界、下界而言低一个层次的空间位置上，可以称其为微观层次。

但四参数区间数的层次性比规范区间数的层次性更为显著，这是因为四参数区间数标出了 x^{m} 和 x^{n} 而区别于规范区间数。

在一些研究和应用模糊集理论与应用的文献中，四参数区间数也被称为梯形模糊数($x^{m}>x^{n}$ 或 $x^{m}<x^{n}$)，在一些研究和应用灰色系统理论的文献中，四参数区间数被称为四参数灰数或四元区间数，其实它们都是四参数区间数。

2.2.3 参数无穷多区间数

定义 2.2.5 若在规范区间数$[a,b]$中共标出 $k(k\geqslant 1)$个区间中值(内点)，则把此区间数称为多参数区间数。

当 $k=1$ 时，就是三参数区间数；当 $k=2$ 时，就是四参数区间数；当 $k=3$ 时，得到的为五参数区间数。以此类推；当 $k\to\infty$时，得到无穷多参数区间数，根据实数理论，当 $k\to\infty$时，区间数$[a,b]$将被这无穷多参数“填满”。

2.3 区间数的系统性质

区间数不仅是“数”而且是一个系统，区间数作为一个系统而存在，因而具有系统性质。

2.3.1 区间数的子区间数

2.1 节中已介绍了规范区间数的性质有确定性、不确定性与层次性 3 条性质,并给出证明。由于多参数区间数和无穷多参数区间数属于区间数的一些特例,所以仍是区间数,也同样具有这些性质。这里要指出的是,区间数的确定性、不确定性和层次性的存在,表明区间数具有系统性,这是因为根据系统科学对系统的定义,系统是由两个或两个以上要素所组成的一个有机整体,区间数显然满足这一定义,原因如下。

(1) 区间数具有上界和下界两个要素,而且这两个要素缺一不可。

(2) 给定的一个区间数是一个整体,从而使区间数是一个元系统(恰好由两个要素所构成的系统),这表明区间数同时具有“数”与“系统”的特点,也具有“数”与“系统”的性质。正是在这个意义上,前面指出“点”实数虽然可以看做一种上界与下界相等的特殊的区间数,但与区间数有区别,区别在于点实数具有实数的性质,但没有“系统”的性质。

区间数具有系统性这一事实不仅表明区间数在数的意义上具有层次性,而且具有结构,这一点在多参数区间数中尤为明显。例如,三参数区间数 $\tilde{x}=[x^s,x^m,x^l]$,将其分成两个规范区间数 $x_1=[x^s,x^m]$和 $x_2=[x^m,x^l]$,这两个规范区间数连同三参数区间数本身共有 3 个子区间数。对于四参数区间数 $\tilde{x}=[x^s,x^m,x^n,x^l]$,则有 $\tilde{x}_1=[x^s,x^m]$,$\tilde{x}_2=[x^s,x^n]$,$\tilde{x}_3=[x^m,x^n]$,$\tilde{x}_4=[x^m,x^l]$,$\tilde{x}_5=[x^n,x^l]$5 个规范区间数以及 $\tilde{x}_6=[x^s,x^m,x^n]$、$\tilde{x}_7=[x^m,x^n,x^l]$两个三参数区间数及本身共有 8 个子区间数。这些子区间数与原(母)区间数本身具有明显的层次结构关系。

例如,三参数区间数 $x=[x^s,x^m,x^l]$与子区间数的结构关系如图 2.3.1 所示。

四参数区间数 $\tilde{x}=[x^s,x^m,x^n,x^l]$与子区间数的结构关系如图 2.3.2 所示。

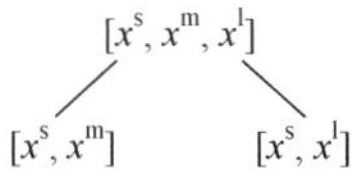

图 2.3.1 三参数区间数与子区间数的结构关系

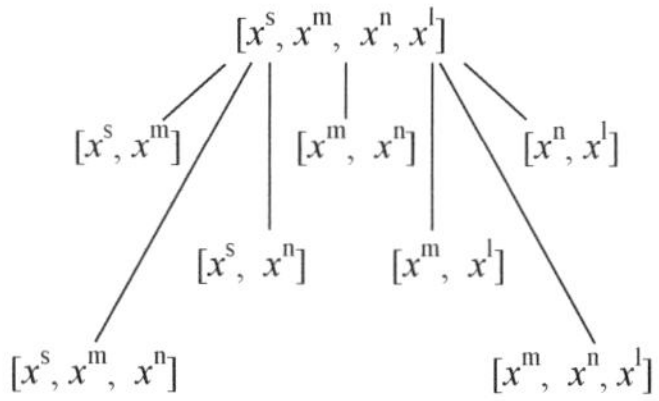

图 2.3.2 四参数区间数与了区间数结构关系

多参数区间数的结构从结构的角度提示出位于数轴上的一个多参数区间数在空间位置意义上的关系。因此,规范区间数可以具体化成三参数区间数、四参数区间数或多参数区间数。反过来,多参数区间数也可以拆成若干规范区间数和非规范区间数。

2.3.2 区间数的取值分布

区间数内点的取值不同,会有不同的分布形态。一般有均匀分布、正态分布、近似正态分布、偏态分布和指数分布等不同情形。

1. 区间数取值的均匀分布

区间数的均匀分布是指对区间数的所取值点的间距均衡,取值点均匀地分布在区间数 $\tilde{x}=[x^-,x^+]$内。

例如,对于区间数 $\tilde{x}=[0,1]$,若只考虑取其内点 x_k:0.1,0.2,0.3,0.4,0.5,0.6,0.7,0.8,0.9,那么这 9 个点取值点 x_k 在区间[0,1]内是均匀分布的。

仍以区间数 $\tilde{x}=[0,1]$为例,如果关心的是这个区间数中的以下取值点:0.1,0.2,0.3,0.41,0.43,0.45,0.48,0.5,0.51,0.52,0.53,0.54,0.56,0.58,0.6,0.61,0.62,0.63,0.7,0.75,0.8,0.9 这样 22 个取值点,就会发现,在 0.5 左右的内点数比较稠密,而在靠近下界 0 和上界 1 的地方比较稀疏,如图 2.3.3 所示。

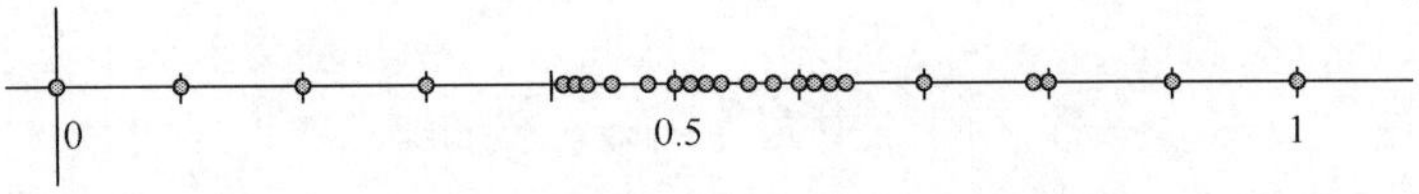

图 2.3.3 区间数 $\tilde{x}=[0,1]$的取值点内点的位置

这种区间数的取值分布是非均匀的。若把区间数 $\tilde{x}=[0,1]$分成 5 等份,其取值点的个数用函数表示为

$$f(x)=\begin{cases}1, & 0\leqslant x<0.2\\ 2, & 0.2\leqslant x<0.4\\ 11, & 0.4\leqslant x<0.6\\ 6, & 0.6\leqslant x<0.8\\ 2, & 0.8\leqslant x\leqslant 1\end{cases}$$

取值点的分布函数 $f(x)$的图像见图 2.3.4。

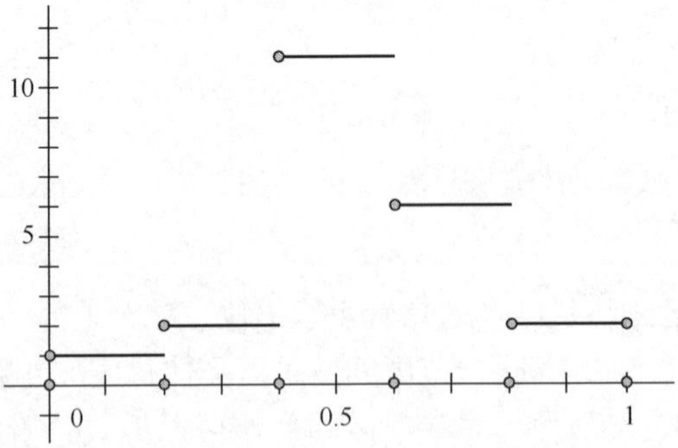

图 2.3.4 区间数 $\tilde{x}=[0,1]$的取值分布函数图像

2. 区间数取值的正态分布

张全等[3]提出，由于区间数 $\tilde{x}=[x^-,x^+]$的取值随机地来自区间，被估计的评价值以 99.73%的概率被区间数盖住，即遵循 3σ 原则[4]。评价值 $\xi_{\tilde{x}}$ 随机地“落在”区间的某位置处，服从以区间中点为均值的正态分布 $N(\mu_{\tilde{x}},\sigma_{\tilde{x}}^2)$，且有

$$\mu_{\tilde{x}}=\frac{x^-+x^+}{2},\quad \sigma_{\tilde{x}}=\frac{x^+-x^-}{6}$$

从而有

$$x^-=\mu_{\tilde{x}}-3\sigma_{\tilde{x}},\quad x^+=\mu_{\tilde{x}}+3\sigma_{\tilde{x}}$$

可以把 $\xi_{\tilde{x}}$ 当做独立随机变量。随机变量 $\xi_{\tilde{x}}$ 的分布函数是

$$F_{\tilde{x}}(x)=\int_{-\infty}^{x} f_{\tilde{x}}(t)\mathrm{d}t$$

式中，$f_{\tilde{x}}(t)$为 $\xi_{\tilde{x}}$ 的概率密度函数，即

$$f_{\tilde{x}}(t)=\frac{1}{\sqrt{2\pi}\sigma_{\tilde{x}}}\mathrm{e}^{-\frac{(t-\mu_{\tilde{x}})^2}{2\sigma_{\tilde{x}}^2}}$$

其他类型的区间数取值分布请参阅相关文献。

2.4　区间数序结构的复杂性

2.4.1　区间数在数轴上的位置

就一般情况而言，如果给出两个规范区间数 $\tilde{x}=[x^-,x^+]$和 $\tilde{y}=[y^-,y^+]$，区间数 $\tilde{x}$ 和 $\tilde{y}$ 的上界和下界的人小决定了这两个区间数在数轴上的相互位置，其位置的空间关系有相离、相交、包含 3 种情况。

定义 2.4.1　设规范区间数 $\tilde{x}=[x^-,x^+]$和 $\tilde{y}=[y^-,y^+]$，若 $x^+<y^-$或 $y^+<x^-$，则称两个区间数相离；若 $x^-<y^-<x^+$或 $y^-<x^+<y^+$，则称两个区间数相交；特别地，当 $x^+=y^-$或 $y^+=x^-$时，称两个区间数相接；当 $y^-\leqslant x^-<x^+\leqslant y^+$时，称区间数 $\tilde{y}=[y^-,y^+]$包含区间数 $\tilde{x}=[x^-,x^+]$，也称区间数 $\tilde{x}=[x^-,x^+]$被区间数 $\tilde{y}=[y^-,y^+]$包含，记为 $\tilde{y}=[y^-,y^+]\supseteq[x^-,x^+]=\tilde{x}$；当 $y^-<x^-<x^+<y^+$时，称区间数 $\tilde{y}=[y^-,y^+]$真包含区间数 $\tilde{x}=[x^-,x^+]$，记为 $\tilde{y}=[y^-,y^+]\supset[x^-,x^+]=\tilde{x}$。

两个区间数相离、相交、相接、真包含的几何形态见图 2.4.1～图 2.4.4。

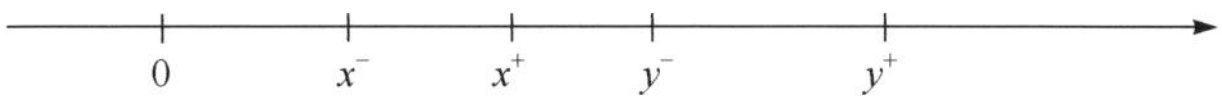

图 2.4.1　区间数 $\tilde{x}=[x^-,x^+]$和 $\tilde{y}=[y^-,y^+]$相离

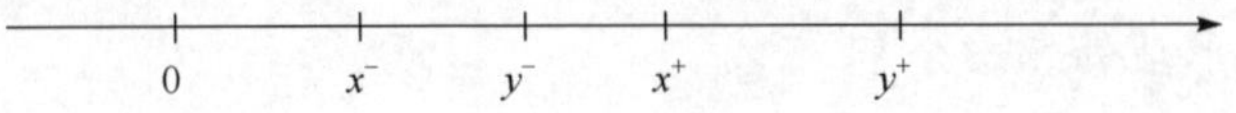

图 2.4.2　区间数 $\tilde{x}=[x^-,x^+]$和 $\tilde{y}=[y^-,y^+]$相交

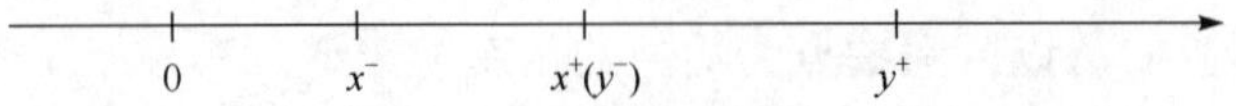

图 2.4.3　区间数 $\tilde{x}=[x^-,x^+]$和 $\tilde{y}=[y^-,y^+]$相接

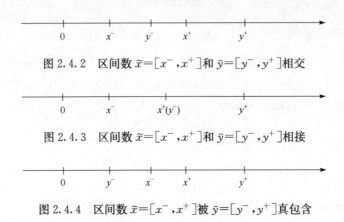

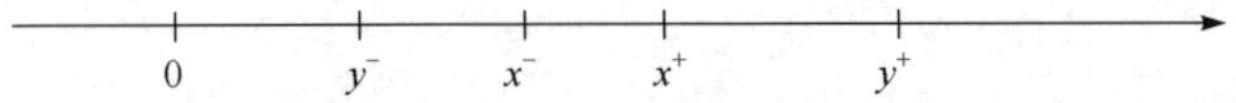

图 2.4.4　区间数 $\tilde{x}=[x^-,x^+]$被 $\tilde{y}=[y^-,y^+]$真包含

定义 2.4.2　若两个区间数的上界与上界相等，下界与下界相等，则称两个区间数相等。

2.4.2　区间数序结构的复杂性

从区间数的定义可知，区间数由实数来刻画，实数具有大小关系，区间数之间也应该存在大小关系；从区间数在数轴上的表示来看，区间数在数轴上具有不同的位置关系，所以从空间看，区间数不能仅按量的大小排序，而是要同时顾及量的空间位置，即区间数存在序结构。另外，不同的区间数的长度不同，该如何定义区间数的大小呢？

一种方法是以区间数的上下界的大小，即区间数的位置来比较大小；另一种方法是以区间数的长度来比较区间数的大小。

设区间数[2,6]，如果给出两种不同的结构，$\tilde{x}_a=[2,3,4,6]$，$\tilde{x}_b=[2,4,4.5,6]$，在 $\tilde{x}_a$ 中有子区间数 $\tilde{x}_{a_{13}}=[2,4]$，$\tilde{x}_{a_{24}}=[3,6]$，若从上下界的数值看，因为 $3>2$，$6>4$，所以有 $\tilde{x}_{a_{24}}=[3,6]$大于 $\tilde{x}_{a_{13}}=[2,4]$；若从区间数的长度看，有 $L_{a_{13}}=2$，$L_{a_{24}}=3$，也有 $\tilde{x}_{a_{24}}=[3,6]$大于 $\tilde{x}_{a_{13}}=[2,4]$；而在 $\tilde{x}_b$ 中，取子区间数 $\tilde{x}_{b_{13}}=[2,4.5]$，$\tilde{x}_{b_{24}}=[4,6]$，因为 $4>2$，$6>4.5$，所以有 $\tilde{x}_{b_{24}}=[4,6]$大于 $\tilde{x}_{b_{13}}=[2,4.5]$，若从区间数长度看，$L_{b_{13}}=2.5$，$L_{b_{24}}=2$，则又有 $\tilde{x}_{b_{13}}=[2,4.5]$大于 $\tilde{x}_{b_{24}}=[4,6]$。所以，区间数的大小比较具有复杂性。

因此，如何既考虑区间数的上下界的大小又兼顾区间数的长度来确定两个区间数的大小排序是一个要深入和具体研究的问题。

2.5　区间数的运算

2.5.1　区间数的运算性

提到“区间数的可运算性与不可运算性”，有人会认为这是矛盾的说法，违反了排中律，这里讲"区间数的可运算性与不可运算性"是从不同的角度来考虑的。

当仅从区间数是"数"的角度考虑，不计区间数的系统性质时，区间数是可运算的，进一步，可对区间数定义加法、减法、数乘、乘法和除法运算。例如，张传芳等定义区间数的加法运算如下[5]。

设有区间数 $\tilde{x}=[x^-,x^+]$和 $\tilde{y}=[y^-,y^+]$，则两区间数加法为

$$\tilde{x}+\tilde{y}=[x^-+y^-,x^++y^+] \tag{2.5.1}$$

例如，[2,3]+[1,2]=[3,5]或[1,2]+[2,3]=[3,5]，这样的运算结果在数轴上也可以表示。问题是其实际意义可能是如此，也可能不是如此。例如，某质点 S 在时刻 t_1～时刻 t_2 沿正方向运动了 2～3m，在时刻 t_2～时刻 t_3 又向正方向运动了 1～2m，那么该质点 S 在时刻 t_1～时刻 t_3 共向正方向运动了 3～5m，见图 2.5.1。

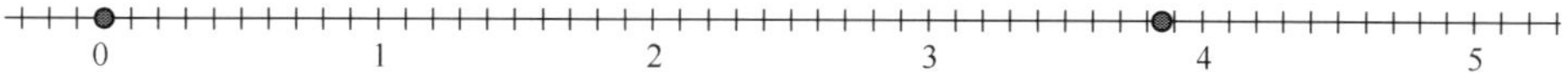

图 2.5.1　质点在时刻 t_1～时刻 t_3 的运动(1)

但如果质点 S 在时刻 t_1～时刻 t_2 是从原点向正方向运动到 1～2 单位，而在时刻 t_2～时刻 t_3 又继续向正方向运动到 2～3 个单位，那么该质点 S 在时刻 t_1～时刻 t_3 这段时间内总共向正方向运动了 1～3 个单位，也就是说，在 t_3 时刻，该质点 S 还在 1～3 之间，见图 2.5.2。

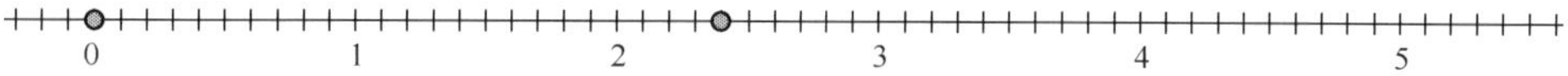

图 2.5.2　质点在时刻 t_1～时刻 t_3 时间内的运动(2)

显然，图 2.5.1 与区间数加法[2,3]+[1,2]=[3,5]相对应，图 2.5.2 与[1,2]+[2,3]=[1,3]相对应，显然[3,5]≠[1,3]，这说明[1,2]+[2,3]≠[2,3]+[1,2]，这个例子从一个侧面说明，张传芳等定义的 $\tilde{x}+\tilde{y}=[x^-+y^-,x^++y^+]$，其实际应用是有条件的，不是普适的。

但是，以上定义的运算也是有条件的，条件是给定的两个区间数应当是相接的，当两个区间数相接的时候，从集合运算的角度讲，两个区间数的"和"应该是 $\tilde{x}+\tilde{y}=[x^-,y^+]$，显然，这也与前面定义的"和"不等。

也就是说，张传芳等定义的两个区间数相加，在形式上有意义，而在几何意义上却不适当。另外，张传芳等定义的两个区间数的减法运算，在数值上具有可接受性，但在几何意义上却难以理解，无法给出逻辑说明，从减法运算是加法运算的逆运算的角度来讲，两个区间数的加法运算不成立，减法运算也不成立。由此看出，区间数的可运算性客观上依附于区间数在数轴上的空间位置，舍弃区间数在数轴上的空间位置定义区间数的加法、减法或乘法运算，有可能使这种运算失去实际意义。

那么，两个或两个以上的区间数在什么条件下才具有可运算性？

2.5.2 基于区间数位置的区间数运算

通过研究区间数在数轴上的不同位置及相互关系，可以发现为了使区间数具有可运算性，需要针对两个区间数在数轴上的不同空间位置关系定义不同的加法、减法、乘法和数乘运算，具体如下。

1) 区间数的加法运算

在区间数决策问题中，区间数本身的含义是给出了某属性或指标的取值范围，这时可以基于区间数在数轴上的位置来定义区间数的加法运算。

定义 2.5.1 设有区间数 $\tilde{x}=[x^-,x^+]$，$\tilde{y}=[y^-,y^+]$，定义区间数 $\tilde{x}$ 与 $\tilde{y}$ 的加法运算仍为区间数 $\tilde{z}$，且为

$$\tilde{z}=\tilde{x}+\tilde{y}=[x^-,x^+]+[y^-,y^+]=[z^-,z^+] \tag{2.5.2}$$

式中，$z^-=\min\{x^-,y^-\}$，$z^+=\max\{x^+,y^+\}$。

显然，式(2.5.2)包含下列三种情形。

(1) 当两个区间数相离、相接时，有 $x^+\leqslant y^-$，见图 2.4.1 和图 2.4.3，两个区间数的和为

$$\tilde{z}=\tilde{x}+\tilde{y}=[x^-,x^+]+[y^-,y^+]=[x^-,y^+] \tag{2.5.3}$$

(2) 当两个区间数是相交时，见图 2.4.2，两个区间数的和也是

$$\tilde{z}=\tilde{x}+\tilde{y}=[x^-,x^+]+[y^-,y^+]=[x^-,y^+] \tag{2.5.4}$$

总体来说，从区间数的和的取值范围上看，两个区间数的和都比原来的区间数 $\tilde{x}$ 或 $\tilde{y}$ 的取值范围扩大了。但在两个区间数相离的情形下，上述定义的加法运算还添加了原本不属于区间数 $\tilde{x}$ 或 $\tilde{y}$ 的取值部分，即两个区间数相离的这部分区间，显然，这部分额外增加的区间应该从所得的“和”中减去，从而增添了区间数加法运算的复杂性。

(3) 当两个区间数是包含或被包含的情形时(图 2.4.4)，两个区间数的和为

$$\tilde{z}=\tilde{x}+\tilde{y}=[x^-,x^+]+[y^-,y^+]=[\min\{x^-,y^-\},\max\{x^+,y^+\}] \tag{2.5.5}$$

当区间数 $[x^-,x^+]\supset[y^-,y^+]$ 时，有

$$\tilde{z}=\tilde{x}+\tilde{y}=[x^-,x^+]+[y^-,y^+]=[x^-,x^+] \tag{2.5.6}$$

当区间数 $[y^-,y^+]\supset[x^-,x^+]$ 时，有

$$\tilde{z}=\tilde{x}+\tilde{y}=[x^-,x^+]+[y^-,y^+]=[y^-,y^+] \tag{2.5.7}$$

当两个区间数相等时，即 $[x^-,x^+]=[y^-,y^+]$，则两个区间数的和

$$\tilde{z}=\tilde{x}+\tilde{y}=[x^-,x^+]+[y^-,y^+]=[x^-,x^+]=[y^-,y^+] \tag{2.5.8}$$

综合以上三种情形，式(2.5.2)统称为基于区间数在数轴上位置的加法公式，简称区间数的加法公式。

2）区间数的减法运算

通常意义下，减法是加法的逆运算。如同区间数的加法运算基于区间数在数轴上的位置来定义一样，区间数的减法运算也要基于区间数在数轴上的位置来进行定义。

当两个区间数具有包含关系时，定义两个区间数的减法运算如下。

定义 2.5.2　设有区间数 $\tilde{x}=[x^-,x^+]$，$\tilde{y}=[y^-,y^+]$，且有 $[x^-,x^+]\supset[y^-,y^+]$，定义两个区间数 $\tilde{x}$ 与 $\tilde{y}$ 的减法运算为

$$\tilde{x}-\tilde{y}=[x^-,x^+]-[y^-,y^+] \tag{2.5.9}$$

也称为两个区间数的差。其差要根据两个区间数的下界和上界的相同或不同来具体考虑。

（1）当两个区间数的下界相同时，即两个区间数的上下界满足 $x^-=y^-$，$x^+>y^+$，区间数在数轴上的位置见图 2.5.3。

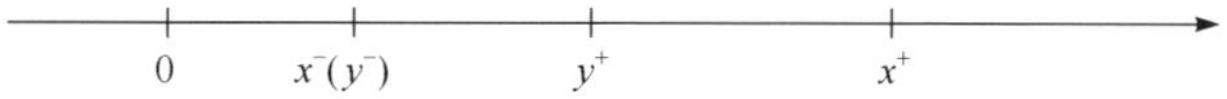

图 2.5.3　区间数 $\tilde{x}=[x^-,x^+]$ 与 $\tilde{y}=[y^-,y^+]$ 下界相同

则两个区间数 $\tilde{x}$ 与 $\tilde{y}$ 的差为

$$\tilde{x}-\tilde{y}=[x^-,x^+]-[y^-,y^+]=[y^+,x^+] \tag{2.5.10}$$

一般情况下，当两个区间数具有下界相同的包含关系时，则有

$$\tilde{x}-\tilde{y}=[x^-,x^+]-[y^-,y^+]=[\min\{x^+,y^+\},\max\{x^+,y^+\}] \tag{2.5.11}$$

（2）当两个区间数中的上界相同时，即两个区间数的上下界满足 $x^-<y^-$，$x^+=y^+$，区间数在数轴上的位置见图 2.5.4。

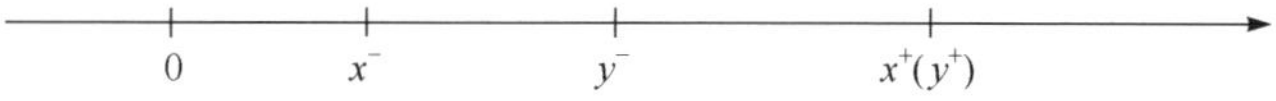

图 2.5.4　区间数 $\tilde{x}=[x^-,x^+]$ 与 $\tilde{y}=[y^-,y^+]$ 上界相同

则两个区间数 $\tilde{x}$ 与 $\tilde{y}$ 的差为

$$\tilde{x}-\tilde{y}=[x^-,x^+]-[y^-,y^+]=[x^-,y^-] \tag{2.5.12}$$

一般情况下，当两个区间数具有上界相同的包含关系时，则有

$$\tilde{x}-\tilde{y}=[x^-,x^+]-[y^-,y^+]=[\min\{x^-,y^-\},\max\{x^-,y^-\}] \tag{2.5.13}$$

（3）当两个区间数的上下界都不相同时，即两个区间数的上下界满足 $x^-<y^-$，$y^+<x^+$，区间数在数轴上的位置见图 2.5.5。

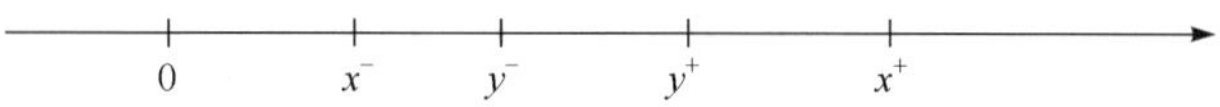

图 2.5.5　区间数 $\tilde{x}=[x^-,x^+]$ 与 $\tilde{y}=[y^-,y^+]$ 上下界不同

则两个区间数 $\tilde{x}$ 与 $\tilde{y}$ 的差为

$$\tilde{x}-\tilde{y}=[x^-,x^+]-[y^-,y^+]=[x^-,y^-]\cup[y^+,x^+] \tag{2.5.14}$$

一般情况下，当两个区间数的上界、下界都不相同时，则有

$$\begin{aligned}\tilde{x}-\tilde{y}&=[x^-,x^+]-[y^-,y^+]\\&=[\min\{x^-,y^-\},\max\{x^-,y^-\}]\cup[\min\{x^+,y^+\},\max\{x^+,y^+\}]\end{aligned} \tag{2.5.15}$$

从情形(3)可以看出，两个区间数相减后得到的差不再是一个区间数，而是两个区间数的并集。

当两个区间数不具有包含关系时，还能定义区间数的减法吗？例如，区间数[1,2]与区间数[4,5]，定义其差为[4,5]－[1,2]＝[4－1,5－2]＝[3,3]，还是定义其差为[1,2]－[4,5]＝[1－4,2－5]＝[－3,－3]呢？从几何意义上讲，两个区间数是相离的，取值范围上找不到任何相互关系，所以定义其减法没有意义。

从以上讨论可知，两个区间数的减法更具有复杂性。

3)区间数的数乘运算

定义 2.5.3　设有区间数 $\tilde{x}=[x^-,x^+]$，k 为实数，且 $k>0$，定义数乘运算为

$$k\tilde{x}=[kx^-,kx^+] \tag{2.5.16}$$

其几何意义是将区间数的上界、下界扩大 k 倍，并且区间数的长度也扩大 k 倍。

需要说明的是，当 k 取实数且为负数时，式(2.5.16)不成立。说明区间数的数乘运算也具有复杂性。

总之，区间数的运算不仅是在数值上的运算，还要从区间数的空间位置上考虑运算的实际意义，本书给出的运算法则原则上是以区间数在数轴上的位置为基点考虑的，在保证区间数的运算有明确几何意义的前提下再定义区间数的数值运算。

当要同时顾及两个区间数在数轴上的位置和数值大小时，这两个区间数的关系就不再是单一关系，而是双重关系。每重关系又分不同的情形，以其中的一重关系为基准，而忽略另一重关系定义运算，都会使运算结果偏离实际，因而需要通过具体分析才能确定这些关系和考虑基于这些关系的运算法则。

有关区间数的具体运算和分析在后续章节中还会提到。

2.6　区间数间的关系度量

前面讨论了两个区间数的运算，对于两个区间数的关系还可以从距离、相离和贴近的角度来刻画。

2.6.1　区间数的距离

定义 2.6.1　设有区间数 $\tilde{a}=[a^-,a^+]$，$\tilde{b}=[b^-,b^+]$，称 $d(\tilde{a},\tilde{b})$ 为两个区间数

的距离，其中

$$d(\tilde{a},\tilde{b})=\sqrt{(a^{-}-b^{-})^{2}+(a^{+}-b^{+})^{2}} \tag{2.6.1}$$

两个区间数的距离可以刻画两个区间数间相距的程度。

例如，区间数 $\tilde{a}_1=[1,4]$，$\tilde{b}_1=[2,5]$，则区间数 $\tilde{a}_1$ 与区间数 $\tilde{b}_1$ 之间的距离是

$$d(\tilde{a}_1,\tilde{b}_1)=\sqrt{(1-2)^2+(4-5)^2}=\sqrt{2}$$

区间数 $\tilde{a}_2=[1,4]$，$\tilde{b}_2=[2,6]$，则区间数 $\tilde{a}_2$ 与区间数 $\tilde{b}_2$ 之间的距离是

$$d(\tilde{a}_2,\tilde{b}_2)=\sqrt{(1-2)^2+(4-6)^2}=\sqrt{5}$$

可以看出，区间数 $\tilde{a}_1=[1,4]$与 $\tilde{b}_1=[2,5]$之间的距离比区间数 $\tilde{a}_2=[1,4]$与 $\tilde{b}_2=[2,6]$之间的距离更近一些。

但是两组区间数之间的差别并不是很大，两组中的第一个区间数是相等的，两组中的第二个区间数的左端点相同，而仅右端点不同，显然，用这样的距离刻画两个区间数的关系还不够细致。

2.6.2　区间数的相离度

为了进一步刻画两个区间数的关系，杨春玲等[6]给出了区间数相离度的定义。

1) 区间数相离度的定义

定义 2.6.2　设有区间数 $\tilde{a}=[a^{-},a^{+}]$，$\tilde{b}=[b^{-},b^{+}]$，记 $l_{\tilde{a}}=a^{+}-a^{-}>0$，$l_{\tilde{b}}=b^{+}-b^{-}>0$，称

$$L(\tilde{a},\tilde{b})=\frac{|a^{+}-b^{+}|+|a^{-}-b^{-}|}{a^{+}-a^{-}+b^{+}-b^{-}}=\frac{|a^{+}-b^{+}|+|a^{-}-b^{-}|}{l_{\tilde{a}}+l_{\tilde{b}}} \tag{2.6.2}$$

为区间数 $\tilde{a}$ 与 $\tilde{b}$ 的相离度，其中 $\tilde{a}$ 与 $\tilde{b}$ 可以有一个为点实数。

若 $\tilde{a}$ 与 $\tilde{b}$ 均为实数，则定义其相离度为

$$L(\tilde{a},\tilde{b})=|a^{+}-b^{+}| \tag{2.6.3}$$

2) 区间数相离度的性质

(1) $L(\tilde{a},\tilde{a})=0$ 且 $L(\tilde{a},\tilde{b})=0$ 的充分必要条件是 $\tilde{a}=\tilde{b}$，即 $a^{-}=b^{-}$，$a^{+}=b^{+}$。

(2) $L(\tilde{a},\tilde{b})=1$ 的充分必要条件是 $a^{+}=b^{-}$ 或 $a^{-}=b^{+}$。

(3) 当 $a^{-}\leqslant b^{-}<a^{+}\leqslant b^{+}$，$b^{-}\leqslant a^{-}<b^{+}\leqslant a^{+}$，$a^{-}\leqslant b^{-}<b^{+}\leqslant a^{+}$ 或 $b^{-}\leqslant a^{-}<a^{+}\leqslant b^{+}$ 时，有 $L(\tilde{a},\tilde{b})<1$。

(4) 当 $a^{-}>b^{+}$ 或 $b^{-}>a^{+}$ 时，$L(\tilde{a},\tilde{b})>1$。

(5) $L(\tilde{a},\tilde{b})=L(\tilde{b},\tilde{a})$。

对于以上性质的几何解释，本书作者补充如下。

对于性质(1)，当两个区间数完全相同(重合)时，此时两个区间数相离度为 0，见图 2.6.1。

对于性质(2)，当两个区间数处于相接位置时，两个区间数的相离度是 1，见

图 2.6.2。

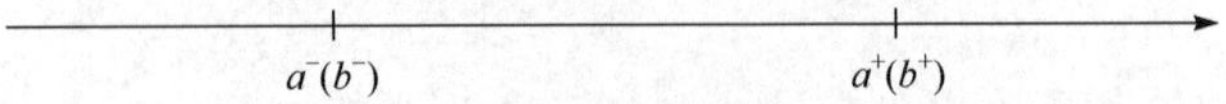

图 2.6.1　两个区间数重合

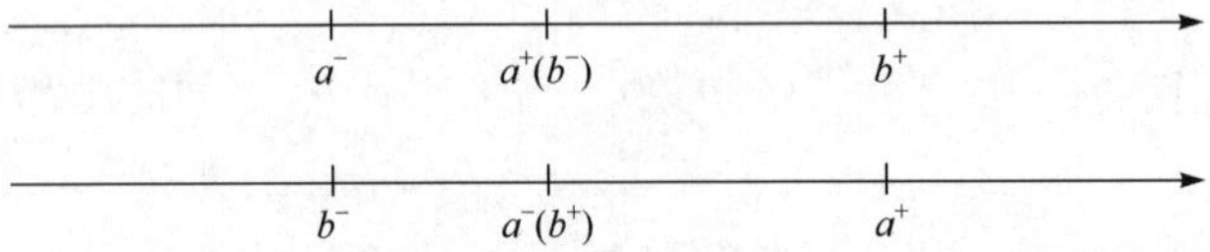

图 2.6.2　两个区间数相接

对于性质(3),当两个区间数处于相交或包含关系时。两个区间数的相离度小于 1,见图 2.6.3 和图 2.6.4。

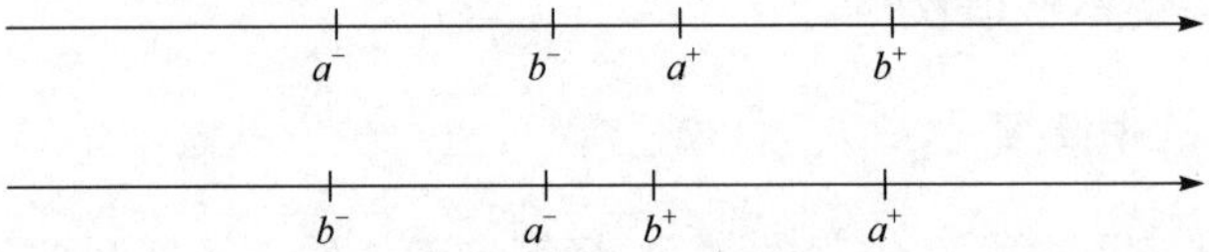

图 2.6.3　两个区间数相交

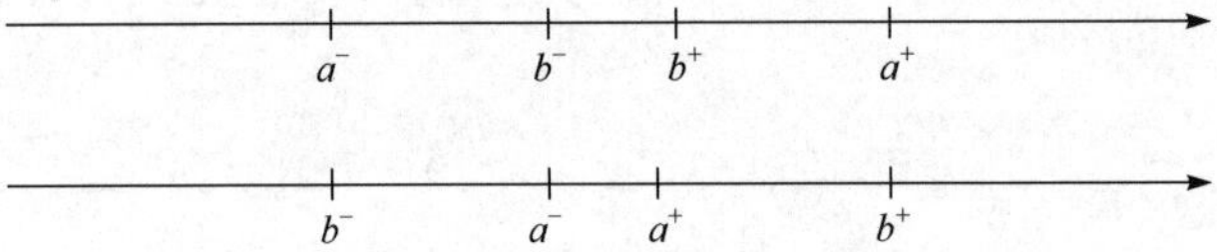

图 2.6.4　两个区间数包含

对于性质(4),当两个区间数相离时,两个区间数的相离度大于 1,见图 2.6.5。

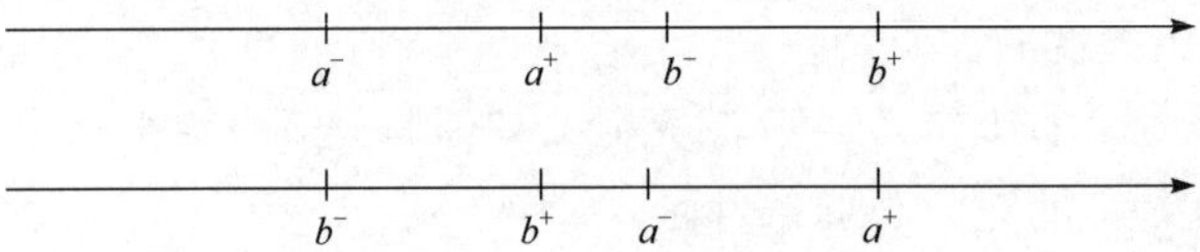

图 2.6.5　两个区间数相离

对于性质(5),区间数 $\tilde{a}$ 与区间数 $\tilde{b}$ 的相离度和区间数 $\tilde{b}$ 与区间数 $\tilde{a}$ 的相离度是等价的。

以上性质表明,区间数的相离度 $L(\tilde{a},\tilde{b})$ 越大,两个区间数相离的程度越大。

例如, 区间数 $\tilde{a}=[2,5]$ 与区间数 $\tilde{b}=[3,7]$ 的相离度为

$$L(\tilde{a},\tilde{b})=\frac{|a^+-b^+|+|a^--b^-|}{a^+-a^-+b^+-b^-}=\frac{|5-7|+|2-3|}{3+4}=\frac{3}{7}$$

区间数 $\tilde{a}=[2,5]$ 与区间数 $\tilde{b}=[4,8]$ 的相离度为

$$L(\tilde{a},\tilde{b})=\frac{|a^{+}-b^{+}|+|a^{-}-b^{-}|}{a^{+}-a^{-}+b^{+}-b^{-}}=\frac{|5-8|+|2-4|}{3+4}=\frac{5}{7}$$

所以,区间数 $\tilde{a}=[2,5]$ 与区间数 $\tilde{b}=[4,8]$ 的相离程度比区间数 $\tilde{a}=[2,5]$ 与区间数 $\tilde{b}=[3,7]$ 的相离程度大。

2.6.3　区间数的贴近度

杨春玲等[6]同时也给出了区间数的贴近度定义。

定义 2.6.3　设有区间数 $\tilde{a}=[a^{-},a^{+}]$,$\tilde{b}=[b^{-},b^{+}]$,称

$$T(\tilde{a},\tilde{b})=\begin{cases}\dfrac{1-L(\tilde{a},\tilde{b})}{1+L(\tilde{a},\tilde{b})}, & 0\leqslant L(\tilde{a},\tilde{b})<1\\ 0, & L(\tilde{a},\tilde{b})\geqslant 1\end{cases}\tag{2.6.4}$$

为区间数 $\tilde{a}$ 与区间数 $\tilde{b}$ 的贴近度。式中,$L(\tilde{a},\tilde{b})$ 为区间数 $\tilde{a}=[a^{-},a^{+}]$ 与 $\tilde{b}=[b^{-},b^{+}]$ 的相离度。

从定义 2.6.3 可以看出,当 $0\leqslant L(\tilde{a},\tilde{b})<1$ 时,$T(\tilde{a},\tilde{b})$ 是减函数,区间数的相离度 $L(\tilde{a},\tilde{b})$ 越大,贴近度 $T(\tilde{a},\tilde{b})$ 越小;区间数的相离度 $L(\tilde{a},\tilde{b})$ 越小,其贴近度 $T(\tilde{a},\tilde{b})$ 越大。

区间数贴近度的性质如下。

(1) $0\leqslant T(\tilde{a},\tilde{b})\leqslant 1$,贴近度是有界函数。

(2) $T(\tilde{a},\tilde{b})=T(\tilde{b},\tilde{a})$,贴近度有对称性。

(3) $T(\tilde{a},\tilde{b})=1\Leftrightarrow\tilde{a}=\tilde{b}$,区间数与其本身最贴近。

(4) 若区间数满足 $\tilde{c}\subseteq\tilde{b}\subseteq\tilde{a}$,则有 $T(\tilde{a},\tilde{c})\leqslant T(\tilde{a},b)$,且 $T(\tilde{a},\tilde{c})\leqslant T(\tilde{b},\tilde{c})$。

(5) $T(\tilde{a},\tilde{b})=0\Leftrightarrow a^{-}\geqslant b^{+}$ 或 $a^{+}\leqslant b^{-}$。

(6) 当 $a^{-}\leqslant b^{-}<a^{+}\leqslant b^{+}$ 时,有 $T(\tilde{a},\tilde{b})=\dfrac{a^{+}-b^{-}}{b^{+}-a^{-}}$。

(7) 当 $a^{-}\leqslant b^{-}<b^{+}\leqslant a^{+}$ 时,有 $T(\tilde{a},\tilde{b})=\dfrac{b^{+}-b^{-}}{a^{+}-a^{-}}$。

性质的证明略,有兴趣者请自行给出。

根据集对分析,若以区间数 $\tilde{a}$ 与区间数 $\tilde{b}$ 的贴近度 $T(\tilde{a},\tilde{b})$ 作为参考指标,则两个区间数的相离度 $L(\tilde{a},\tilde{b})$ 就是贴近度的对立指标,由于在通常情况下,$T(\tilde{a},\tilde{b})+L(\tilde{a},\tilde{b})<1$(证明略),所以还同时存在一个既不相离又不贴近的差异度 $B(\tilde{a},\tilde{b})=1-T(\tilde{a},\tilde{b})-L(\tilde{a},\tilde{b})$,由此得到两个区间数以贴近度 $T(\tilde{a},\tilde{b})$ 作为参考指标,相离度 $L(\tilde{a},\tilde{b})$ 作为贴近度的对立指标条件下的同异反联系数 $u(\tilde{a},\tilde{b})=T(\tilde{a},\tilde{b})+B(\tilde{a},\tilde{b})i+L(\tilde{a},\tilde{b})j$,这个联系数表明,当利用两个区间数的贴近度(和相离度)大小作为某种决策时,仍需要同时展开关于既不相离又不贴近的不确定性分析。

例如，区间数 $\tilde{a}=[2,5]$ 与区间数 $\tilde{b}=[3,7]$ 的相离度是 $L(\tilde{a},\tilde{b})=\frac{3}{7}<1$，贴近度是 $T(\tilde{a},\tilde{b})=\frac{1-\frac{3}{7}}{1+\frac{3}{7}}=\frac{2}{5}$，既不相离又不贴近的程度是 $B(\tilde{a},\tilde{b})=1-\frac{3}{7}-\frac{2}{5}=\frac{6}{35}$；区间数 $\tilde{a}=[2,5]$ 与区间数 $\tilde{b}=[4,8]$ 的相离度为 $L(\tilde{a},\tilde{b})=\frac{5}{7}<1$，贴近度是 $T(\tilde{a},\tilde{b})=\frac{1-\frac{5}{7}}{1+\frac{5}{7}}=\frac{1}{6}$，因为 $\frac{2}{5}>\frac{1}{6}$，所以区间数 $\tilde{a}=[2,5]$ 与区间数 $\tilde{b}=[3,7]$ 比区间数 $\tilde{a}=[2,5]$ 与区间数 $\tilde{b}=[4,8]$ 更贴近，但这仅仅是在不计不确定性条件下的一个相对的结论。

参考文献

[1] 赵克勤. 集对分析及其初步应用[M]. 杭州：浙江科技出版社，2000.

[2] 赵克勤，赵森烽. 奇妙的联系数[M]. 北京：知识产权出版社，2014.

[3] 张全，樊治平，潘德惠. 区间数多属性决策中一种带有可能度的排序方法[J]. 控制与决策，1999，14(6)：703-706.

[4] 姚景尹. 概率统计[M]. 北京：兵器工业出版社，1995：73-74.

[5] 张传芳，刘彦慧，王冰. 一种基于区间型联系数的多指标决策方法[J]. 大学数学，2011，7(2)：30-35.

[6] 杨春玲，张传芳，许文翠. 基于区间数贴近度的不确定多属性决策模型[J]. 数学的实践与认识，2010，40(21)：148-154.

第 3 章　集对分析与联系数

3.1　集 对 分 析

3.1.1　基本概念

定义 3.1.1　具有一定联系的两个集合组成的系统称为集对。

若用 A、B 表示集合，H 表示集对，则

$$H=(ARB) \tag{3.1.1}$$

也可去掉括号，把集对写成

$$H=ARB \tag{3.1.2}$$

必要时，也把 A 称为组成集对 H 的第 1 集合，B 为第 2 集合，在某些情况下，第 1 集合也称为主集合，第 2 集合称为伴随集合；R 表示“关系”。有时为方便计，把 R 省略不写，记为

$$H=(A,B) \tag{3.1.3}$$

集对现象在科学技术和日常工作、生活中普遍存在。例如，学校中的教师集合和学生集合构成一个集对；数学测量评价标准组成的集合与评价对象的成绩是一个集对；数轴上的正数集与负数集是一个集对；平面直角坐标系中的水平轴 X 和纵轴 Y 是一个集对；等等。

有时，集对也表现为集合中的一个元素与另一个集合中的一个元素的组合。例如，平面直角坐标系 XOY 中点的坐标 $Q(x,y)$就是一个集对，这个集对由 X 轴上的一个点 P 的坐标 x 与 Y 轴上的一个点 S 的坐标 y 组成，见图 3.1.1。

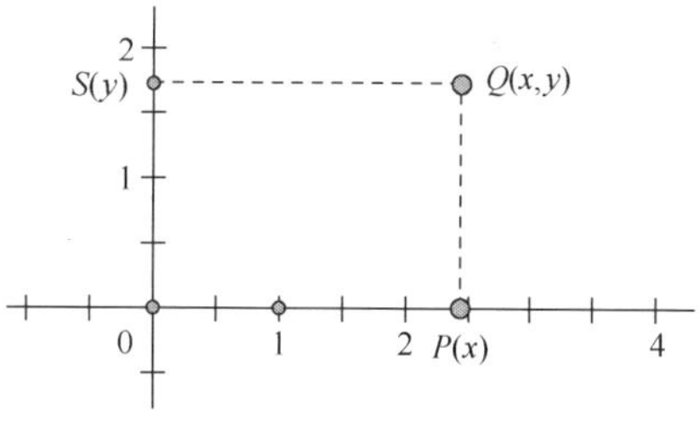

图 3.1.1　坐标平面内点的坐标的集对

生活中有很多现象成对地出现，可以把这些现象看成集对的例子，如上下、左右、东西、南北、胜负、虚实、加减、乘除、软硬、刚柔、美丑、好坏、盈亏；再如，计划与市场、投入与产出、确定与不确定、状态与趋势；还有区间数与非区间数、规范区间数与非规范区间数、区间数与点实数、数量特性与拓扑特性等。

从哲学上讲，集对是事物普遍联系和对立统一的一种数学表述。对集对展开分析即集对分析，集对分析把普遍存在的“集对”现象归纳为客观世界的一条基本原理：成对原理——事物或概念都成对存在[1]。

3.1.2 关系与联系

根据集对的定义,集对中的两个集合具有一定的联系。在式(3.1.1)和式(3.1.2)中用 R 表示组成集对 $H=(A,B)$ 中集合 A 与集合 B 的联系。

经典集合论研究两个集合之间的关系,且习惯地用 R 表示"关系",定义 3.1.1 从事物普遍联系这个角度把两个有一定联系的集合称为集对,是因为联系的范围更为广泛。

最早给出"关系"与"联系"集对分析解释的是赵克勤[2],赵克勤指出:"关系是联系之和",其本意是指集对分析要把集对中的两个集合的所有关系联系起来展开分析,才能从整体上和不同层次意义上弄清楚两个集合的联系方式、联系结构、联系机制、联系状态、联系性质、联系的发展趋势等。

为简明起见,以下在不致引起混淆的前提下,仍用 R 表示两个集合的种种"关系",所要注意的是,有时 R 仅指一种关系,有时指"关系"的集合;用 C 表示表示两个集合的联系。由此知 R 与 C 有以下关系:

$$R \in \{C\}$$

本书不抽象地讨论 R 与 C 的关系。

3.1.3 同异反关系

给定两个有一定联系的集合 A、B,用 R 表示 A 与 B 之间的关系,不考虑构成 R 的内容,从"二分法"的角度来看,这些关系可以分成相对确定的关系和相对不确定的关系两类,相对确定的关系记为 R_d,相对不确定的关系记为 R_u,这两类关系构成一个集对,可以简记为

$$R=(R_d, R_u) \tag{3.1.4}$$

于是式(3.1.2)可改写为

$$H=(AR_d, R_uB) \tag{3.1.5}$$

从"三分法"的角度和成对原理来看,相对确定的关系也可以再分为"同一"和"对立"两部分,"同一"是指集合 A 和集合 B 有相同的性质或共同的元素,这些性质(元素)的存在使得集合 A 与集合 B 具有同一性;当集合 A 具有某些性质或元素,而集合 B 具有与这些性质或元素相反的性质或相反的元素时,则集合 A 与集合 B 存在对立性。为此在一般情况下,把具有相对确定的关系又分为同关系和反(对立)关系,记同关系为 R_s,记反关系为 R_c,则有

$$R_d=(R_s, R_c) \tag{3.1.6}$$

当两个集合的某些性质既不能确定是同关系也不能确定是反关系时,称其为异关系,记为 R_i。当两个集合的某些性质或元素表现为异关系时,往往显示出相

对不确定性。这样，两个集合的关系可以分为同关系、反关系及异关系，这三种关系构成了两个集合的所有关系的全体，W 表示问题背景，见图 3.1.2，即有

$$R=R_s\cup R_c\cup R_i \tag{3.1.7}$$

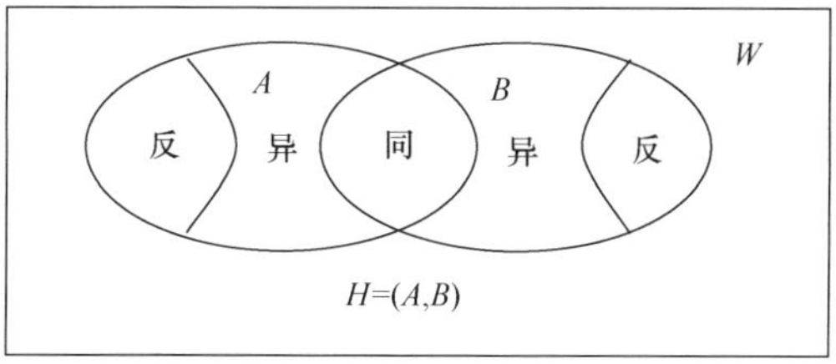

图 3.1.2　集对同异反关系示意图

例如，集合 $A=\{1,2,3,4,5,6,7\}$ 与集合 $B=\{1,-2,-3,4,5,8,9\}$，其中集合 A 中的元素 1、4、5 与集合 B 中的元素 1、4、5 具有确定的同关系，所以确定同关系数目为 3，记为

$$R_s(A,B)=\{(1=1),(4=4),(5=5)\} \tag{3.1.8}$$

以及

$$n(R_s(A,B))=3 \tag{3.1.9}$$

集合 A 中的元素 2、3 与集合 B 中的元素 -2、-3 各是对立的关系（下面用"↔"作为对立符号），记为

$$R_c(A,B)=\{(2\leftrightarrow -2),(3\leftrightarrow -3)\} \tag{3.1.10}$$

以及

$$n(R_c(A,B))=2 \tag{3.1.11}$$

对于集合 A 中的剩余两个元素 6 和 7，与集合 B 中的剩余元素 8 和 9 显然不同，归结为异关系，记为

$$R_i(A,B)=\{(6\neq 8),(6\neq 9),(7\neq 8),(7\neq 9)\} \tag{3.1.12}$$

以及

$$n(R_i(A,B))=4 \tag{3.1.13}$$

需要说明的是，集对中两个集合的关系有时是简单的，有时是复杂的。例如，上面采用配对排除法（不同集合中的两个元素按一定规则配成对后就从这两个集合中去除）考察集合 A 与集合 B 的同异反关系，其关系数的计算相对比较简单，总关系数仅为 $3+2+4=9$，但如果要一一考察集合 A 中的任一元素与集合 B 中任一元素的关系，就复杂得多。例如，设集合 A 中有 n 个元素，集合 B 中有 m 个元素，则要考虑 nm 个配对结果的同异反关系。在刚才这个例子中，集合 A 中有 7 个元素，集合 B 中有 7 个元素，要一一考察其中一个集合中的元素与另一个集合中的任一元素的配对结果，则有 $7\times 7=49$ 种（同异反）关系，可以证明，其中严格的同

关系仍然是 3 种，严格的反关系仍然是 2 种，其余 44 种都是异关系，但是在这些异关系中，仍蕴涵一定的较为宽松的同关系，如 7 与 8 较为接近，或某些较为宽松的反关系，如 1 与 9(大小对立)。当两个集合是无穷集合时，想要确定两个集合之间的所有关系有时可能不太现实，此时需要具体问题具体分析。此外，上面仅以元素的角度论述两个集合的关系，但两个集合间的关系还包括对应元素之间的其他关系，如函数关系、关系的关系等。在不少情况下，集对分析侧重于对对应元素之间的关系的分析，而把元素与集合的关系分析留给集合论或前期分析。

3.1.4 集对的特征函数

定义 3.1.2 用来表征集对中两个集合的关系数与关系状态的函数称为集对的特征函数，也称为两个集合关系的特征函数。一般用 CF 或 CF(H)或 CF(R)表示。

如 3.1.3 节中讨论的集合 $A=\{1,2,3,4,5,6,7\}$与集合 $B=\{1,-2,-3,4,5,8,9\}$组成的集对 H，从二分法的角度分析得到 5 个确定的关系和 4 个不确定的关系，则该集对 H 的特征函数 CF 为

$$\mathrm{CF}(H)=5+4i \tag{3.1.14}$$

式中，i 为不确定关系的标记。

从三分法的角度来看，同关系有 3 个，反关系有 2 个，异关系有 4 个，所以其特征函数为

$$\mathrm{CF}(R)=3+4i+2j \tag{3.1.15}$$

式中，i 是代表异关系(不确定的关系)的标记；j 是代表反关系的标记。

若从其他角度分析，得到 $a\geqslant 3$ 个同关系，$b\geqslant 4$ 个异关系，$c\geqslant 2$ 个反关系，则其特征函数记为

$$\mathrm{CF}(H)=a+bi+cj \tag{3.1.16}$$

一般地，记一个集对 H 的特征函数为 CF、CF(H)或 CF(R)，则

$$\mathrm{CF}(H)=a+bi+cj \tag{3.1.17}$$

显然，集对的特征函数 CF 是对两个集合关系分析结果的一种数量性描述，也是在给定问题背景下关于分析过程和关系分类的一个函数。分析越精细，得到的关系刻画就越精细，其特征函数中的联系分量个数也越多。

3.2 联 系 数

形如式(3.1.14)～式(3.1.16)的表达式统称为联系数。联系数是一种新数，由赵克勤在集对分析中给出[1,3]，它与普通实数不仅表达形式不同，而且含义不

同，是反映研究对象在不同条件下各种关系的一种结构函数。所谓结构函数是一种构造性的、具有一定形式的、能反映研究对象不同关系和不同系统结构的函数。

下面给出不同结构形式的联系数的定义。

3.2.1　二元联系数

1. 二元联系数的定义

定义 3.2.1　设 A、B 为实数，$i\in[-1,1]$，则称

$$U=A+Bi \tag{3.2.1}$$

为二元联系数。

令 $A+B=N,\mu=\dfrac{U}{N},a=\dfrac{A}{N},b=\dfrac{B}{N}$，则称

$$\mu=a+bi \tag{3.2.2}$$

为二元联系度。$A(a)$、$B(b)$称为二元联系度的联系分量，i 称为二元联系数（联系度）B 的取值因子，也简称 B 的系数。在不计其数值的情况下仅作为不确定性的标记使用，在需要计值的情况下，在$[-1,1]$内取值，也就是 $i\in[-1,1]$。这时有

$$a+b=1 \tag{3.2.3}$$

一般情况下，B 或 b 不为 0。

当式(3.2.2)中 $b=0$ 时，有

$$\mu'=a \tag{3.2.4}$$

当式(3.2.2)中 $a=0$ 时，有

$$\mu'=bi \tag{3.2.5}$$

式(3.2.4)与式(3.2.5)表明，形如 $a\leqslant1,b\leqslant1$ 这样的数，有时也可以看成二元联系数[4]，二元联系数也称为“确定-不确定联系数”，因为 $A(a)$是相对确定的，而 $Bi(bi)$是相对不确定的；或同异型联系数（同异联系数），因为其中的 $A(a)$称为联系数的同分量，$B(b)$称为联系数的异分量。

注意，当 i 仅作为标记使用时，$0i$ 代表的是特定不确定量，即确定有这个量，但不知具体是什么量，而非数 0。在具体问题中，有时对 i 的取值范围可能会更小，如取 $i\in[0,1]$或取 $i\in[-1,0]$或限定取 $i\in[-1,1]$内的十分位小数、百分位小数等。

二元联系数也称为同异型联系数。

例 3.2.1　制作某零件，受操作工人技术水平的影响，熟练的操作工人一天可以完成 10 个，不熟练的工人一天可以完成 8 个或 9 个，用联系数表示一个工人一天生产零件的情况是 $9+1i$，i 可以取 $-1,0,1$，则分别得到 8 个、9 个或是 10 个。一个工人一天生产的零件的个数也可以用 $8+2i$ 表示，此时 i 取 $0,\dfrac{1}{2},1$。

显然,二元联系数中,当 i 取固定值时,二元联系数得到的值就是实数。所不同的是,二元联系数不仅刻画了实数,还刻画了这个实数的取值范围。

也有文献把二元联系数称为复数型联系数[5],因为从形式上看,二元联系数的表达式 $A+Bi$ 与复数形式相同,但二元联系数中的 Bi(或 bi)含义不同。基于二者形式上有一致性,在某些情况下可以借鉴复数的运算规则作为联系数的运算规则。

2. 二元联系数的值函数及图像

在联系数 $U=A+Bi$ 或 $\mu=a+bi$ 中,当 i 在区间[-1,1]内取值时,得到联系数 $U=A+Bi$ 或 $\mu=a+bi$ 的值,也称 U 或 μ 为联系数关于 i 的值函数。例如,$U=0.64+0.45i$,当 $i=\frac{1}{3}$ 时,$U=0.79$。很显然 U 是 i 的一次函数,其图像是一条线段,见图 3.2.1。

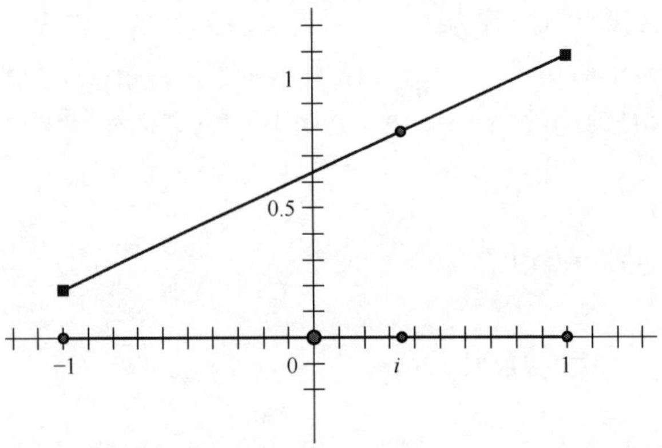

图 3.2.1　联系数 $U=0.64+0.45i$ 的图像

需要说明的是,特别需要的情况下,i 也可能在[-1,1]中按某个函数取值[4]。

3.2.2　三元联系数

通过解析二元联系数的 i,可以由二元联系数导出三元联系数。

定义 3.2.2　设 A、B、C 为实数,$j=-1$,$i\in[-1,1]$,则称

$$U=A+Bi+Cj \tag{3.2.6}$$

为三元联系数。

令 $A+B+C=N$,$\mu=\frac{U}{N}$,$a=\frac{A}{N}$,$b=\frac{B}{N}$,$c=\frac{C}{N}$,则得

$$\mu=a+bi+cj \tag{3.2.7}$$

式(3.2.7)也称为三元联系度,或简称联系度。

对式(3.2.6)与式(3.2.7)还有同异反联系数(同异反联系度)的称谓,其含义

可以从式(3.1.15)得到解释。$A(a)$称为同一度，$B(b)$称为差异度，$C(c)$称为对立度。联系数(度)中的各项 $A(a)$、$B(b)$、$C(c)$也称为联系数 $U(\mu)$的联系分量，其中 $A(a)$称为同分量，$B(b)$为异分量，$C(c)$为反分量，统称为联系分量。称 i、j 为三元联系数(同异反联系数)联系分量 $B(b)$与 $C(c)$的取值系数。在不计数值的情况下，作为异(i)、反(j)的标记使用；在需要的情况下，i、j 在给定范围内取值。

联系分量的概念也适用于二元联系数和四元、五元等多元联系数。

例如，在二元联系数中，$A(a)$称为同分量(确定性分量)，$B(b)$称为异分量(不确定性分量)。

易见，式(3.2.7)中的

$$a+b+c=1 \tag{3.2.8}$$

当舍掉三元联系数中的某一项时，式(3.2.7)又有以下等价表达式：

$$\mu'=a+bi \tag{3.2.9}$$

$$\mu'=a+cj \tag{3.2.10}$$

$$\mu'=bi+cj \tag{3.2.11}$$

式(3.2.9)就是前面所说的二元联系数。式(3.2.9)、式(3.2.10)、式(3.2.11)也可以看成三元联系数(度)中的 c、b、a 等于零时的特例。

反之，同异反联系数可以看成二元联系数 $\mu=a+bi$ 中对 bi 解析成 b_1i_1 和 b_2i_2，且 $i_2=-1$ 的结果，只需令 $j=i_2=-1$，而 i_1 仍在$[-1,1]$区间，即由式(3.2.2)推导得式(3.2.7)。

三元联系数 $U=A+Bi+Cj$ 中，当把 $j=-1$ 计入时，得到 $U=(A-C)+Bi$，就也是二元联系数的形式。

另外，不论三元联系度还是二元联系度，统称为联系数。联系度与联系数的区别仅在于联系度中的各联系分量之和为 1，而联系数中的各联系分量之和不受此限制。

3.2.3　四元联系数

定义 3.2.3　设 A、B、C、D 为实数，则称

$$U=A+Bi+Cj+Dk \tag{3.2.12}$$

式中，$k=-1$，$j\in[-1,0]$，$i\in[0,1]$，U 为四元联系数。

令 $A+B+C+D=N$，$\mu=\dfrac{U}{N}$，$a=\dfrac{A}{N}$，$b=\dfrac{B}{N}$，$c=\dfrac{C}{N}$，$d=\dfrac{D}{N}$，则由式(3.2.12)得

$$\mu=a+bi+cj+dk \tag{3.2.13}$$

显然有 $a+b+c+d=1$。

也称式(3.2.13)为四元联系度。称 $A(a)$、$B(b)$、$C(c)$、$D(d)$依次为四元联系数的同分量、偏同分量、偏反分量、反分量，统称为联系分量。称 i、j、k 为四元联系

数各联系分量的系数。一般情况下，仅作为偏同、偏反和反的标记使用，需要时在规定范围内取值。

当四元联系数中的任何一个联系分量为零时，式(3.2.13)的四元联系数就变为三元联系数

$$\mu'=a+bi+cj \tag{3.2.14}$$

$$\mu'=a+cj+dk \tag{3.2.15}$$

$$\mu'=a+bi+dk \tag{3.2.16}$$

由此可见，四元联系数可以等价地表示成三元联系数，或者称为“压缩”或“降维”成三元联系数。

反之，从四元联系数的3个联系分量系数也可以看出，四元联系数可以看做由三元联系数中的联系分量系数 i 解析得到的。为此，只要将式(3.2.7)的三元联系数 $a+bi+cj$ 中的 bi 解析成 b_1i_1 和 b_2i_2，且约定 $i_1\in[0,1]$，$i_2\in[-1,0]$，式(3.2.7)就变成

$$\mu=a+b_1i_1+b_2i_2+cj \tag{3.2.17}$$

为了避免与式(3.2.7)在联系分量系数上的重复，用 bi 代替 b_1i_1，用 cj 代替 b_2i_2，用 dk 代替 cj，则式(3.2.7)就变成式(3.2.13)。

3.2.4 五元联系数

类似于从三元联系数导出四元联系数的思路，可以由四元联系数导出五元联系数，过程如下：

$$U=A+Bi+Cj+Dk+El \tag{3.2.18}$$

$$\mu=a+bi+cj+dk+el \tag{3.2.19}$$

式中，$i\in[0,1]$，$j=0$，$k\in[-1,0]$，$l=-1$。

$A(a)$、$B(b)$、$C(c)$、$D(d)$、$E(e)$是任意实数，且依次为五元联系数(度)的同分量、偏同分量、临界分量、偏反分量和反分量。

五元联系数与前面介绍的四元联系数、三元联系数、二元联系数一样，既刻画出一个系统内确定性要素与不确定性要素构成的性态，也刻画出各个确定性要素与不确定性要素之间的关系。

有关五元联系数与四元联系数、三元联系数和二元联系数的其他关系，读者可自行思考。

3.2.5 多元联系数

习惯上，当一个联系数的联系分量超过3个时称为多元联系数，前述的四元联系数、五元联系数都属于多元联系数，而且是有限元联系数，一般表示为

$$U=\sum_{k=1}^{n}(A+B_ki_k),\quad i_k\in[-1,1] \tag{3.2.20}$$

或

$$\mu=\sum_{k=1}^{n}(a+b_k i_k),\quad i_k\in[-1,1] \tag{3.2.21}$$

式中，$\sum_{k=1}^{n}(a+b_k)=1$。

有时为了刻画系统中的对立关系，也表示为

$$U=\sum_{k=1}^{n}(A+B_k i_k+Cj) \tag{3.2.22}$$

式中，$i_k\in[-1,1]$，$j=-1$。

$$\mu=\sum_{k=1}^{n}(a+b_k i_k+cj) \tag{3.2.23}$$

式中，$i_k\in[-1,1]$，$j=-1$，且$\sum_{k=1}^{n}(a+b_k+c)=1$。

当联系分量的个数 k 为无穷大时，采用以下形式表示一个无穷多元联系数

$$U=\sum_{k=1}^{\infty}(A+B_k i_k),\quad i_k\in[-1,1] \tag{3.2.24}$$

或

$$\mu=\sum_{k=1}^{\infty}(a+b_k i_k) \tag{3.2.25}$$

式中，$\sum_{k=1}^{\infty}(a+b_k)=1$。

这里采用 $A+B_k i_k$ 的形式表示无穷个联系分量，是因为 $A+B_k i_k$ 最简洁地反映出联系数是确定性联系分量与不确定性联系分量的一种"联系和"。

多元联系数简称联系数。

3.2.6 联系数的性质

本书中一般只讨论有限元联系数，如二元联系数、三元联系数、四元联系数等，所以仅就有限元联系数的性质展开讨论。

1. 联系数的性质

性质 3.2.1 在联系数 $U=\sum_{k=1}^{n}(A+B_k i_k)$ 中，当 $i_k\in[-1,1]$时，联系数 $U\in(-\infty,+\infty)$。

证明 在联系数 $U=\sum_{k=1}^{n}(A+B_k i_k)$ 中，由于联系分量 A、B_k 是任意实数，$i_k\in[-1,1]$，必有 $U\in(-\infty,+\infty)$。

此性质说明，联系数的取值范围是区间$(-\infty,+\infty)$范围内的任意实数。

性质 3.2.2 联系数 $U=\sum_{k=1}^{n}(A+B_k i_k)$ 具有不确定性。

证明 在联系数 $U=\sum_{k=1}^{n}(A+B_k i_k)$ 中,由于存在不确定数 i_k,且 i_k 在[-1,1]内不确定,由性质 3.2.1,知其值 $U\in(-\infty,+\infty)$,即表示 U 的取值具有不确定性。

性质 3.2.3 当 $i\in[-1,1]$时,联系数 $Bi(B>0)$与联系数 $-Bi$ 所代表的取值范围相同。

证明 当 $i\in[-1,1]$时,联系数 Bi 代表了一个取值范围,即$[-B,B]$,而联系数 $-Bi$ 也代表了 Bi 的取值范围是$[-B,B]$,所以取值范围相同。

2. 联系度 μ 的性质

性质 3.2.4 在联系度 $\mu=\sum_{k=1}^{n}(a+b_k i_k)$ 中,当 $i_k\in[-1,1]$且联系数的联系分量 $a=0,b_k$ 是正实数时,则联系度 $\mu\in[-1,1]$。

证明 在联系数 $\mu=\sum_{k=1}^{n}(a+b_k i_k)$ 中,根据联系度的定义有 $\sum_{k=1}^{n}(a+b_k)=1$,当 $a=0$ 时,有 $\sum_{k=1}^{n}b_k=1$,又 $b_k>0,i_k\in[-1,1]$,则 $b_k i_k\in[-b_k,b_k],k=1,2,\cdots,n$。所以有

$$\sum_{k=1}^{n}(-b_k)\leqslant\sum_{k=1}^{n}b_k i_k\leqslant\sum_{k=1}^{n}(b_k)$$

即当 $a=0$ 时,有

$$\mu=\sum_{k=1}^{n}(a+b_k i_k)=\sum_{k=1}^{n}b_k i_k\in[-1,1]$$

性质 3.2.5 联系度 μ 具有不确定性。

证明 由性质 3.2.1 和联系数中关于 i 的定义即可得证。

性质 3.2.6 当 $i\in[-1,1]$时,联系数 $bi(b>0)$与联系数 $-bi$ 所代表的取值范围相同。

证明 当 $i\in[-1,1]$时,联系数 bi 代表了一个取值范围,即$[-b,b]$,而联系数 $-bi$ 也代表了 bi 的取值范围是$[-b,b]$,所以取值范围相同。

3.3 联系数的运算

3.3.1 联系数的加法运算

当联系数具有相同的结构时,定义联系数的加法运算。

1. 二元联系数的加法运算

定义 3.3.1　设有二元联系数

$$U_1=A_1+B_1 i \tag{3.3.1}$$

$$U_2=A_2+B_2 i \tag{3.3.2}$$

则有联系数的加法

$$U_1+U_2=(A_1+A_2)+(B_1+B_2)i \tag{3.3.3}$$

其值称为联系数的和。

2. 三元联系数的加法运算

定义 3.3.2　设有三元联系数

$$U_1=A_1+B_1 i+C_1 j \tag{3.3.4}$$

$$U_2=A_2+B_2 i+C_2 j \tag{3.3.5}$$

则有联系数的加法

$$U_1+U_2=(A_1+A_2)+(B_1+B_2)i+(C_1+C_2)j \tag{3.3.6}$$

其值称为联系数的和。

3. 多元联系数的加法运算

定义 3.3.3　设有 2 个 $n(n\geqslant 3)$元联系数

$$U_1=A_1+B_{11}i_1+B_{12}i_2+\cdots+C_1 j \tag{3.3.7}$$

$$U_2=A_2+B_{21}i_1+B_{22}i_2+\cdots+C_2 j \tag{3.3.8}$$

则有 n 元联系数的加法

$$U_1+U_2=(A_1+A_2)+\sum_{k=1}^{n-2}(B_{1k}+B_{2k})i_k+(C_1+C_2)j \tag{3.3.9}$$

其值称为 n 个多元联系数的和。

例 3.3.1　设有两个联系数 $u_1=3+1i$，$u_2=2+1i$，则两个联系数的和为 $u_1+u_2=5+2i$。

4. 联系数的加法运算律

设有联系数 U_1、U_2、U_3，其加法运算满足交换律和结合律。

交换律

$$U_1+U_2+U_3=U_3+U_2+U_1 \tag{3.3.10}$$

结合律

$$U_1+U_2+U_3=U_1+(U_2+U_3)=(U_1+U_2)+U_3 \tag{3.3.11}$$

证明略。

不同结构形式的联系数相加时，需要化为相同的结构形式才能相加。

例 3.3.2 设两个联系数 $U_1=A_1+B_1i$，$U_2=A_2+B_2i+C_2j$ 相加，先将 U_1 化为 $U_1=A_1+B_1i+0j$，得 $U_1+U_2=(A_1+A_2)+(B_1+B_2)i+(C_2+0)j$。

以上算法可以类推到 $n-k(k=1,2,\cdots,n-1)$ 元联系数与 n 元联系数相加。

3.3.2 联系数的乘法运算

1. 二元联系数的乘法运算

定义 3.3.4 设有

$$U_1=A_1+B_1i \tag{3.3.12}$$

$$U_2=A_2+B_2i \tag{3.3.13}$$

则有两个联系数的积

$$U=U_1\cdot U_2=(A_1+B_1i)(A_2+B_2i)=A_1A_2+(B_1A_2+A_1B_2)i+B_1B_2i^2 \tag{3.3.14}$$

可见，两个联系数的乘积是关于 i 的二次函数。

需要说明的是，当 i 作为标记使用时，因为联系数中 i 是不确定量的代表，不确定量与不确定量的乘积仍认为是不确定的，从而约定 $i^2=i$。在讨论某些实际问题时，根据实际问题的需要，也采用此约定。

下面的例子说明了两个联系数乘积的物理意义。

例 3.3.3 设有一绿化地块，如图 3.3.1 所示，估计其长为 $U_1=10+0.5i$(m)，其宽为 $U_2=5+0.2i$(m)，则其面积是

$$U=U_1\cdot U_2=(10+0.5i)\times(5+0.2i)=50+4.5i+0.1i^2$$

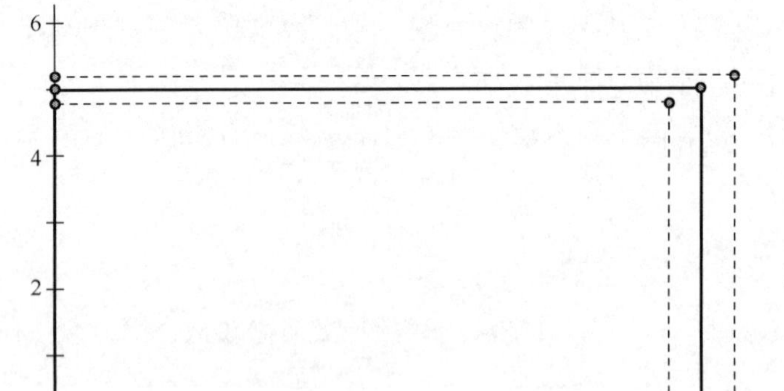

图 3.3.1 长方形绿地面积

可以根据 i 的取值范围计算得到，当 $i=-1$ 时，$U=50-4.5+0.1=45.6(\text{m}^2)$，当 $i=1$ 时，$U=50+4.5+0.1=54.6(\text{m}^2)$，所以绿地面积为 $45.6\sim54.6\text{m}^2$。

两个二元联系数的乘法运算可以推广到 3 个和 3 个二元联系数的乘法运算。

例 3.3.4　设有 3 个二元联系数 $U_1=4+i$，$U_2=3+i$，$U_3=2+i$，求 U_1、U_2、U_3 的乘积。

解　根据两个二元联系数的乘法运算规则得

$$U_1\cdot U_2\cdot U_3=(4+i)(3+1i)(2+i)=(12+7i+i^2)(2+i)=24+26i+9i^2+i^3$$

其值是关于 i 的三次函数。

如果根据实际问题的需要，设定 $i\in[0,1]$，则关于 3 个二元联系数的乘积的几何意义如下。

在例 3.3.4 中，3 个二元联系数 $U_1=4+i$，$U_2=3+1i$，$U_3=2+i$ 可视为某一长方体的长、宽、高，其乘积 $24+26i+9i^2+i^3$ 是这个长方体的体积。当 i 在区间 $[0,1]$ 内变化时，可得到长方体体积的范围是 24～59，见图 3.3.2。

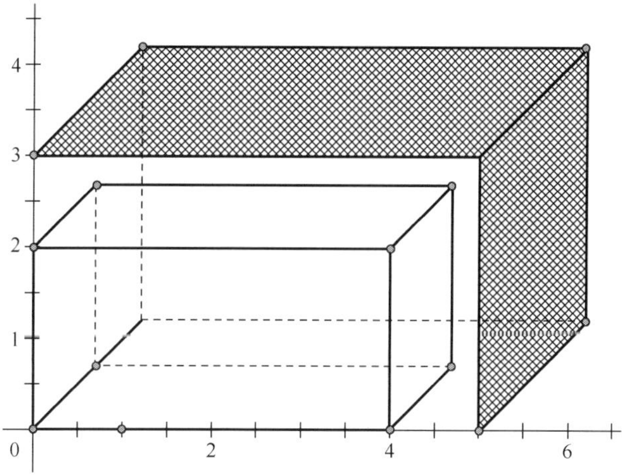

图 3.3.2　长方体体积变化

两个联系数的乘法满足交换律。设有联系数 U_1 和 U_2，则有交换律

$$U_1\cdot U_2=U_2\cdot U_1 \tag{3.3.15}$$

3 个以上联系数的乘法满足交换律和结合律。

设有联系数 U_1、U_2、U_3，则有交换律

$$U_1\cdot U_2\cdot U_3=U_3\cdot U_2\cdot U_1 \tag{3.3.16}$$

有结合律

$$U_1\cdot U_2\cdot U_3=U_1\cdot(U_2\cdot U_3)=(U_1\cdot U_3)\cdot U_2 \tag{3.3.17}$$

交换律和结合律可以推广到 3 个以上联系数的乘积。

2. 三元联系数的乘法运算

定义 3.3.5 设有联系数 $U_1=A_1+B_1i+C_1j$, $U_2=A_2+B_2i+C_2j$，则 U_1 与 U_2 的乘积为 U_1U_2，记为 $U=U_1U_2$，且有

$$\begin{aligned}U&=U_1U_2=(A_1+B_1i+C_1j)(A_2+B_2i+C_2j)\\&=A_1A_2+(A_1B_2+A_2B_1)i+(A_1C_2+A_2C_1)j\\&\quad+B_1B_2i^2+(B_1C_2+B_2C_1)ij+C_1C_2j^2\end{aligned}\tag{3.3.18}$$

三元联系数的乘法运算是按照多项式运算规则进行运算，得到的结果是一个多元联系数，如果是两个三元联系数相乘，则其积是关于 i 的二次联系数。如果是 3 个三元联系数相乘，则其积是关于 i 的三次联系数，一般来说，当有 $n(n\geqslant 2)$ 个三元联系数相乘时，得到关于 i 的 n 次幂联系数。对于 j，则因 $j=-1$，则 $j\cdot j=1$，$j^3=-1,\cdots$，一般 $j^{2n}=1, j^{2n+1}=-1, n=1,2,\cdots$。

综上所述，两个联系数的乘积是关于 i 和 j 的函数，为此，当要根据问题需要对联系数进行取值计算时，需要给定 i 和 j 的值。例如，计算联系数 $u=0.5+0.1i+0.4j$ 在 $i=0.5$ 及 $j=-1$ 处的值，则采用以下记法并作相应的运算

$$\begin{aligned}u&=u(i,j)\Big|_{\substack{i=0.5\\j=-1}}\\&=0.5+0.1\times 0.5+0.4\times(-1)=0.15\end{aligned}$$

需要注意的是，当指明联系数中联系分量的系数在给定范围取值时，该联系分量系数可以同时取不同的值。为此需要作不同的取值计算，但要把计算结果看成同时性的结果，也就是说，联系数的值具有“对偶性”，例如，联系数 $u=0.5+0.1i+0.4j$，其中的 i 在取 $i=0.5$ 时，同时也取 $i=-0.4$，这时需要计算该联系数在 $i=-0.4$ 和 $j=-1$ 处的值

$$\begin{aligned}u&=u(i,j)\Big|_{\substack{i=-0.4\\j=-1}}\\&=0.5+0.1\times(-0.4)+0.4\times(-1)=0.06\end{aligned}$$

其意义是指联系数 $u=0.5+0.1i+0.4j$ 中的 0.1，其中有 0.05 是偏向于 0.5 的，同时又有 0.04 是偏向于 $0.4j$ 的，剩下的 0.01 还不确定，基于这一分析，可知在保证信息不丢弃要求下的 $i=0.5, j=-1$ 处的联系数值应当仍然是一个联系数，记为 $0.15+0.05i$；在 $i=-0.4, j=-1$ 处的联系数值也应当是一个联系数，记为 $0.06+0.06i$。

3.3.3 联系数的减法运算

1. 二元联系数的减法运算

定义 3.3.6（负联系数） 设有联系数 $U=A+Bi, i\in[-1,1]$，令

$$-U=-A+(-B)i\tag{3.3.19}$$

称 $-U$ 为 U 的相反联系数，简称负联系数。

通常意义下，减法运算是加法的逆运算，所以联系数的减法运算仍作为加法的逆运算来定义。

定义 3.3.7　若有联系数 $U_1=A_1+B_1i$，$U_2=A_2+B_2i$，定义

$$U=U_1-U_2=A+Bi \tag{3.3.20}$$

式中，$A=A_1-A_2$，$B=B_1-B_2$。

称 U 为联系数 U_1 与联系数 U_2 的减法运算结果，其值为联系数 U_1 与联系数 U_2 的差。

从式(3.3.20)知，$U_1=U+U_2$，即减法是加法的逆运算。

另外，两个联系数的差的联系分量可能是负数。

例 3.3.5　某零件加工工序分前道和后道，已知在前道工序上完工需 $U_1=2+1i$ 天，后道工序上完工需 $U_2=3+2i$ 天，$i\in[0,1]$，则该零件加工总共需

$$U=U_1+U_2=(2+1i)+(3+2i)=5+3i$$

即该零件加工总需 $5+3i$ 天。

若事先给定该零件加工时间为 5 天，允许最多延迟 3 天(提前天数不算)，即加工该零件的天数为 $U=5+3i$，试求后道工序所需的加工时间。

若已知前道工序的加工时间为 $U_1=2+1i$，则加工零件的后道工序需

$$U_2=U-U_1=(5+3i)-(2+1i)=3+2i$$

即加工零件的后道工序需 $3+2i$ 天。

如果要求前道工序比后道工序加工时间要少，可采用

$$U_2-U_1=(3+2i)-(2+1i)=1+i$$

则前道工序比后道工序要少加工 $1+i$ 天。

2. 三元联系数的减法运算

三元联系数的代数减法运算是三元联系数代数加法运算的逆运算。

定义 3.3.8　设有联系数 $U_1=A_1+B_1i+C_1j$，$U_2=A_2+B_2i+C_2j$，且 $U=A+Bi+Cj$ 是 U_1 与 U_2 的和，即

$$U=(A_1+A_2)+(B_1+B_2)i+(C_1+C_2)j=A+Bi+Cj \tag{3.3.21}$$

则联系数 U 与 U_2 的差为 U_1，即

$$U_1=U-U_2=(A-A_2)+(B-B_2)i+(C-C_2)j=A_1+B_1i+C_1j \tag{3.3.22}$$

由以上定义，有

$$U_1-U_2=U_1+(-U_2) \tag{3.3.23}$$

3.3.4　联系数的除法运算

联系数的除法是联系数乘法的逆运算，但由于联系数中含有不确定量 i，所以

其除法有其特殊性。

1. 二元联系数的除法运算

定义 3.3.9　设 U_1、U_2 是两个二元联系数，$U_1=A_1+B_1i$，$U_2=A_2+B_2i$，则商 $\frac{U_1}{U_2}$ 是一个二元联系数 U。设 $U=A+Bi$，则应该有 $U_1=UU_2$，即

$$U_1=A_1+B_1i=(A+Bi)(A_2+B_2i)=AA_2+(AB_2+A_2B)i+BB_2i^2 \tag{3.3.24}$$

令 $i^2=i$，上式简化为

$$A_1+B_1i=AA_2+(AB_2+A_2B+BB_2)i \tag{3.3.25}$$

比较上式的左右两边，有

$$A_1=AA_2 \tag{3.3.26}$$

$$B_1=AB_2+A_2B+BB_2 \tag{3.3.27}$$

则有

$$A=\frac{A_1}{A_2} \tag{3.3.28}$$

$$B=\frac{B_1-AB_2}{A_2+B_2} \tag{3.3.29}$$

或有

$$B=\frac{A_2B_1-A_1B_2}{A_2(A_2+B_2)} \tag{3.3.30}$$

称上述表达式为两个联系数的商公式。

例 3.3.6　设 $U_1=5+3i$，$U_2=2+1i$，求 U_1 与 U_2 的商 $\frac{U_1}{U_2}$。

解　由式(3.3.28)和式(3.3.29)可得

$$A=\frac{A_1}{A_2}=\frac{5}{2}$$

$$B=\frac{A_2B_1-A_1B_2}{A_2(A_2+B_2)}=\frac{2\times3-5\times1}{2\times(2+1)}=\frac{1}{6}$$

则商为

$$\frac{U_1}{U_2}=\frac{5}{2}+\frac{1}{6}i$$

2. 三元联系数的除法运算

因为三元联系数 $U=A+Bi+Cj$，当取 $j=-1$ 时，可转化成二元联系数 $U=$

$(A-C)+Bi$，故三元联系数的除法可依照二元联系数的除法进行。

类似地，对于四元以上多元联系数的除法，可以根据其乘法运算导出相应的除法公式。

3.3.5　联系数的复运算

1. 确定-不确定空间

不论二元联系数还是三元联系数，或是多元联系数，其数学公式都刻画了一个系统所处的状态，这个状态中有些量是确定的，有些量是不确定的，因此构成了一个既确定又带有不确定性的系统，这个系统被称为确定-不确定系统，简称不确定性系统。

取一直角坐标系，若以 x 轴表示一个量的确定性测度，y 轴表示这个量的不确定性测度，则此量称为确定-不确定量，简称复合量，由 x 轴与 y 轴构成的直角坐标系就是一个二维确定-不确定空间，简称 D-U 空间，见图 3.3.3。

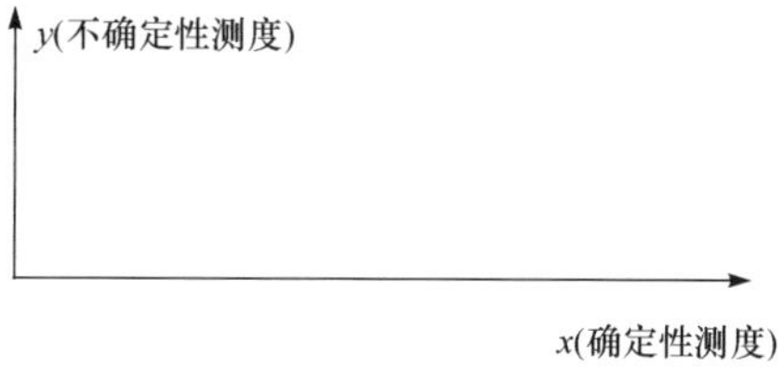

图 3.3.3　确定-不确定空间

2. 联系数在 D-U 空间的复运算

联系数刻画出 D-U 空间中一个不确定量的大小和空间位置。二元联系数 $U=A+Bi$ 在 D-U 空间确定的向量 $\overrightarrow{OM}$，称为联系数 U 在 D-U 空间的映射，见图 3.3.4。

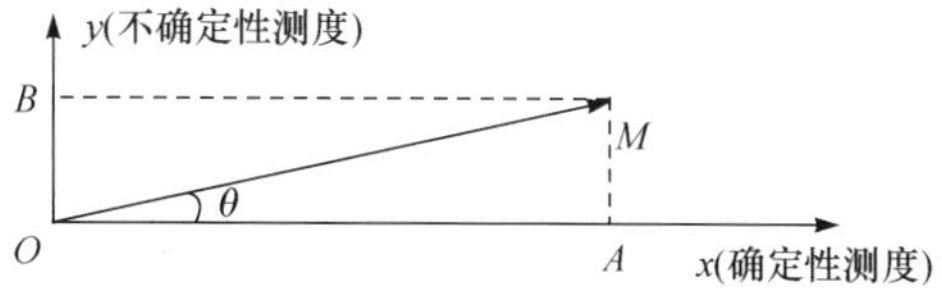

图 3.3.4　联系数 U 在 D-U 空间上的映射

用 r 表示联系数的向量 $\overrightarrow{OM}$ 的长度，由图 3.3.4 易知

$$r=\sqrt{A^2+B^2} \tag{3.3.31}$$

称为联系数在 D-U 空间的模，用 $|U|$ 表示。用 θ 表示联系数的向量 $\overrightarrow{OM}$ 与 x 轴正向的夹角，当 $A\neq 0$ 时，有

$$\theta=\arctan\frac{B}{A} \tag{3.3.32}$$

称为联系数在 D-U 空间的幅角，记为 $\arg U$。进一步有

$$A=r\cos\theta \tag{3.3.33}$$

$$B=r\sin\theta \tag{3.3.34}$$

于是，有

$$U=r(\cos\theta+i\sin\theta) \tag{3.3.35}$$

式(3.3.35)称为联系数 U 在 D-U 空间上的三角函数表达式。

有时为了解决问题的需要，还可以定义联系数的复运算[5-6]。

定义 3.3.10 设有联系数 $U_1=A_1+B_1i, U_2=A_2+B_2i$，其三角函数表达式分别为

$$U_1=r_1(\cos\theta_1+i\sin\theta_1) \tag{3.3.36}$$

$$U_2=r_2(\cos\theta_2+i\sin\theta_2) \tag{3.3.37}$$

则有

$$\begin{aligned} U_1U_2 &= r_1(\cos\theta_1+i\sin\theta_1)\cdot r_2(\cos\theta_2+i\sin\theta_2) \\ &= r_1r_2[\cos(\theta_1+\theta_2)+i\sin(\theta_1+\theta_2)] \end{aligned} \tag{3.3.38}$$

称为联系数的复运算。

联系数的复运算满足

$$|U_1||U_2|=|U_2||U_1| \tag{3.3.39}$$

$$\arg(U_1U_2)=\arg U_1+\arg U_2 \tag{3.3.40}$$

上面两式说明两个用三角函数表示的联系数相乘，其结果仍然是 $a+bi$ 型联系数，且乘积的模等于这两个联系数模的乘积，乘积的幅角等于这两个联系数幅角的和。

注意式(3.3.35)中的 i 与复数理论中的 i 含义不同，值域不同，这里的 $i\in[-1,1]$。

3.4 联系数的伴随联系数

对联系数的联系分量作不同的定义和运算，得到新的联系数，或得到具体的数值，这些联系数或数值称为原联系数的伴随函数，目前已知联系数的伴随函数有势联系数、偏联系数、邻联系数和态势联系数以及相互作用联系数。本节仅介绍二元联系数和三元联系数的上述伴随联系数。

3.4.1 联系数的偏联系数

偏联系数是假定联系数中当前的联系分量是从过去发展而来，从而刻画出研

究对象的一种潜在的矛盾运动及其发展趋势,在此基础上提出的一种伴随函数。它分为偏正联系数、偏负联系数、全偏联系数等不同类型。

1. 二元联系数的偏联系数

定义 3.4.1 设有二元联系数

$$U=A+Bi \tag{3.4.1}$$

则有偏同联系数

$$\partial^{+}U=\frac{A}{A+B} \tag{3.4.2}$$

偏异联系数

$$\partial^{-}U=\frac{B}{A+B}i \tag{3.4.3}$$

全偏联系数

$$\partial U=\partial^{+}U+\partial^{-}U=\frac{A}{A+B}+\frac{B}{A+B}i \tag{3.4.4}$$

全偏联系数也简称偏联系数。其中$\partial^{+}U=\frac{A}{A+B}$刻画了联系数$U=A+Bi$中确定性联系分量在系统中所占的分量,$\partial^{-}U=\frac{B}{A+B}i$刻画了联系数$U=A+Bi$中不确定分量在系统中所占的分量。

从式(3.4.4)可以看出,二元联系数的偏联系数仍然是一个二元联系数,这个二元联系数客观上是对原联系数作了归一化处理,即有

$$\frac{A}{A+B}+\frac{B}{A+B}=1 \tag{3.4.5}$$

例如,某事件有联系数$U=8+5i$,则其偏联系数为$U=\frac{8}{5+8}+\frac{5}{5+8}i=\frac{8}{13}+\frac{5}{13}i$,是归一化联系数,说明确定的部分约为61.54%,不确定部分约为38.46%。

2. 三元联系数的偏联系数

定义 3.4.2 设有三元联系数

$$U=A+Bi+Cj \tag{3.4.6}$$

则有偏正联系数

$$\partial^{+}U=\frac{A}{A+B}+\frac{B}{B+C}i \tag{3.4.7}$$

偏正联系数是联系数的正向发展趋势联系数,它反映了联系数的一种正向变化趋势或朝正向发展趋势的变化。

偏负联系数为

$$\partial^{-}U=\frac{B}{A+B}i+\frac{C}{B+C}j \tag{3.4.8}$$

偏负联系数反映了联系数的一种负向变化趋势。

全偏联系数

$$\partial U=\partial^{+}U+\partial^{-}U=\frac{A}{A+B}+\frac{B}{B+C}i+\frac{B}{A+B}i+\frac{C}{B+C}j$$
$$=\frac{A+Bi}{A+B}+\frac{Bi+Cj}{B+C} \tag{3.4.9}$$

当$\partial U>0$时，正向发展趋势；当$\partial U<0$时，负向发展趋势；当$\partial U=0$时，临界趋势。

例如，一个年级的学生成绩，好的与比较好的占35%，中间状态(含刚合格)的占55%，较差与差的占10%，采用联系数表示得$U=0.35+0.55i+0.10j$，这个联系数的偏正联系数是

$$\partial^{+}U=\frac{7}{18}+\frac{11}{13}i$$

取$i=\dfrac{\frac{7}{18}}{\frac{7}{18}+\frac{11}{13}}\approx 0.31$，得

$$\partial^{+}U\approx 0.65$$

偏负联系数是

$$\partial^{-}U=\frac{11}{18}i+\frac{2}{13}j$$

取$i=\dfrac{\frac{2}{13}}{\frac{11}{18}+\frac{2}{13}}\approx 0.20$，$j=-1$，得

$$\partial^{-}U\approx -0.03$$

所以全偏联系数为

$$\partial U=\partial^{+}U+\partial^{-}U=0.65-0.03=0.62>0$$

所以该年级的学生成绩存在正向发展(提高)趋势。这与直观观察一致，因为直观上看，该年级学生成绩中好与较好部分仅总数的$\frac{1}{3}$稍强，接近$\frac{1}{2}$的学生成绩处在中间状态，较差的只占10%，所以总体上呈现提高趋势。

综上所述，在构造和计算一个联系数的偏联系数过程中，不仅可以了解到确定

性联系分量和不确定性联系分量在系统中各自所占的比例，还可以看到确定性与不确定性在不同层次间的迁移，尽管这种迁移在微观层次上进行，因而在宏观层次表现出一种静止，人们却能够借助联系数的偏联系数计算和分析，对这种微观层次上的动态变化作出分析和判断，因而是一种静态状态下的动态分析，也称为基于集对分析的“状态-趋势分析”。

3.4.2　联系数的邻联系数

1. 二元联系数的邻联系数

定义 3.4.3　设有二元联系数

$$U=A+Bi,\quad i\in[-1,1] \tag{3.4.10}$$

则邻左联系数为

$$N^{+}U=\frac{A}{Bi} \tag{3.4.11}$$

邻右联系数为

$$N^{-}U=\frac{B}{A}i \tag{3.4.12}$$

全邻联系数为

$$\ell U=\ell^{+}U+\ell^{-}U=\frac{A}{Bi}+\frac{Bi}{A} \tag{3.4.13}$$

2. 三元联系数的邻联系数

定义 3.4.4　设有三元联系数

$$U=A+Bi+Cj \tag{3.4.14}$$

称

$$\partial^{+}U=\frac{A}{Bi}+\frac{Bi}{Cj} \tag{3.4.15}$$

为邻左联系数，称

$$\partial^{-}U=\frac{Bi}{A}+\frac{Cj}{Bi} \tag{3.4.16}$$

为邻右联系数，称

$$\partial U=\partial^{+}U+\partial^{-}U=\frac{A}{Bi}+\frac{Bi}{Cj}+\frac{Bi}{A}+\frac{Cj}{Bi} \tag{3.4.17}$$

为全邻联系数。

全邻联系数的意义是立足于当前，对联系数刻画的对象的“将来”状态的一种描述。

3.4.3 联系数的势联系数

1. 联系数的势

用联系中首项与末项的联系分量的比值来刻画的量为联系数的势。

1) 二元联系数的势联系数

定义 3.4.5 设二元联系数 $U=A+Bi$,则有

$$\text{Shi}\ (U)_A=\frac{A}{B},\quad B\neq 0 \tag{3.4.18}$$

称式(3.4.18)为联系数的同异势。

称

$$\text{Shi}\ (U)_B=\frac{B}{A},\quad A\neq 0 \tag{3.4.19}$$

称式(3.4.19)为联系数的异同势。

显然,有

$$\text{Shi}\ (U)_B=\frac{B}{A}=\frac{1}{\text{Shi}\ (U)_A} \tag{3.4.20}$$

称

$$U^{\#}=\frac{A}{B}+\frac{B}{A}i,\quad A\neq 0,\quad B\neq 0 \tag{3.4.21}$$

为二元联系数的势联系数。

2) 三元联系数的势联系数

定义 3.4.6 设 $\mu=a+bi+cj$ 是归一化联系数,$a+b+c=1,a,b,c\in\mathbf{R},j=-1,i\in[-1,1]$,则称$\frac{a}{c}$为联系数 μ 的势,记为

$$\text{Shi}(\mu)=\frac{a}{c},\quad c\neq 0 \tag{3.4.22}$$

由于势的定义是同一度与对立度值的比值,因此,势$\frac{a}{c}$刻画了三元联系数中的一种“同一”趋势,势的大小刻画了联系数的趋同程度的高低。

例 3.4.1 有甲乙两个方案的表决结果

$$\mu_{甲}=0.5+0.2i+0.3j,\quad \mu_{乙}=0.5+0.167i+0.333j \tag{3.4.23}$$

由于

$$\text{Shi}(\mu_{甲})=\frac{0.5}{0.3}\approx 1.667,\quad \text{Shi}(\mu_{乙})=\frac{0.5}{0.333}\approx 1.502 \tag{3.4.24}$$

因为 1.667>1.502,所以甲方案略优于乙方案。

2. 联系数的态势

联系数的态势指的是借助各联系分量的大小比较出来的系统的倾向性状态。

态势函数是一种以矩阵形式表示的函数，该矩阵中的各个行向量反映出联系数中各联系分量存在的大小关系。

1）二元联系数的态势表示

定义 3.4.7　设有二元联系数 $U=A+Bi$，二元联系数中的联系分量 A 与 B 具有的三种关系 $A>B, A=B, A<B$ 统称为二元联系数的态势，记为 $S(U)$，有如下表达式

$$S(U)=\begin{bmatrix} A>B \\ A=B \\ A<B \end{bmatrix}\begin{matrix}\text{同势}\\ \text{均势}\\ \text{异势}\end{matrix} \tag{3.4.25}$$

式中，同势是指该二元联系数以“同一”为主；均势是指该二元联系数呈现同异相等的临界状态；异势是指该二元联系数以“异差”为主。如当定义“同势”为“优”时，“均势”和“异势”分别对应于“中”和“差”。

利用二元联系数的这种态势可以在研究系统问题时，判别这些研究对象的优劣，从而作出判断和聚类分析。

2）三元联系数的态势表示

定义 3.4.8　设有三元联系数 $U=A+Bi+Cj$，三元联系数中的联系分量 A、B、C 有如下大小关系，它们统称为三元联系数的态势，记为 $S(U)$。

$$S(U)=\begin{bmatrix} A>C & A>B & B>C \\ A>C & A>B & B=C \\ A>C & A>B & B<C \\ A>C & A=B & B>C \\ A>C & A<B & B>C \\ A=C & A>B & B<C \\ A=C & A=B & B=C \\ A=C & A<B & B>C \\ A<C & A>B & B<C \\ A<C & A=B & B<C \\ A<C & A<B & B>C \\ A<C & A<B & B=C \\ A<C & A<B & B<C \end{bmatrix}\begin{matrix}\text{同势 1 级}\\ \text{同势 2 级}\\ \text{同势 3 级}\\ \text{同势 4 级}\\ \text{同势 5 级}\\ \text{均势 1 级}\\ \text{均势 2 级}\\ \text{均势 3 级}\\ \text{反势 1 级}\\ \text{反势 2 级}\\ \text{反势 3 级}\\ \text{反势 4 级}\\ \text{反势 5 级}\end{matrix} \tag{3.4.26}$$

式(3.4.26)列出了联系分量 A、B、C 的所有大小关系，并给出了同势、均势和反势的级别定义，而且各势级别构成了“阶梯”，通过对联系数的势的分析，可以判

断系统的状态。

值得说明的是，联系数的态势和趋势是用不同的方法手段来对系统进行刻画和判断的，在具体问题中，要详细判断势的情况，还要兼顾考虑态势和趋势的具体值。

例如，有联系数 $\mu_1=0.4+0.3i+0.3j$，$\mu_2=0.5+0.25i+0.25j$，因为联系数中的联系分量都有 $a>c$，$a>b$，$b=c$，其态势都是同势 2 级，但从趋势的角度看，有

$$\mathrm{Shi}(\mu_1)=\frac{0.4}{0.3}\approx 1.333,\quad \mathrm{Shi}(\mu_2)=\frac{0.5}{0.25}=2$$

所以有 $\mathrm{Shi}(\mu_2)=\dfrac{0.5}{0.25}=2>\mathrm{Shi}(\mu_1)=\dfrac{0.4}{0.3}\approx 1.333$，所以 μ_2 的趋同势大于 μ_1。

3.5 其他类型联系数

3.5.1 区间型联系数

1. 区间型联系数的概念

定义 3.5.1 在同异反联系数中，其同一度、差异度、对立度均用区间数表示，称这种联系数为区间型联系数，记为

$$\mu=\tilde{a}+\tilde{b}i+\tilde{c}j \tag{3.5.1}$$

式中，同一度分量 $\tilde{a}=[a^-,a^+]$，差异度分量 $\tilde{b}=[b^-,b^+]$，对立度分量 $\tilde{c}=[c^-,c^+]$ 均为非负区间数，即 $0\leqslant a^-\leqslant a^+\leqslant 1$，$0\leqslant b^-\leqslant b^+\leqslant 1$，$0\leqslant c^-\leqslant c^+\leqslant 1$ 均为非负实数[7]。

2. 区间型联系数的运算

定义 3.5.2 设有区间型联系数 $\mu_1=\tilde{a}_1+\tilde{b}_1i+\tilde{c}_1j$，$\mu_2=\tilde{a}_2+\tilde{b}_2i+\tilde{c}_2j$，定义区间型联系数 μ_1 与区间型联系数 μ_2 的加法运算，记为 $\mu_1+\mu_2$，称为区间型联系数 μ_1 与 μ_2 的和，则有

$$\mu_1+\mu_2=(\tilde{a}_1+\tilde{b}_1i+\tilde{c}_1j)+(\tilde{a}_2+\tilde{b}_2i+\tilde{c}_2j)=(\tilde{a}_1+\tilde{a}_2)+(\tilde{b}_1+\tilde{b}_2)i+(\tilde{c}_1+\tilde{c}_2)j \tag{3.5.2}$$

定义 3.5.3 设有区间型联系数 $\mu_1=\tilde{a}_1+\tilde{b}_1i+\tilde{c}_1j$，$\mu_2=\tilde{a}_2+\tilde{b}_2i+\tilde{c}_2j$，定义区间型联系数 μ_1 与区间型联系数 μ_2 的减法运算，记为 $\mu_1-\mu_2$，称为区间型联系数 μ_1 与 μ_2 的差，则有

$$\mu_1-\mu_2=(\tilde{a}_1+\tilde{b}_1i+\tilde{c}_1j)-(\tilde{a}_2+\tilde{b}_2i+\tilde{c}_2j)=(\tilde{a}_1-\tilde{a}_2)+(\tilde{b}_1-\tilde{b}_2)i+(\tilde{c}_1-\tilde{c}_2)j \tag{3.5.3}$$

式中涉及区间数的减法运算，由 2.5 节知区间数运算的复杂性，所以其运算需要在适当的条件下才能进行。

定义 3.5.4　设有区间型联系数 $\mu=\tilde{a}+\tilde{b}i+\tilde{c}j$，对于任意实数 $\alpha\in\mathbf{R}$，定义数 $\alpha>0$ 与区间型联系数的乘法如下，记为

$$\alpha\mu=\alpha(\tilde{a}+\tilde{b}i+\tilde{c}j)=\alpha\tilde{a}+\alpha\tilde{b}i+\alpha\tilde{c}j \tag{3.5.4}$$

3.5.2　函数型联系数

1. 函数型联系数的定义

定义 3.5.5　在同异反联系数中，其同一度、差异度、对立度均用函数表示，称这种联系数为函数型联系数，记为

$$\mu=f(x)+g(x)i+h(x)j \tag{3.5.5}$$

2. 函数型联系数的运算

定义 3.5.6　设有函数型联系数 $\mu_1=f_1(x)+g_1(x)i+h_1(x)j$，$\mu_2=f_2(x)+g_2(x)i+h_2(x)j$，定义函数型联系数 μ_1 与函数型联系数 μ_2 的加法运算，记为 $\mu_1+\mu_2$，称为函数型联系数 μ_1 与 μ_2 的和，则有

$$\begin{aligned}\mu_1+\mu_2&=[f_1(x)+g_1(x)i+h_1(x)j]+[f_2(x)+g_2(x)i+h_2(x)j]\\&=[f_1(x)+f_2(x)]+[g_1(x)+g_2(x)]i+[h_1(x)+h_2(x)]j\end{aligned} \tag{3.5.6}$$

从以上定义可以看出，函数型联系数的和仍是函数型联系数。

定义 3.5.7　设有函数型联系数 $\mu_1=f_1(x)+g_1(x)i+h_1(x)j$，$\mu_2=f_2(x)+g_2(x)i+h_2(x)j$，定义函数型联系数 μ_1 与函数型联系数 μ_2 的减法运算记为 $\mu_1-\mu_2$，称为函数型联系数 μ_1 与 μ_2 的差，则有

$$\begin{aligned}\mu_1-\mu_2&=[f_1(x)+g_1(x)i+h_1(x)j]-[f_2(x)+g_2(x)i+h_2(x)j]\\&=[f_1(x)-f_2(x)]+[g_1(x)-g_2(x)]i+[h_1(x)-h_2(x)]j\end{aligned} \tag{3.5.7}$$

从以上定义可以看出，函数型联系数的差仍是函数型联系数。

定义 3.5.8　设有函数型联系数 $\mu=f(x)+g(x)i+h(x)j$，对于任意实数 $\alpha\in\mathbf{R}$，定义数 α 与函数型联系数的乘法如下，记为

$$\alpha\mu=\alpha[f(x)+g(x)i+h(x)j]=\alpha f(x)+\alpha g(x)i+\alpha h(x)j \tag{3.5.8}$$

从以上定义可以看出，数与函数型联系数的乘积仍是函数型联系数。

目前，对函数型联系数的运算及应用的研究还有待深入研究。

3.5.3　双重不确定型联系数

1. 双重不确定型联系数的定义

定义 3.5.9　形如

$$U=A+B_1i_1+B_2i_2 \tag{3.5.9}$$

联系数称为双重不确定型联系数,简称联系数。式中,i_1 和 i_2 代表不同性质的不确定量的标记,有时也可以在 $i_1,i_2\in[0,1]$内赋值,以考虑不确定量的影响。

约定式(3.5.9)具有归一化形式

$$\mu=a+b_1i_1+b_2i_2,\quad a+b_1+b_2=1,\quad i_1,i_2\in[0,1] \tag{3.5.10}$$

2. 双重不确定型联系数的运算

定义 3.5.10(加法) 设 $U_1=A_1+B_{11}i_1+B_{12}i_2$,$U_2=A_2+B_{21}i_1+B_{22}i_2$ 是两个联系数,定义两个联系数之和 U_1+U_2 为 $U=A+B_1i_1+B_2i_2$,记为

$$U=U_1+U_2=A_1+A_2+(B_{11}+B_{21})i_1+(B_{21}+B_{22})i_2=A+B_1i_1+B_2i_2 \tag{3.5.11}$$

定义 3.5.11(数乘) 设 $U=A+B_1i_1+B_2i_2$ 是一个联系数,λ 是实数,则它们之积 λU 是一个联系数,记为

$$\lambda U=\lambda A+\lambda B_1i_1+\lambda B_2i_2 \tag{3.5.12}$$

3. 双重不确定型联系数的赋值运算

在联系数 $U=A+B_1i_1+B_2i_2$ 中,当 $i_1,i_2\in[0,1]$,并在$[0,1]$内取值时,如 $i_1=0.5,i_2=0.7$ 时,代入联系数中,则有 $U=A+B_1i_1+B_2i_2=A+0.5B_1+0.7B_2$,称为对联系数赋值,当联系数赋值后,联系数的大小比较就归结为实数的大小比较。

目前,对于双重不确定型联系数的运算及应用还有待深入研究,希望有兴趣的读者深入思考。

3.6 集对分析理论

3.6.1 不确定性原理

1. 哲学中的不确定性原理

哲学认为客观事物处于普遍联系和不断发展之中,世界是确定性与不确定性的对立统一。

2. 物理学中的不确定性原理

物理学中的不确定性原理也称为“测不准原理”,由德国物理学家海森堡于 1927 年提出。该原理指出:一个微观粒子的某些物理量(如位置和动量,或方位角与动量矩,还有时间和能量等)不可能同时具有确定的数值,其中一个量越确定,另

一个量的不确定程度就越大。测量一对共轭量的误差的乘积必然大于常数$\frac{h}{2\pi}$(h是普朗克常数)。“测不准原理”反映了物质运动在微观层次上的基本规律,是现代物理学的一个基本原理[8]。

3. 系统科学与数学中的不确定性原理

无理数$\sqrt{2}=1.414213562\cdots$是一个数符(0,1,2,3,4,5,6,7,8,9)确定,但数位(个位、十分位、百分位、千分位、万分位、十万分位、百万分位,…)不确定的不确定数,这个不确定数被包含在完全确定的单位正方形中(图 3.6.1),说明了由确定性所包围的系统(边长为 1 的单位正方形)中仍含有不确定性[9]。

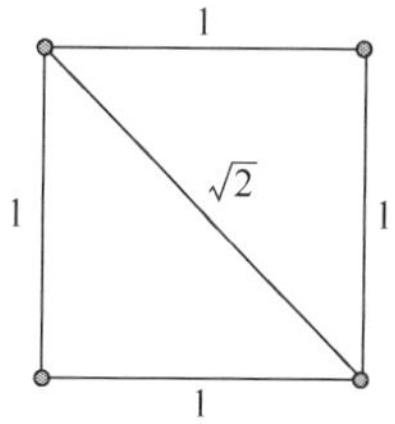

图 3.6.1　单位正方形

3.6.2　成对原理

成对原理是指事物或概念很多都是成对存在的[10]。例如,学校中的教师群体和学生群体作为两个集合成对存在,不能设想只有教师没有学生的学校,也不能设想只有学生而没有教师的学校;企业中的投入与产出成对存在,不能设想没有投入的产出,同样也不存在没有产出的投入。在数学中,正数与负数、整数与分数、实数与虚数、几何与代数、量与质、量的大小与量的空间位置等也都成对存在。此外,人的两只眼睛、两只耳朵、两只手、两条腿也成对存在。

正是因为事物或概念成对存在,所以要用数学的方法描述和研究各种问题,引进集对这个概念成为必要。

习惯上,人们对系统的不确定性总是设法从确定的角度描述和展开分析(如概率论从无穷多观测数据入手研究随机不确定性的确定性规律),而事实上,不确定性既有在一定条件下可以确定的一面,但更重要的是有不确定的一面。基于这一认识,本书在对区间数决策开展集对分析研究的过程中,力求对不确定性系统的描述与分析成对地展开,借此避免片面性,但具体研究工作仍会有各种不足。

3.6.3　不确定性系统理论

基于对不确定性原理的认识和理解,集对分析创建了联系数这个新的数学工具,其创新之处在于,把形式上确定的有理数与可能存在不确定性的系统有机地联系在同一个数学表达式中。从系统科学的角度看,不论二元联系数或是三元联系数或是多元联系数,代表的都是一个确定-不确定系统;这些联系数用数学的语言叙述了一个内容丰富的不确定性系统理论[11-12],其要点如下。

(1) 从二分法的角度讲,这个系统中既有相对确定的测度,也有相对不确定的测度，这两部分测度在一定条件下可以相互转化。从三分法的角度讲，既有关于相同部分的测度，也有关于相异部分的测度，也有关于相反部分的测度，这三部分测度在一定条件下也可以相互转化，转化的中介就是不确定部分测度中的 i，依靠 i 的连接和取值(同反比例合成-分解或同异反比例合成-分解等途径)，对不确定部分给出分析和分解，得到对不确定部分的分解和系统趋势分析，进而得出新的判断。

(2) 确定不确定性系统中的确定性与不确定性具有层次性，利用层次性对不确定部分测度作一次分解和多次分解，从而展现出多种不同程度的关系，如完全同、基本同、有些同、有点同，有点异、有些异、基本异、完全异，有点反、有些反、基本反、完全反等。

(3) 确定-不确定系统具有复杂性，如不确定类型的多样性：已知的有倒数型不确定、有无型不确定、正负型不确定、虚实型不确定、互补型不确定，与之对应的是模糊不确定、随机不确定、中介不确定、由不确知(虚拟想象)引发的不确定以及由信息不完全、不对称导致的不确定等。

(4) 联系数是不确定系统的特征函数。

(5) 基于联系数的联系熵可以度量不确定性系统中相对明确的不确定性，也可以度量不确定性系统中相对明确的确定性。

(6) 利用偏联系数、邻联系数等联系数的伴随函数，可以揭示不确定性系统内部的层间迁移图景和系统的外部宏观演化趋势。

(7) 可以用联系数统一地描述随机不确定性、模糊不确定性、中介不确定性和不确知，以及信息不完全所致的不确定性等。

(8) 在联系数这个不确定性系统中，确定性与不确定性相互联系、相互影响、相互制约，只有在忽略不计不确定的情况下，才能把一个不确定性系统作为确定性系统处理，并由此得出“确定”的结果。例如，无论在 $u=a+bi+cj$ 中，还是在 $u=a+bi$ 或 $u=bi+cj$ 中，只有不计 $Bi(bi)$ 这一不确定部分，才能根据 $A(a)$ 和 $C(c)$ 的大小展开分析和得出结论。但是，由于这种分析是在忽略了不确定性的情况下进行的，所以得到的结果仍具有一定程度的不确定性、不完整性和不可靠性。

(9) 对联系数中 i 的确定，既需要面向联系数本身的理论取值法，同时也需要面向研究对象实际情况的补充信息法；强调这两类方法的有机结合和相互印证。

(10) 同异反系统是不确定性系统的一种特例[13]。

参考文献

[1] 赵克勤. 集对分析及其初步应用[M]. 杭州：浙江科技出版社，2000.

[2] 赵克勤. 联系分析法及其应用[C]. 集对分析与界壳论的研究与应用. 北京：气象出版社，2002：1-2.

[3] 赵克勤，宣爱理. 集对论——一种新的不确定性理论方法与应用[J]. 系统工程，1996，14(1)：18-25.

[4] 赵克勤，赵森烽. 奇妙的联系数[M]. 北京：知识产权出版社，2014：19-25.

[5] 王霞. 基于复数理论的同异型联系数及其应用[J]. 数学的实践与认识，2005，35(8)：127-132.

[6] 刘秀梅，赵克勤. 基于联系数复运算的区间数多属性决策方法及应用[J]. 数学的实践与认识，2008，38(23)：57-64.

[7] 张传芳，刘彦慧，王冰. 一种基于区间型联系数的多指标决策方法[J]. 大学数学，2011，27(2)：30-35.

[8] E H 成切曼. 量子物理学[M]. 北京：科学出版社，1979：273-290.

[9] 赵克勤. 数学危机与集对分析[C]. 非传统安全与集对分析. 北京：知识产权出版社，2010：213-219.

[10] 赵克勤. 成对原理及其在集对分析(SPA)中的作用与意义[J]. 大自然探索，1998，17(4)：90.

[11] 赵克勤. 联系数及其应用[J]. 吉林师范学院学报，1996(8)：50-56.

[12] 赵克勤. 集对分析的不确定性系统理论在 AI 中的应用[J]. 智能系统学报，2006，1(2)：16-25.

[13] 赵克勤. 集对分析的同异反系统理论在人工智能中的应用[J]. 智能系统学报，2007，2(5)：476-486.

第 4 章　区间数向联系数的转换

区间数与联系数密切关联，本章讨论不同形式的区间数向联系数的转换。

4.1　区间数转换成二元联系数

4.1.1　区间数与二元联系数

设区间数 $\tilde{x}=[x^-,x^+]$，由区间数的含义可知，区间数是集合 $X=\{x|x^-\leqslant x\leqslant x^+\}$，令

$$A=\{x^-,x^+\} \tag{4.1.1}$$

则集合 A 是确定集。令

$$B=\{x|x^-<x<x^+\} \tag{4.1.2}$$

则集合 B 也是确定的，但集合 B 的元素有无穷多个，其中的 x 在无穷多个元素中取值又有不确定性，所以有人使用“模糊”的概念，并用隶属度表示一个元素隶属于这个集合的程度。其实，按集对分析，集合 A 与集合 B 构成集对 $U(A,B)$，则 U 是既确定又含有不确定性的集对（端点确定，端点内取值不确定）。

如何刻画集合 B 中元素取值的不确定性？令

$$x=x^-+(x^+-x^-)i,\quad 0\leqslant i\leqslant 1 \tag{4.1.3}$$

显然，当 $i=0$ 时，$x=x^-$；当 $i=1$ 时，$x=x^+$；当 i 在开区间$(0,1)$内变化时，x 在开区间(x^-,x^+)内变化，由此看出式(4.1.3)代表了集合 B 中的所有元素。

另一方面，若令

$$x=x^+-(x^+-x^-)i,\quad 0\leqslant i\leqslant 1 \tag{4.1.4}$$

当 $i=0$ 时，$x=x^+$；当 $i=1$ 时，$x=x^-$；当 i 在开区间$(0,1)$内变化时，x 在开区间(x^-,x^+)内变化，即式(4.1.4)代表了集合 B 的所有值。

综合式(4.1.3)与式(4.1.4)，可以构造集对的表达式，令

$$U=A'\oplus B'i,\quad 0\leqslant i\leqslant 1 \tag{4.1.5}$$

式(4.1.5)称为由 A' 与 B' 构成的联系和。其中，A' 代表集合 A 的两个元素，B' 代表集合 B 中的所有元素。显然 A' 是确定的，B' 也是确定的，但由于 $0\leqslant i\leqslant 1$，具有不确定性，所以 $B'i$ 是不确定的；在不至于引起误解的情况下，有时也称 B' 是不确定的。

为了简单起见，联系和也表示为

$$U=A\oplus Bi,\quad 0\leqslant i\leqslant 1 \tag{4.1.6}$$

显然，式(4.1.6)解决了区间数既确定又不确定的表示问题。通过以上分析可知，联系和代表的是区间数 $\tilde{x}=[x^-,x^+]$，即有

$$\tilde{x}=[x^-,x^+]=A\oplus Bi \tag{4.1.7}$$

所以区间数 $\tilde{x}=[x^-,x^+]$可以看成由集合 A 和集合 B 与 i 乘积的一种联系和。

4.1.2　区间数向二元联系数的转换

式(4.1.7)左边是区间数，右边是两个集合的联系和，联系和的形式不便于运算，为此作以下定义。

1) 区间数向二元联系数的转换方法Ⅰ

定义 4.1.1　设有区间数 $\tilde{x}=[x^-,x^+]$，$x^-,x^+\in\mathbf{R}$，$x^-\leqslant x^+$，令

$$A=\frac{x^-+x^+}{2} \tag{4.1.8}$$

$$B=x^+-\frac{x^-+x^+}{2}=\frac{x^+-x^-}{2} \tag{4.1.9}$$

由此得联系数 $u=A+Bi$，记为

$$\begin{aligned} u &=\frac{x^-+x^+}{2}+\left(x^+-\frac{x^+-x^-}{2}\right)i \\ &=\frac{x^++x^-}{2}+\frac{x^+-x^-}{2}i=A+Bi \end{aligned} \tag{4.1.10}$$

式中，$i\in[-1,1]$，$\dfrac{x^++x^-}{2}=A$，$\dfrac{x^+-x^-}{2}=B$。

式(4.1.10)是区间数 $\tilde{x}=[x^-,x^+]$向二元联系数的第一转换公式。由此公式得到的联系数也称为“均值＋最大偏差”二元联系数，直观上看，A 是区间数 $\tilde{x}=[x^-,x^+]$的中点，B 是区间数 $\tilde{x}=[x^-,x^+]$长度的一半。

显然，该二元联系数的取值范围是$[A-B,A+B]$，这时有

$$[A-B,A+B]=[x^-,x^+] \tag{4.1.11}$$

2) 区间数向二元联系数的转换方法Ⅱ

定义 4.1.2　设有区间数 $\tilde{x}=[x^-,x^+]$，令

$$A=x^- \tag{4.1.12}$$

$$B=x^+-x^- \tag{4.1.13}$$

则区间数 $\tilde{x}$ 转换为联系数 $A+Bi$，记为

$$U=A+Bi=x^-+(x^+-x^-)i \tag{4.1.14}$$

式中，$i\in[0,1]$。

称式(4.1.14)为区间数 $\tilde{x}=[x^-,x^+]$向二元联系数的第二转换公式。由此公式得到的二元联系数也称为“最小值＋区间长度”二元联系数。

第一转换公式和第二转换公式可以根据不同问题的求解需求选用。

4.1.3 带参数的区间数向二元联系数转换

设有三参数区间数 $\tilde{x}=[x^{s},x^{m},x^{l}]$，其中 $x^{s}\leqslant x^{m}\leqslant x^{l}$，$x^{s},x^{m},x^{l}\in\mathbf{R}$，则有以下转换公式：

$$A=\frac{x^{s}+x^{m}+x^{l}}{3} \tag{4.1.15}$$

$$B=x^{l}-A \tag{4.1.16}$$

$$U=A+Bi,\quad i\in[-1,1] \tag{4.1.17}$$

称式(4.1.15)～式(4.1.17)是三参数区间数向二元联系数的转换公式。

类似地，对于多参数（参数个数为 n）区间数 $\tilde{x}=[x^{s},x^{m_1},x^{m_2},\cdots,x^{m_n},x^{l}]$，($x^{s}\leqslant x^{m_1}\leqslant x^{m_2}\leqslant\cdots\leqslant x^{m_n}\leqslant x^{l}$，$x^{s},x^{m_1},x^{m_2},\cdots,x^{m_n},x^{l}\in\mathbf{R}$)，令

$$A=\frac{x^{s}+x^{m_1}+x^{m_2}+\cdots+x^{m_n}+x^{l}}{n+2} \tag{4.1.18}$$

$$B=x^{l}-A \tag{4.1.19}$$

$$U=A+Bi,\quad i\in[-1,1] \tag{4.1.20}$$

称式(4.1.18)～式(4.1.20)为多参数区间数向二元联系数的转换公式。

由此可见，任意一个区间数都可以利用式(4.1.18)～式(4.1.20)转换为二元联系数。

4.2 区间数转换成三元联系数

4.2.1 区间数向三元联系数的转换公式

设有区间数 $\tilde{x}=[x^{-},x^{+}]$，$x^{+}>x^{-}>0$，$x^{+}+x^{-}=1$，令

$$a=x^{-} \tag{4.2.1}$$

$$b=x^{+}-x^{-} \tag{4.2.2}$$

$$c=1-x^{+} \tag{4.2.3}$$

$$u=a+bi+cj \tag{4.2.4}$$

式中，$j=-1$，$i\in(0,1)$。

称式(4.2.1)～式(4.2.4)是区间数 $\tilde{x}=[x^{-},x^{+}]$ 向三元联系数的转换公式。

若所作的变换不同，则有不同的转换公式。如令

$$a=x^{-} \tag{4.2.5}$$

$$b=\frac{x^{+}+x^{-}}{2} \tag{4.2.6}$$

$$c=1-x^{+} \tag{4.2.7}$$

$$u=a+bi+cj \tag{4.2.8}$$

式中，$j=-1, i\in(-1,1)$。

下面会看到，转换式(4.2.1)～式(4.2.4)具有一定代表性，因为可以看做多参数区间数向三元联系数转换的一种特殊情况。

4.2.2　多参数区间数向三元联系数的转换

设有多参数区间数 $\tilde{x}=[x^{-}, x^{\mathrm{m}_1}, x^{\mathrm{m}_2}, \cdots, x^{\mathrm{m}_n}, x^{+}]$，$x^{-}, x^{\mathrm{m}_1}, x^{\mathrm{m}_2}, \cdots, x^{\mathrm{m}_n}, x^{+}\in\mathbf{R}$，$0\leqslant x^{-}\leqslant x^{\mathrm{m}_1}\leqslant x^{\mathrm{m}_2}\leqslant\cdots\leqslant x^{\mathrm{m}_n}\leqslant x^{+}\leqslant 1$，且

$$x^{-}+\sum_{k=1}^{n}x^{\mathrm{m}_k}+x^{+}=1 \tag{4.2.9}$$

令

$$a=x^{-} \tag{4.2.10}$$

$$b=\frac{x^{-}+x^{\mathrm{m}_1}+x^{\mathrm{m}_2}+\cdots+x^{\mathrm{m}_n}+x^{+}}{n+2} \tag{4.2.11}$$

$$c=1-x^{+} \tag{4.2.12}$$

$$u=a+bi+cj \tag{4.2.13}$$

式中，$j=-1, i\in[-1,1]$。

称式(4.2.9)～式(4.2.13)为多参数区间数向三元联系数的转换公式。

上述区间数中，当 $n=1$ 时，$\tilde{x}$ 是三参数区间数，也称为三角模糊数；当 $n=2$ 时，$\tilde{x}$ 是四参数区间数，也称为梯形模糊数；当 $n=3$ 时，$\tilde{x}$ 是五参数区间数，也称为凸五边形模糊数；以此类推。它们都可以利用式(4.2.9)～式(4.2.13)转换成三元联系数。

当 $x^{-}, x^{\mathrm{m}_1}, x^{\mathrm{m}_2}, \cdots, x^{\mathrm{m}_n}, x^{+}$ 都大于 1，且 $x^{-}+x^{\mathrm{m}_1}+x^{\mathrm{m}_2}+\cdots+x^{\mathrm{m}_n}+x^{+}\neq 1$ 时，可以先作归一化处理，即令

$$x^{-}+x^{\mathrm{m}_1}+x^{\mathrm{m}_2}+\cdots+x^{\mathrm{m}_n}+x^{+}=N$$

$$x^{-\prime}=\frac{x^{-}}{N}$$

$$x^{\mathrm{m}_1\prime}=\frac{x^{\mathrm{m}_1}}{N}$$

$$x^{\mathrm{m}_2\prime}=\frac{x^{\mathrm{m}_2}}{N}$$

$$\vdots$$

$$x^{+\prime}=\frac{x^{+}}{N}$$

化归后，若满足式(4.2.9)，即可用式(4.2.9)～式(4.2.13)向三元联系数转换。

不难看出，就多参数区间数意义上说，任意一个有序实数列都可以化为二元联系数或三元联系数。

下面进一步说明三参数区间数向四元联系数的转换思路，可以推广到任意一个多参数区间数向联系数的转换。

4.3　多参数区间数转换成四元联系数

4.3.1　三参数区间数转换成四元联系数

设有三参数区间数 $\tilde{x}=[x^-,x^m,x^+]$，$x^-,x^m,x^+\in \mathbf{R}$，其中 $0<x^-\leqslant x^m\leqslant x^+<1$，$x^-+x^m+x^+\leqslant 1$，令

$$a=x^- \tag{4.3.1}$$

$$b=x^m-x^- \tag{4.3.2}$$

$$c=x^+-x^m \tag{4.3.3}$$

$$d=1-x^+ \tag{4.3.4}$$

得

$$u=a+bi+cj+dk \tag{4.3.5}$$

式中，$i\in[0,1]$，$j\in[0,1]$。这种联系数转换不像前面把各参数区间数化为联系数时具有“化繁为简”的效果，但是这种转换也有其合理性，当在 $i\in[0,1]$ 和 $j\in[0,1]$ 的情况下，式(4.3.5)中的

$$b+c=x^m-x^-+x^+-x^m=x^+-x^-$$

4.3.2　转换成联系数的意义

前面介绍的三参数区间数转换成多元联系数的方法，是源于多参数区间数实际上可以看成对区间数 $\tilde{x}=[x^-,x^+]$ 插值的一种结果，当然，所插的值一定要落在区间 $\tilde{x}=[x^-,x^+]$ 内，且要有价值，即有利于问题的分析与解决。

例如，已知某导弹射程为每分钟 2000～3000km，但设计参数最优点选在 2600km，用区间数 $U=[2000,3000]$ 表示，不如用三参数区间数 $U=[2000,2600,3000]$ 表示更确切，转换为联系数时，对前者有

$$U=[2000,3000]\rightarrow 2500+500i,\quad i\in[-1,1] \tag{4.3.6}$$

对后者有

$$U=[2000,2600,3000]=2533+467i,\quad i\in[-1,1] \tag{4.3.7}$$

显然，式(4.3.7)比式(4.3.6)确定的部分要大，不确定部分减少，因此认为三

参数区间数 $\tilde{x}=[x^-,x^m,x^+]$比区间数 $\tilde{x}=[x^-,x^+]$更有价值。

但是，当把三参数区间数转换成三元或更多元联系数时，处理后者的工作量有时会加大，是否需要转换需视具体问题而定。

仍以导弹飞行速度为例，如果在研制成功射程 3000km 导弹的基础上，再考虑研制射程超 3000km(如 4000km) 的导弹，则按前面的做法可知，本研究中的导弹射程至少有 1000km 是原先不能到达的，至少有 2000km 是可以保证到达的，不确定范围是 2000～3000km，由此得到以下三元联系数

$$U_{\text{导弹}}=2000+(3000-2000)i+1000j=2000+1000i+1000j \quad (4.3.8)$$

为什么要把原先还不能到达的 1000km，也写入转换后的联系数内，是因为通常情况下给出的区间范围本身是一个相对确定的范围，固然在这个相对确定的范围内存在不确定性，也就容易理解这个给定相对确定的范围本身也具有不确定性，如何界定这部分的不确定性，需要结合问题的实际情景。从方法论上说，一个数学模型的建立是对问题中数量关系的一种抽象，抽象出来的数学模型虽然以确定的数学形式表达实际问题中的数量关系，但也因此脱离实际，所以合乎逻辑的做法是：对已经确定的范围设置一个不确定的范围，从而让思想冲破牢笼，让问题回归实际。

任何一个从实际中抽象的数学问题，如果回到实际中，总含有各种不确定性因素需要考虑。

4.4　联系数转换成区间数

前面讨论了区间数向联系数转换的方法和原理，现在问：联系数是否可以转换成区间数？

首先可以肯定的是，二元联系数 $U=A+Bi$，$i\in[-1,1]$是可以转换为区间数的，因为当 $i=-1$ 时，$U=A-B$；当 $i=1$ 时，$U=A+B$；当 i 在闭区间$[-1,1]$内连续(或间断)取值时，U 的值在 $A-B$ 与 $A+B$ 之间连续(或间断)变化，说明联系数 $U=A+Bi$ 对应于区间数$[A-B,A+B]$。当 $i\in[0,1]$时，联系数对应的区间数是$[A,A+B]$。由此可以看出二元联系数与二元区间数在上述情况下是“同构”的，可以互相表示。

三元联系数的一般形式是 $U=A+Bi+Cj$，其中 $i\in[-1,1]$，$j=-1$。显然，把 $j=-1$ 计入联系数中后，有 $U=A-C+Bi$ 这种形式的二元联系数，所以由前面所述，可以转换为区间数$[A-C-B,A-C+B]$。

但实际上，联系数具有数量和向量两重性，前面把二元联系数转换为区间数 $\tilde{x}=[x^-,x^+]$时，仅利用其中的数量特性，忽略了其向量特性；需要利用联系数的向量特性解决问题时，可以采用二元联系数的复运算表达形式。

类似于本章的工作,还可以把多元联系数转换为多参数区间数,但转换过程相对复杂。由于从决策研究的实际效用角度看,把多参数区间数转换成联系数具有“化繁为简”和“便于进行不确定性分析”的优点,因此这里不再介绍把多元联系数转换为多参数区间数的方法,有兴趣的读者可以自己尝试研究。

第 5 章　区间数的集对分析

5.1　区间数的集对分析点

5.1.1　区间数的代表点

区间数具有不确定性，把区间数转换成联系数后能否消解区间数的不确定性？粗看上去不可能。因为按第 4 章给出的转换算法，把区间数 $\tilde{x}=[x^-,x^+]$转换为联系数 $U=A+Bi$ 后，因 i 取值不确定，联系数 $U=A+Bi$ 的值也不确定，可见问题没有得到解决。

虽然从表面上看，把区间数转换为联系数后没有直接解决区间数取值的不确定性问题，但这一转换实际上已为部分解决区间数取值不确定性问题架起了桥梁。我们设想，能否利用联系数的性质，借鉴基于概率统计理论中的思想，取区间数 $\tilde{x}=[x^-,x^+]$两端点值 x^-、x^+ 的平均值 $\tilde{x}=\dfrac{x^-+x^+}{2}$作为区间数 $\tilde{x}=[x^-,x^+]$期望值在区间数中找到新的代表点，让这个代表点代表区间数 $\tilde{x}=[x^-,x^+]$参加有关区间数决策中的某些区间数运算，从而使得区间数取值的不确定性得到部分消解，使后续的相关计算得到简化。

如何确定区间数的这种代表点？

从 3.3.5 节知道，联系数 $U=A+Bi$ 中，以 A 作为确定性测度，以 B 作为不确定性测度，可以构建一个确定-不确定的系统空间，简称 D-U 空间。在这个空间中，建立联系数 $U=A+Bi$ 的映射向量$\overrightarrow{OM}$，$\overrightarrow{OM}$的长度称为联系数 U 的模，见图 5.1.1，记为 r，则有

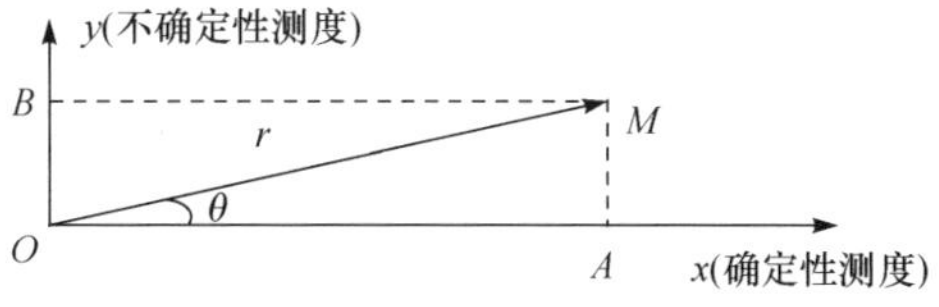

图 5.1.1　联系数 U 在 D-U 空间上的模

$$r=|U|=\sqrt{A^2+B^2} \tag{5.1.1}$$

可以看出，联系数的模 r 既含有确定性测度 A 的信息，也含有不确定性测度 B 的信息，是 A 和 B 相互作用的结果，在一定程度上“浓缩了”区间数的不确定性，因此可以在适当的情形中，把 r 作为区间数 $\tilde{x}=[x^-,x^+]$的代表点，又因其是根据集

对分析理论确定的点,所以定义这个代表点为区间数 $\tilde{x}=[x^-,x^+]$的集对分析点,简称集对点,也可以采用英汉混合记法,简记为 SPA 点。

5.1.2 集对分析点定理

5.1.1 节给出区间数的 SPA 点,其给出过程给人的印象是一个区间数中只有一个 SPA 点,通过对区间数 SPA 点性质的研究发现事实并不如此,事实是一个区间数中有无穷多个 SPA 点。为此,给出区间数 SPA 点的如下两个定理。

定理 5.1.1(内置定理) 区间数 $\tilde{x}=[x^-,x^+]$的集对点 r 位于开区间(x^-,x^+)内,见图 5.1.2。

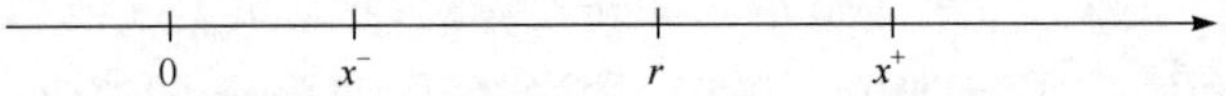

图 5.1.2 集对点在区间数内的位置

证明 由 4.1.2 节中的式(4.1.10)、式(4.1.11)及式(5.1.1),有

$$r=\sqrt{A^2+B^2}=\sqrt{\left(\frac{x^++x^-}{2}\right)^2+\left(\frac{x^+-x^-}{2}\right)^2}=\sqrt{\frac{(x^+)^2+(x^-)^2}{2}} \tag{5.1.2}$$

而

$$x^-<\sqrt{\frac{(x^+)^2+(x^-)^2}{2}}<x^+ \tag{5.1.3}$$

即有

$$x^-<r<x^+ \tag{5.1.4}$$

所以集对点 r 位于开区间(x^-,x^+)内。

由图 5.1.2 可见,区间数的集对点 r 把闭区间$[x^-,x^+]$分成了两个子区间,分别是$[x^-,r]$和$[r,x^+]$,这两个子区间都是闭区间$[x^-,x^+]$的子区间。相对地,原闭区间$[x^-,x^+]$可称为母区间。类似地,可以找出两个子区间的集对点 r_1 和 r_2,以此类推,在一个区间数中可以划分出无穷多个子区间,从而找出这无穷多个子区间的 SPA 点。

定理 5.1.2(大于定理) 区间数的集对分析点 r 总是大于该区间数中点,即有

$$r>\frac{x^++x^-}{2} \tag{5.1.5}$$

证明

$$r=\sqrt{A^2+B^2}=\sqrt{\left(\frac{x^++x^-}{2}\right)^2+\left(\frac{x^+-x^-}{2}\right)^2} \tag{5.1.6}$$

因为

$$\frac{x^+-x^-}{2}>0 \tag{5.1.7}$$

所以有

$$r=\sqrt{A^2+B^2}=\sqrt{\left(\frac{x^++x^-}{2}\right)^2+\left(\frac{x^+-x^-}{2}\right)^2}>\frac{x^++x^-}{2} \tag{5.1.8}$$

由于这里说的区间数的中间点也是区间数的期望点，所以有推论 5.1.1。

推论 5.1.1　区间数的 SPA 点总是大于该区间数期望点 E。

借助区间数在数轴上的表示，还可以根据定理 5.1.2 与推论 1 得到推论 5.1.2。

推论 5.1.2　区间数的 SPA 点总是位于该区间数中点(期望点)的右侧。

读者可自行完成推论 5.1.2 的证明。

由于以上两个定理和推论都是关于区间数的 SPA 点在数轴上的空间位置判定的，所以统称为区间数的 SPA 点的位置判定定理，或称为 SPA 点的位置定理，简称集对分析点定理、SPA 点定理或 SPA 定理。

5.1.3　区间数的另一类集对分析点

区间数中除了上述 SPA 点外，还有另一类 SPA 点[1]，其计算方法如下。

对区间数按以下公式作转换：

$$U=A+Bi=x^-+(x^+-x^-)i \tag{5.1.9}$$

则有

$$r'=\sqrt{A^2+(Bi)^2}=\sqrt{(x^-)^2+[(x^+-x^-)i]^2} \tag{5.1.10}$$

称由式(5.1.10)得到的 r' 为区间数 $\tilde{x}=[x^-,x^+]$ 的第二类集对分析点，记为 SPA-2 点；与此同时，也称由式(5.1.1)确定的 r 为区间数 $\tilde{x}=[x^-,x^+]$ 的第一类集对分析点。记为 SPA-1 点，但为简明起见，约定 SPA-1 点写成 SPA 点。并把这两类集对分析点统称为区间数的 SPA 点，简称 SPA 点。

类似于 SPA 点的位置定理，对于 SPA-2 点也有相应的两个定理。

定理 5.1.3(内置定理)　区间数 $\tilde{x}=[x^-,x^+]$ 的第二类集对分析点 SPA-2 总是位于开区间 (x^-,x^+) 内，也就是有

$$x^-\leqslant r'\leqslant x^+ \tag{5.1.11}$$

定理 5.1.4(大于定理)　区间数 $\tilde{x}=[x^-,x^+]$ 的第二类集对分析点 SPA-2 总是大于该区间数的左端点。

读者可自行给出上述两个定理的证明。

区间数 $\tilde{x}=[x^-,x^+]$ 的第二类集对分析点也可以根据需要用在某些区间数决策的计算过程中；至于在何种情况下选用哪一类集对分析点，则需要直觉和经验。

5.1.4 集对分析点的应用

当一个区间数的集对分析点代表该区间数参与区间数决策的建模及其运算分析时，能使区间数建模及其运算分析过程得到一定程度的简化。

需要说明的是，在采用区间数的集对分析点进行区间数决策建模时，仍需要把一个区间数的 SPA 点写成二元联系数“SPA 点$+Bi$”的形式，以便先根据 SPA 点作出 n 个方案的初排序，再利用 Bi 作不确定性分析，以便检验不确定性对于初排序的扰动是否会影响到初排序的稳定性。

5.2 区间数值分布的集对分析

5.2.1 区间数的参考点集

在 4.1 节区间数 $\tilde{x}=[x^-,x^+]$向联系数转换的过程中，令区间数的中点为 A，区间数长度的一半为 B，得到联系数 $U=A+Bi$，其中 $A=\dfrac{x^-+x^+}{2}$，$B=\dfrac{x^+-x^-}{2}$。可以看出，这时联系数 $U=A+Bi$ 的构成主要是利用了区间数 $\tilde{x}=[x^-,x^+]$的端点和区间数的中点。为此，称集合 $S=\left\{x^-,\dfrac{x^-+x^+}{2},x^+\right\}$为区间数点的主参考点集，简称主点集或第一参考点集，而区间数内除去这三个点以外的点组成的集合称为第二参考点集或副参考点集。由此知 4.1 节仅仅是研究了主参考点集中元素 $\dfrac{x^-+x^+}{2}$与副参考点集的关系，还需要进一步研究主参考点集中元素与副参考点集中元素的关系。

5.2.2 区间数分划的集对分析

1. 同异分划

定义 5.2.1 以 x^-为参考点，把 $x\in\left(x^-,\dfrac{x^-+x^+}{2}\right)$的点称为与 x^-相邻近的同点，所有这些同点组成的集合称为同点集，简称同集；把 $x\in\left(\dfrac{x^-+x^+}{2},x^+\right)$的点称为与 x^-远离的异点，所有这些异点组成的集合称为异点集，简称异集。对区间数 $\tilde{x}=[x^-,x^+]$的这种以 x^-为参考点的区间数的分划称为基于左端点(x^-)或下界的区间数同异点分划，简称同异分划，有时也称为“二等分分划”。

定义 5.2.2 以 x^+为参考点，把 $x\in\left(\dfrac{x^-+x^+}{2},x^+\right)$的点称为与 x^+相邻近的

同点,所有这些同点组成的集合称为同点集;把 $x\in\left(x^-,\dfrac{x^-+x^+}{2}\right)$的点称为与 x^+ 相远离的异点,所有这些异点组成的集合称为异点集,简称异集。对区间数 $\tilde{x}=[x^-,x^+]$的这种以 x^+ 为参考点的区间数的分划称为基于右端点(x^+)或上界的区间数同异点分划。

定义 5.2.3　以 $\dfrac{x^-+x^+}{2}$ 为参考点,以 $\dfrac{x^-+x^+}{4}$ 为半径作出分划,称 $x\in\left(\dfrac{3x^-+x^+}{4},\dfrac{x^-+3x^+}{4}\right)$的点为与 $\dfrac{x^-+x^+}{2}$ 相邻近的同点,所有这些同点组成的集合称为同点集,简称同集;把 $x\in\left(x^-,\dfrac{3x^-+x^+}{4}\right)$的点和 $x\in\left(\dfrac{x^-+3x^+}{4},x^+\right)$的点称为与 $\dfrac{x^-+x^+}{2}$ 相远离的异点,所有这些异点组成的集合称为异点集,简称异集。对区间数 $\tilde{x}=[x^-,x^+]$的这种以 $\dfrac{x^-+x^+}{2}$ 为参考点的区间数的分划称为基于中点 $\left(\dfrac{x^-+x^+}{2}\right)$的区间数同异点分划。

区间数的以上三种同异点分划统称为区间数的同异点分划。可见,以不同的参考点进行的区间数同异分划在数轴上处于不同位置,见图 5.2.1～图 5.2.3。

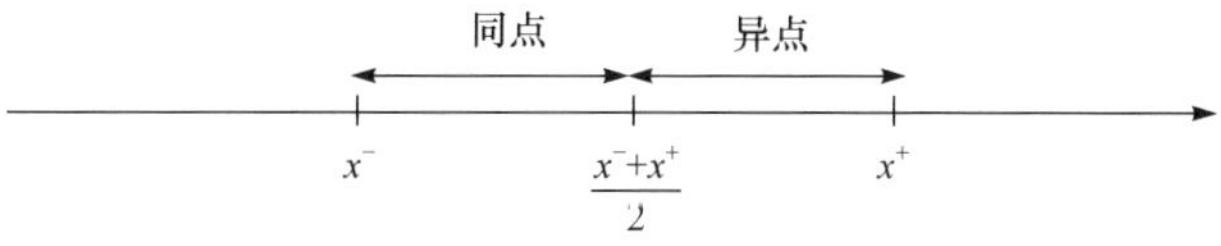

图 5.2.1　基于左端点的区间数同异点分划

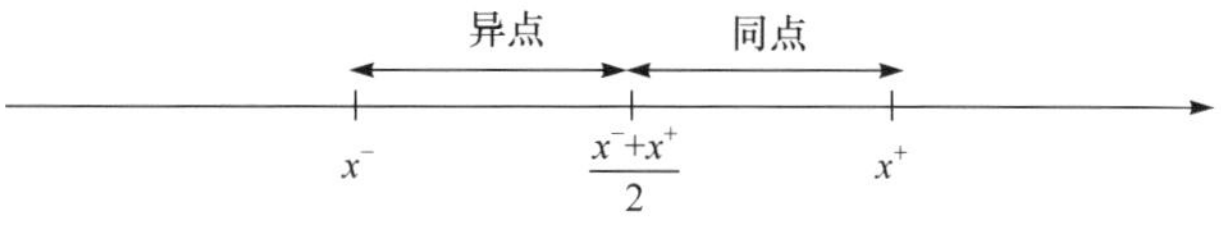

图 5.2.2　基于右端点的区间数同异点分划

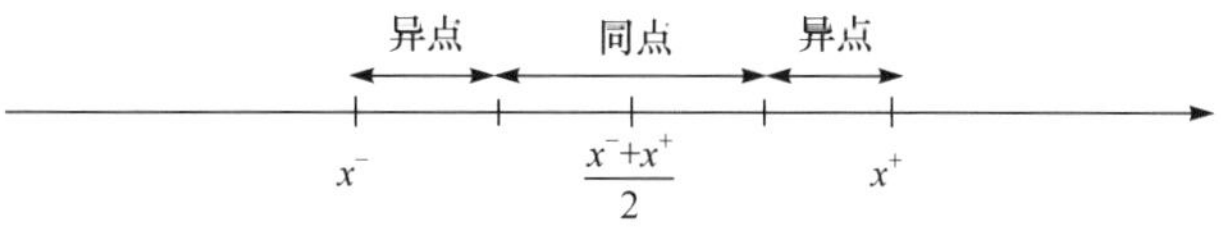

图 5.2.3　基于中点的区间数同异点分划

在某些情况下,以上所给出的区间数同异点分划过于粗糙,为了进一步刻画区间数内值的特征，可作更为细微的同异反三分划，甚至四分划、五分划、六分划等，分划数越大，描述越精细，但也会增加计算量，因此需要根据问题求解精度确定一个区间数的分划。

2. 同异反分划

定义 5.2.4 以 x^- 为参考点，把 $x\in\left(x^-,\dfrac{2x^-+x^+}{3}\right)$ 的点称为与 x^- 相邻近的同点，所有这些同点组成的集合称为同点集，简称同集；把 $x\in\left(\dfrac{2x^-+x^+}{3},\dfrac{x^-+2x^+}{3}\right)$ 的点称为与 x^- 不太邻近也不太远离的异点，所有这些异点组成的集合称为异点集，简称异集；把 $x\in\left(\dfrac{x^-+2x^+}{3},x^+\right)$ 的点称为与 x^- 远离的反点，所有这些反点组成的集合称为反点集。对区间数 $\tilde{x}=[x^-,x^+]$ 的这种以 x^- 为参考点且对区间数的长度作三等分的分划称为基于区间数左端点(x^-)或下界的区间数"三等分均分原则"的同异反分划，简称基于左端点的区间数同异反分划，有时也称为"三等分分划"(下同)，见图 5.2.4。

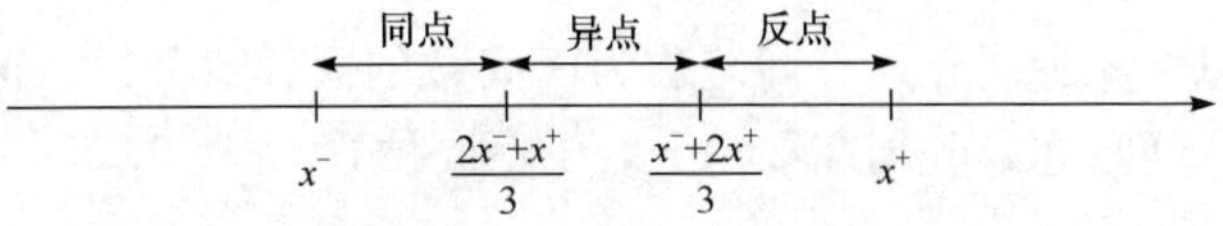

图 5.2.4 基于左端点的区间数同异反分划

定义 5.2.5 以 x^+ 为参考点，把 $x\in\left(\dfrac{x^-+2x^+}{3},x^+\right)$ 的点称为与 x^+ 相邻近的同点，所有这些同点组成的集合称为同点集，简称同集；把 $x\in\left(\dfrac{2x^-+x^+}{3},\dfrac{x^-+2x^+}{3}\right)$ 的点称为与 x^+ 不太邻近也不太远离的异点，所有这些异点组成的集合称为异点集，简称异集；把 $x\in\left(x^-,\dfrac{2x^-+x^+}{3}\right)$ 的点称为与 x^+ 远离的反点，所有这些反点组成的集合称为反集。对区间数 $\tilde{x}=[x^-,x^+]$ 的这种以 x^+ 为参考点且对区间数的长度作三等分的分划称为基于区间数右端点(x^+)或上界的区间数"三等分均分原则"的同异反分划，简称基于右端点的区间数同异反分划，见图 5.2.5。

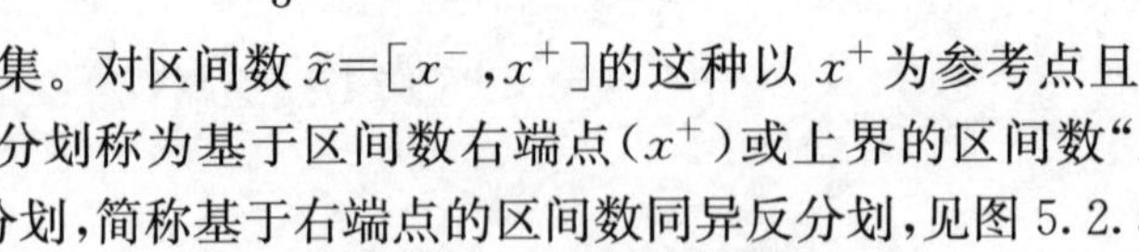

图 5.2.5 基于右端点的区间数同异反分划

定义 5.2.6　把区间数 $\tilde{x}=[x^-,x^+]$5 等分，以$\dfrac{x^-+x^+}{2}$为参考点，把 $x\in\left(\dfrac{2x^++3x^-}{5},\dfrac{x^++x^-}{2}\right)$的点称为与参考点$\dfrac{x^-+x^+}{2}$相邻近的左同点，简称同点，把 $x\in\left(\dfrac{x^++x^-}{2},\dfrac{3x^++2x^-}{5}\right)$的点称为与参考点$\dfrac{x^-+x^+}{2}$相邻近的右同点，简称同点；把所有这些同点(左同点和右同点)组成的集合称为同点集，简称同集；把 $x\in\left(\dfrac{x^++4x^-}{5},\dfrac{2x^++3x^-}{5}\right)$的点称为与$\dfrac{x^-+x^+}{2}$不太邻近也不太远离的左异点，简称异点；把 $x\in\left(\dfrac{3x^++2x^-}{5},\dfrac{4x^++x^-}{5}\right)$的点称为与$\dfrac{x^-+x^+}{2}$不太邻近也不太远离的右异点，简称异点；这两部分异点组成的集合称为异点集，简称异集；把 $x\in\left(x^-,\dfrac{4x^-+x^+}{5}\right)$的点称为与$\dfrac{x^-+x^+}{2}$远离的左反点，简称反点，把 $x\in\left(\dfrac{x^-+4x^+}{5},x^+\right)$的点称为与$\dfrac{x^-+x^+}{2}$远离的右反点，简称反点；这两部分反点组成的集合称为反点集，简称反集。对区间数 $\tilde{x}=[x^-,x^+]$的这种以$\dfrac{x^-+x^+}{2}$为参考点且对区间数的长度作五等分分划，称为基于区间数中点$\dfrac{x^-+x^+}{2}$的区间数“五等分均分”同异反分划，简称基于中点的区间数同异反分划。由于区间数 $\tilde{x}=[x^-,x^+]$的中点$\dfrac{x^-+x^+}{2}$也是区间数 $\tilde{x}=[x^-,x^+]$的期望点，所以也称区间数 $\tilde{x}$ 的这种同异反分划为基于期望点的同异反分划，见图 5.2.6。

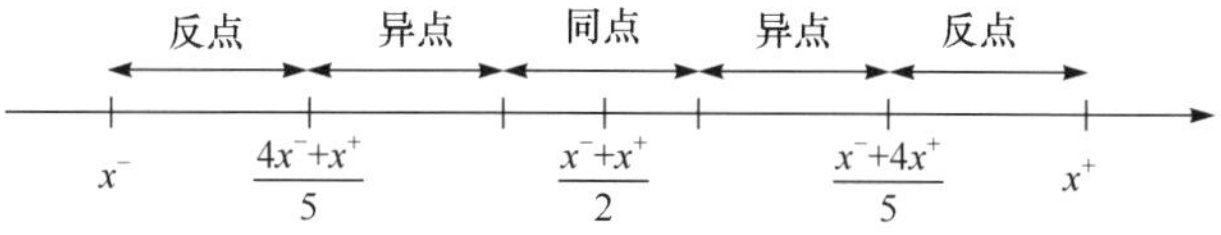

图 5.2.6　基于中间点的区间数同异反分划

在以上工作的基础上，可以进一步定义区间数“四等分均分”原则下的同异异反分划。

3. 同异异反分划

定义 5.2.7　以 x^- 为参考点，把 $x\in\left(x^-,\dfrac{3x^-+x^+}{4}\right)$的点称为与 x^- 相邻近的同

点,所有这些同点组成的集合称为同点集,简称同集;把 $x\in\left(\frac{3x^-+x^+}{4},\frac{x^-+x^+}{2}\right)$的点称为与 x^- 不邻近的异偏同点,简称偏同点,所有这些偏同点组成的集合称为偏同集;把 $x\in\left(\frac{x^-+x^+}{2},\frac{x^-+3x^+}{4}\right)$的点称为与 x^- 远离的异偏反点,简称偏反点,所有这些偏反点组成的集合称为偏反集;把 $x\in\left(\frac{x^-+3x^+}{4},x^+\right)$的点称为与 x^- 远离的反点,所有这些反点组成的集合称为反点集。对区间数 $\tilde{x}=[x^-,x^+]$的这种以 x^- 为参考点且对区间数的长度作四等分的分划称为基于区间数左端点(x^-)或下界的区间数"四等分均分原则"的同异异反分划,简称基于左端点的区间数同异异反分划,有时也简称"四等分分划"。

类似于定义 5.2.7,定义基于区间数右端点的区间数四等分均分原则的同异异反分划。

定义 5.2.8 以 x^+ 为参考点,把 $x\in\left(\frac{x^-+3x^+}{4},x^+\right)$的点称为与 x^+ 相邻近的同点,所有这些同点组成的集合称为同点集,简称同集;把 $x\in\left(\frac{x^-+x^+}{2},\frac{x^-+3x^+}{4}\right)$的点称为与 x^+ 不邻近的异偏同点,所有这些异偏同点组成的集合称为异偏同集;把 $x\in\left(\frac{3x^-+x^+}{4},\frac{x^-+x^+}{2}\right)$的点称为与 x^+ 远离的异偏反点,所有这些异偏反点组成的集合称为异偏反集;把 $x\in\left(x^-,\frac{3x^-+x^+}{4}\right)$的点称为与 x^+ 远离的反点,所有这些反点组成的集合称为反点集。对区间数 $\tilde{x}=[x^-,x^+]$的这种以 x^+ 为参考点且对区间数的长度作四等分的分划称为基于区间数右端点(x^+)或上界的区间数"四等分均分原则"的同异异反分划。

从以上定义可以看出,采用不同的参考点,不论同异分划还是同异反分划或者是同异异反分划,其划分的区间段不同,每段上所含有的点也不同,与选择的参考点的关系也不同。

另外,在此基础上还可以更细致地分划出基于"五等分均分原则"的"五等分分划",基于"六等分均分原则"的"六等分分划",基于"七等分均分原则"的"七等分分划"等。理论上可以对一个给定的区间数作无穷多个分划,实际工作中,则根据需要对一个给定的区间数作出适当的分划,以满足问题的需要,又兼顾求解的经济性。

5.2.3 区间数内点的分布

有了区间数分划的概念,就容易说明区间数值的分布。就一般情况而言,区间数的内点可以分为均匀分布和非均匀分布两类。非均匀分布中有代表性的分布是正态分布，这两种分布与区间数分划的区间关系见表 5.2.1。

表 5.2.1　区间数内点的分布状态

区间数分划	二等分分划	三等分分划	四等分分划
均匀分布	均匀分布在两个分划区	均匀分布在三个分划区	均匀分布在四个分划区
正态分布	在每个分划区为偏峰分布	大多数点分布在中间的分划区	大多数点分布在中间的两个分划区

请读者思考：5.1 节中论及的集对分析点 r 在哪一个分划区？

5.3　区间套的集对分析

5.3.1　区间数的区间套

当用区间数的集对分析点 r 分划区间数$[x^-,x^+]$所表示的区间时(称为区间数的第一次分划)，得到区间$[x^-,x^+]$的两个子区间$[x^-,r]$和$[r,x^+]$，记其中一个子区间为$[x_1^-,x_1^+]$，显然有$[x_1^-,x_1^+]\subset[x^-,x^+]$；依此方法，再用集对点 r_1 对区间数$[x_1^-,x_1^+]$作分划(称为区间数的第二次分划)，得到两个子区间$[x_1^-,r_1]$和$[r_1,x_1^+]$，记其中一个子区间为$[x_2^-,x_2^+]$，显然有$[x_2^-,x_2^+]\subset[x_1^-,x_1^+]$，继续分划，可以得到区间数的一列子区间$\{[x_n^-,x_n^+]\}$($n=0,1,2,\cdots$，记$[x_0^-,x_0^+]=[x^-,x^+]$)，则满足$[x_{n+1}^-,x_{n+1}^+]\subset[x_n^-,x_n^+]$($n=0,1,2,\cdots$)。

定义 5.3.1　称区间数$[x^-,x^+]$的 n 次分划后得到的子区间列$\{[x_n^-,x_n^+]\}$为区间数的区间套。

5.3.2　区间数的区间套性质

区间数的区间套具有以下性质。

性质 5.3.1　设第 n 个子区间的长度为 $l_n=x_n^+-x_n^-$，显然有$\lim\limits_{n\to\infty}(x_n^+-x_n^-)=0$。

证明　区间数$[x^-,x^+]$的区间长度为 $l_0=x_0^+-x_0^-=x^+-x^-$，区间$[x_1^-,x_1^+]$的区间长度为 $l_1=x_1^+-x_1^-=\dfrac{x^+-x^-}{2}$，区间$[x_2^-,x_2^+]$的长度为 $l_2=x_2^+-x_2^-=\dfrac{x^+-x^-}{2^2}$，以此类推有 $l_n=x_n^+-x_n^-=\dfrac{x^+-x^-}{2^n}$，则有$\lim\limits_{n\to\infty}l_n=\lim\limits_{n\to\infty}(x_n^+-x_n^-)=\lim\limits_{n\to\infty}\dfrac{x^+-x^-}{2^n}=0$。

性质 5.3.2 对于区间套$\{[x_n^-,x_n^+]\}$，存在$\xi\in[x_n^-,x_n^+]$，且$\xi=\lim\limits_{n\to\infty}x_n^-=\lim\limits_{n\to\infty}x_n^+$。

证明 因区间套$\{[x_n^-,x_n^+]\}$满足$[x_{n+1}^-,x_{n+1}^+]\subset[x_n^-,x_n^+](n=0,1,2,\cdots)$，所以区间套的左端点序列$\{x_n^-\}$是递增数列，而有上限$x^+$，所以数列$\{x_n^-\}$的极限存在，设为$\xi=\lim\limits_{n\to\infty}x_n^-$。区间套的右端点序列$\{x_n^+\}$是递减数列，而有下限$x^-$，可知数列$\{x_n^+\}$的极限也存在。又由性质 5.3.1，有$\lim\limits_{n\to\infty}(x_n^+-x_n^-)=0$，则$\lim\limits_{n\to\infty}x_n^+=\lim\limits_{n\to\infty}x_n^-=\xi$。

在计数运算时，每个子区间都可以视需要取其集对点作为代表点参加数值运算。但需要注意的是，这个集对点仅代表产生这个集对点的子区间，不能代表该子区间的母区间参与相应的运算。

5.4 区间数大小的集对分析

5.4.1 区间数大小的比较原则

由第 2 章 2.3 节关于区间数序结构的讨论看出：不同的两个区间数，既有位置的不同，也有区间长度的不同。这使得区间数与没有区间长度的点实数有明显不同，因此，区间数的大小不能像点实数那样单纯地从量的角度比较大小，而要同时顾及区间数的位置关系，由此引出的问题是：如何综合地考虑区间数的位置和长度来进行区间数大小的比较？

首先，看区间数在数轴上的位置，这是因为区间数在数轴上的位置信息不仅是区间数提供的确定的信息，还因为这个位置信息同时包含了区间数长度的信息，而这个长度信息同时又含有区间数的不确定性信息。分解地看，区间数的位置由区间数的端点确定，端点是点实数，基于点实数的大小关系，可以给出基于区间数数轴上位置的区间数大小比较规则。

其次，考虑区间数的长度，区间数的长度大，说明所刻画的不确定量的变化范围大；区间数的长度小，说明所刻画的不确定量的变化范围小。

由于区间数大小比较是一个相对确定的概念，基于区间数位置的大小比较又能落到数轴，因此本书建议采用“先位置，后长度”的区间数大小比较原则。“先”是指先根据两区间数的位置初定这两个区间数的大小排序(初排序)：在数轴上，区间数的左端点位置落在靠右边的区间数要大于左端点位置靠左的区间数。“后”是指在得到初排序后再考虑区间数长度(中的不确定性分析)对于初排序的扰动，综合后得出两个区间数的大小排序。不难想到，由此原则下得到的两个区间数大小排序一般是确定的排序，但要顾及区间数取值的不确定性时也有可能是不确定的排序,需要具体分析。

5.4.2　基于“先位置,后长度”的区间数大小比较

基于 5.4.1 节区间数“先位置,后长度”的比较原则,分如下情形讨论。

(1) 两个区间数 $\tilde{a}=[a^-,a^+]$和 $\tilde{b}=[b^-,b^+]$的位置是相离、相交和相接的情形,见图 5.4.1～图 5.4.3。

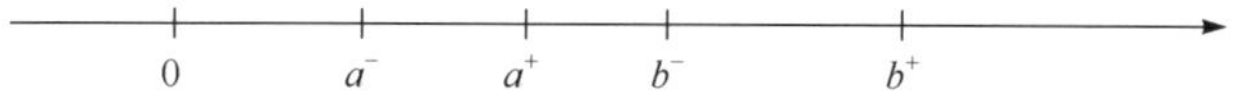

图 5.4.1　区间数 $\tilde{a}=[a^-,a^+]$和 $\tilde{b}=[b^-,b^+]$相离

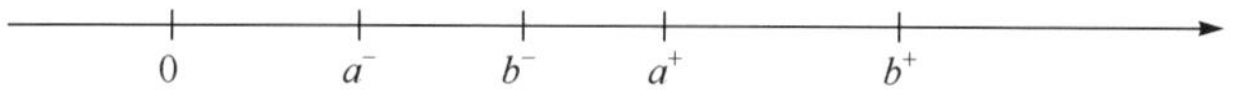

图 5.4.2　区间数 $\tilde{a}=[a^-,a^+]$和 $\tilde{b}=[b^-,b^+]$相交

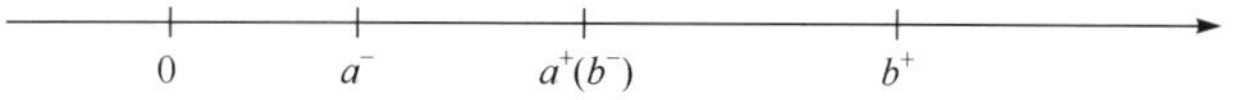

图 5.4.3　区间数 $\tilde{a}=[a^-,a^+]$和 $\tilde{b}=[b^-,b^+]$相接

在上述情形下区间数 $\tilde{b}=[b^-,b^+]$的右端点 $b^+\geqslant a^+$,所以定义如下。

定义 5.4.1　设区间数 $\tilde{a}=[a^-,a^+]$,$\tilde{b}=[b^-,b^+]$,当 $b^+>a^+$,且 $a^-<\min\{a^+,b^-\}$时,则定义 $\tilde{b}>\tilde{a}$(记号$>$表示大于),即有$[b^-,b^+]>[a^-,a^+]$。

(2) 两个区间数 $\tilde{a}=[a^-,a^+]$和 $\tilde{b}=[b^-,b^+]$的位置是包含的情形见图 5.4.4。

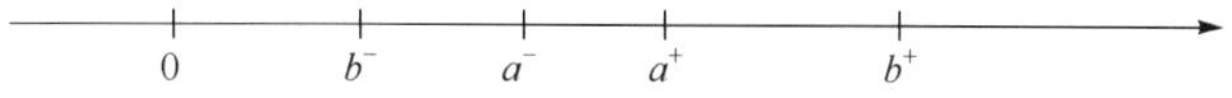

图 5.4.4　区间数 $\tilde{b}=[b^-,b^+]$包含区间数 $\tilde{a}=[a^-,a^+]$

定义 5.4.2　设区间数 $\tilde{a}=[a^-,a^+]$,$\tilde{b}=[b^-,b^+]$,当$[a^-,a^+]\subset[b^-,b^+]$,$b^+>a^+$时,则定义 $\tilde{b}>\tilde{a}$,即有$[b^-,b^+]>[a^-,a^+]$。

需要指出的是,区间数既有位置又有长度的双重性质决定了在对两个区间数进行比较时需要慎重。例如,在图 5.4.4 中,如果考虑到区间数内取值的不确定性,则当区间数 $\tilde{b}=[b^-,b^+]$在区间$[a^-,a^+]$中的取值 b'满足 $a^-<b'<a^+$ 时,就有 $\tilde{b}<\tilde{a}$,产生一个区间数($\tilde{a}$)在宏观(整体)上被另一个区间数 $\tilde{b}$ 包含,同时($\tilde{a}$)在微观上(数值或子区间)又反包含 $\tilde{b}$ 的某个子区间(或某个数值),原因就在于区间数 $\tilde{a}$ 和区间数 $\tilde{b}$ 存在取值的不确定性,由此不确定性产生各种不同的情况,需要作具体分析,这是必须注意的,也是基于集对分析的区间数理论与其他区间数理论[2]的一个重要区别。

参 考 文 献

[1] 刘秀梅，赵克勤. 基于区间数确定性与不确定性相互作用点的多属性决策[J]. 数学的实践与认识，2009，39(8)：68-75.
[2] 仇国芳，李怀祖. 区间数排序的包含度度量及构造方法[J]. 运筹与管理，2003，12(3)：13-17.

第 6 章　区间数多属性决策集对分析(1)

6.1　基于联系数复运算的区间数多属性决策

本节针对属性权重和属性值均为区间数的多属性决策问题,将区间数转换成二元联系数,再利用联系数的三角函数表达式建立区间数多属性加权综合决策模型,通过一个实例说明这种方法的应用[1]。

6.1.1　问题

设由 m 个方案 $S_1,S_2,\cdots,S_m$ 组成方案集 S 每个方案各有 n 个属性 $Q_1,Q_2,\cdots,Q_n$ 组成属性集 Q;n 个属性的权重向量区间数为 $\tilde{w}_1,\tilde{w}_2,\cdots,\tilde{w}_n$ 组成权重向量集 $\widetilde{W}$,其中 $\tilde{w}_t=[w_t^-,w_t^+]$,$0\leqslant w_t^-\leqslant w_t^+\leqslant 1(t=1,2,\cdots,n)$ 且 $\sum\limits_{t=1}^{n} w_t^-\leqslant 1$,$\sum\limits_{t=1}^{n} w_t^+\geqslant 1$;$\boldsymbol{P}=(\tilde{p}_{kt})_{m\times n}$ 表示区间数决策矩阵,其中 $\tilde{p}_{kt}$ 表示第 k 个方案在 t 个属性上的评价值,并假定 $\tilde{p}_{kt}$ 已通过规范化处理为越大越好型属性,且 $\tilde{p}_{kt}\in[0,1](k=1,2,\cdots,m;t=1,2,\cdots,n)$。

要求对 m 个方案确定出最优方案,同时对这些方案作出从优到劣的排序。

6.1.2　决策原理

1. 区间数转换成 $a+bi$ 形式的联系数

设有区间数 $\tilde{x}=[x^-,x^+]$,其中 $x^-,x^+\in[0,1]$,令

$$a=x^- \tag{6.1.1}$$

$$b=x^+-x^- \tag{6.1.2}$$

式(6.1.1)、式(6.1.2)是区间数 $\tilde{x}$ 向联系数 $a+bi$ 的转换公式,得联系数

$$\mu=x^-+(x^+-x^-)i \tag{6.1.3}$$

当 i 在[0,1]取值时,μ 在区间$[x^-,x^+]$内取值,可见区间数 $\tilde{x}=[x^-,x^+]$与联系数 $\mu=a+bi$ 等价。

2. 联系数转换成三角函数表达式

基于联系数复运算原理,对于联系数 $\mu=x^-+(x^+-x^-)i$,其模为

$$r=\sqrt{(x^-)^2+(x^+-x^-)^2} \tag{6.1.4}$$

幅角为

$$\theta=\arctan\frac{x^{+}-x^{-}}{x^{-}},\quad x^{-}\neq 0 \tag{6.1.5}$$

联系数 $a+bi$ 的三角函数式表达式为

$$\mu=r(\cos\theta+i\sin\theta) \tag{6.1.6}$$

6.1.3 决策模型

1. 基本模型

设方案集 S 的各方案 $S_k(k=1,2,\cdots,m)$ 的各属性 $Q_t(t=1,2,\cdots,n)$ 经规范化处理后的评价值 $\tilde{p}_{kt}\in[0,1]$ 的加权综合结果为 $M(S_k)$，则有

$$M(S_k)=\sum_{t=1}^{n}\tilde{w}_t\tilde{p}_{kt} \tag{6.1.7}$$

2. 一般模型

把式(6.1.7)中的权重区间数 $\tilde{w}_t$ 与评价值 $\tilde{p}_{kt}$ 各自经联系数 $a+bi$ 形式的转换，再转换成三角函数表达式，即得到

$$M(S_k)=\sum_{t=1}^{n}r_{w_t}r_{p_{kt}}[\cos(\theta_{w_t}+\theta_{p_{kt}})+i\sin(\theta_{w_t}+\theta_{p_{kt}})] \tag{6.1.8}$$

此模型称为一般综合值模型，简称一般模型，计算得到的值称为一般综合值。

3. 主值模型

当式(6.1.8)中的 $\cos(\theta_{w_t}+\theta_{p_{kt}})+i\sin(\theta_{w_t}+\theta_{p_{kt}})=1$ 时，得

$$M(S_k)=\sum_{t=1}^{n}r_{w_t}r_{p_{kt}} \tag{6.1.9}$$

称式(6.1.9)为基于联系数复运算的区间数多属性决策综合主值模型，简称综合主值模型或主值模型。其值称为综合主值，简称主值。由于综合主值模型计算简便，所以应用时可以先计算各方案的综合主值，综合主值大的优先于综合主值小的；如有必要，可进一步按式(6.1.8)计算一般综合值。

其中，i 可以按不同情况取值，如按比例取值，则取

$$i=\frac{\cos(\theta_{w_t}+\theta_{p_{kt}})}{\cos(\theta_{w_t}+\theta_{p_{kt}})+\sin(\theta_{w_t}+\theta_{p_{kt}})} \tag{6.1.10}$$

或在定义域 $i\in[0,1]$ 中取若干特殊点值展开讨论与分析。

6.1.4 实例

例 6.1.1 考虑一所大学的 5 个学院(S_1,S_2,S_3,S_4,S_5)的综合评估问题[2]，

假定采用教学、科研和服务三个属性作为评估指标，各属性的权重和决策矩阵见表 6.1.1和表 6.1.2，试进行综合评估和排序。

表 6.1.1　属性权重

教学 Q_1	科研 Q_2	服务 Q_3
[0.3350,0.3755]	[0.3009,0.3138]	[0.3194,0.3363]

表 6.1.2　5 个学院的区间数决策矩阵

	教学 Q_1	科研 Q_2	服务 Q_3
方案 S_1	[0.214,0.220]	[0.166,0.178]	[0.184,0.190]
方案 S_2	[0.206,0.225]	[0.220,0.229]	[0.182,0.191]
方案 S_3	[0.195,0.204]	[0.192,0.198]	[0.220,0.231]
方案 S_4	[0.181,0.190]	[0.195,0.205]	[0.185,0.195]
方案 S_5	[0.175,0.184]	[0.193,0.201]	[0.201,0.211]

由表 6.1.2 可知，根据联系数模的计算公式，以“模”决策矩阵的第 1 行第 1 列数据(保留小数点后 6 位)为例

$$r_{p_{11}}=\sqrt{(x^-)^2+(x^+-x^-)^2}=\sqrt{(0.214)^2+(0.220-0.214)^2}=0.214084$$

其余各数据算法同上，得到 5 个学院的模决策矩阵为

$$(r_{p_{kt}})_{5\times 3}=\begin{bmatrix}0.214084 & 0.166433 & 0.184098\\ 0.206874 & 0.220184 & 0.182222\\ 0.195208 & 0.192094 & 0.220275\\ 0.181224 & 0.195256 & 0.185270\\ 0.175231 & 0.193166 & 0.201249\end{bmatrix}$$

由表 6.1.1 可知，根据联系数模的计算公式得到各属性 $Q_t(t=1,2,3)$权重的模为 $r_{w_1}=0.337439$，$r_{w_2}=0.301176$，$r_{w_3}=0.319847$，由公式 $M(S_k)=\sum_{t=1}^{n} r_{w_t} r_{p_{kt}}$ 进行加权计算，以模决策矩阵的第 1 行第 1 列数据为例

$$r_{w_1} r_{p_{11}}=0.337439\times 0.214084=0.072240$$

其余数据计算类似，得到的模决策矩阵为

$$\begin{matrix}S_1\\S_2\\S_3\\S_4\\S_5\end{matrix}\begin{bmatrix}0.072240 & 0.050126 & 0.058883\\ 0.069808 & 0.066314 & 0.058283\\ 0.065871 & 0.057854 & 0.070454\\ 0.061152 & 0.058806 & 0.059258\\ 0.059130 & 0.058177 & 0.064369\end{bmatrix}\begin{matrix}0.181249\\0.194405\\0.194179\\0.179216\\0.181676\end{matrix}$$

矩阵最右边一列为综合主值 $M(S_k)(k=1,2,3,4,5)$的值，将其排序，得到

$S_2 \succ S_3 \succ S_5 \succ S_1 \succ S_4$(符号$\succ$表示优于)。

进一步按式(6.1.8)的一般模型综合值公式计算 $M(S_k)$,得

$$M(S_k) = \sum_{t=1}^{n} r_{w_t} r_{p_{kt}} [\cos(\theta_{w_t} + \theta_{p_{kt}}) + i\sin(\theta_{w_t} + \theta_{p_{kt}})]$$

分别取 $i=0$, $i=0.5$,计算一般模型综合值并排序,得到的结果见表 6.1.3。为便于比较,按主值的排序也列在表 6.1.3 中。

表 6.1.3 5 个学院的一般综合值排序及与综合主值排序比较

	$i=0$ 排序	$i=0.5$ 排序	综合主值排序
S_1	0.17991④	0.190637④	0.181249④
S_2	0.192301②	0.205403①	0.194405①
S_3	0.192738①	0.203951②	0.194179②
S_4	0.177737⑤	0.188832⑤	0.179216⑤
S_5	0.180261③	0.191056③	0.181676③

由表 6.1.3 可见,按综合主值大小排序与按一般综合值结合 i 的不同值排序有所不同,其中 S_2 在综合主值排序与按一般综合值且取 $i=0.5$ 时的排序相同,都是第一位,但在一般综合值且 i 取 0 时,S_2 排序第二。

由此看出,在一个区间数多属性决策问题中,多个决策对象在确定性与不确定性不同的相互作用条件下所产生的排序不可能完全一致。为此,在表 6.1.3 中分别给出了 $i=0$, $i=0.5$ 时 5 个学院的综合排序变化情况,其中 S_1、S_4、S_5 这 3 个学院的排序位置在各种情况下都保持不变,说明对这 3 个学院来说,表 6.1.2 给出的属性值区间数的不确定性对确定性的作用和影响不仅有限而且微不足道;但对 S_2 与 S_3 来说,表 6.1.2 给出的属性值区间数的不确定性对确定性的作用和影响就不能忽略不计,因为在"综合主值排序"与 $i=0.5$ 这两种情况下,S_2 排在 S_3 前面;但在 $i=0$ 这种情况下,S_2 排在 S_3 后面。这说明,对 S_2 与 S_3 来说,表 6.1.2 给出的属性值区间数的不确定性对确定性的作用和影响随不同的处理条件有明显不同,前者可以看成对表 6.1.2 给出的属性值区间数随机地作"偏乐观"或"偏大"取值的排序结果;后者可以看成随机地作"偏悲观"或"偏小"取值的排序结果。

6.2 基于 SPA 的 D-U 空间的区间数多属性决策集对分析

基于第 1~3 章关于区间数与联系数既有确定性又有不确定性的理论,本节把区间数经联系数转换后映射到基于集对分析的二维确定-不确定 D-U 空间中,在该空间中建立区间数多属性决策模型[3]。

6.2.1　问题

设有 m 个方案 $S_1, S_2, \cdots, S_m$ 组成方案集 S；每个方案各有 n 个属性 $Q_1, Q_2, \cdots, Q_n$ 组成属性集 Q；n 个属性的权重向量区间数为 $\widetilde{w}_1, \widetilde{w}_2, \cdots, \widetilde{w}_n$，如 $\widetilde{w}_t = [w_t^-, w_t^+]$，权重向量组成权重向量集 W，其中 $0 \leqslant w_t^- \leqslant w_t^+ \leqslant 1$，且 $\sum_{t=1}^{n} w_t^- \leqslant 1$，$\sum_{t=1}^{n} w_t^+ \geqslant 1$；$\boldsymbol{P} = (\widetilde{p}_{kt})_{m\times n}$ 表示区间数决策矩阵，其中 $\widetilde{p}_{kt}$ 表示第 k 个方案在 t 个属性上的评价值区间数，即 $\widetilde{p}_{kt} = [p_{kt}^-, p_{kt}^+]$ $(k=1,2,\cdots,m)$。为简便起见，假定 $\widetilde{p}_{kt}$ 已通过规范化处理为越大越好型属性，且 $p_{kt}^+ \geqslant p_{kt}^- \in [0,1]$ $(t=1,2,\cdots,n)$。

要求对 m 个方案中决策出最优方案，并对这些方案进行从优到劣的排序。

6.2.2　决策模型

先利用式(6.1.3)把区间数转换成联系数，再转换成三角函数表达式，依据下列决策模型进行决策。其中联系数的模为

$$r = \sqrt{(x^-)^2 + (x^+ - x^-)^2} \tag{6.2.1}$$

幅角为

$$\theta = \arctan \frac{x^+ - x^-}{x^-}, \quad x^- \neq 0 \tag{6.2.2}$$

1) 基本模型

设方案 $S_k (k=1,2,\cdots,m)$，权重区间数 $\widetilde{w}_t$ 与评价值区间数 $\widetilde{p}_{kt} (t=1,2,\cdots,n)$，其综合评价结果为 $M(S_k)$，则有

$$M(S_k) = \sum_{t=1}^{n} \widetilde{w}_t \widetilde{p}_{kt} \tag{6.2.3}$$

此模型称为基于 SPA 的 D-U 空间的区间数多属性决策综合基本模型，其值称为综合基本决策值，简称综合基本值或基本值。

由综合基本值 $M(S_k) (k=1,2,\cdots,m)$ 构成的矩阵

$$\overline{\boldsymbol{M}}(S_k) = [M(S_1), M(S_2), M(S_3), \cdots, M(S_k)]^{\mathrm{T}}$$

称为方案的综合基本值决策矩阵，有时不加区分也用 $M(S_k)$ 表示，以同。

2) 一般模型

把问题描述中的权重区间数 $\widetilde{w}_t$ 与评价值区间数 $\widetilde{p}_{kt}$ 各自转换成三角函数表达式

$$\widetilde{w}_t = r_{w_t}(\cos\theta_{w_t} + i\sin\theta_{w_t}) \tag{6.2.4}$$

$$\widetilde{p}_{kt} = r_{p_{kt}}(\cos\theta_{p_{kt}} + i\sin\theta_{p_{kt}}) \tag{6.2.5}$$

其中区间数的模和幅角由式(6.2.1)和式(6.2.2)确定，则有

$$M(S_k)=\sum_{t=1}^{n}r_{w_t}r_{p_{kt}}[\cos(\theta_{w_t}+\theta_{p_{kt}})+i\sin(\theta_{w_t}+\theta_{p_{kt}})] \tag{6.2.6}$$

此模型称为基于 SPA 的 D-U 空间的区间数多属性决策一般综合模型，计算得到的值称为一般综合决策值，简称一般综合值。称式

$$r_{w_t}r_{p_{kt}}[\cos(\theta_{w_t}+\theta_{p_{kt}})+i\sin(\theta_{w_t}+\theta_{p_{kt}})] \tag{6.2.7}$$

为一般综合值的分量，称 $\overline{\boldsymbol{M}}(S_k)$ 为方案的综合一般值决策矩阵。

3) 主值模型

当式(6.2.6)中的 $[\cos(\theta_{w_t}+\theta_{p_{kt}})+i\sin(\theta_{w_t}+\theta_{p_{kt}})]=1$ 时，得

$$M(S_k)=\sum_{t=1}^{n}r_{w_t}r_{p_{kt}} \tag{6.2.8}$$

称式(6.2.7)为基于 SPA 的 D-U 空间的区间数多属性决策综合主值模型，简称综合主值决策模型或主值模型。其值称为综合决策主值，简称综合主值或主值。称 $r_{w_t}r_{p_{kt}}$ 为综合主值的分量，$\overline{\boldsymbol{M}}(S_k)$ 为方案的综合主值决策矩阵。

6.2.3 决策步骤

(1) 利用模及幅角的计算公式把决策问题的属性值区间数与权重区间数改写成三角函数表达式。

(2) 利用 D-U 空间的综合主值决策模型式(6.2.8)计算各方案的综合主值，主值大的方案优于主值小的方案。

(3) 利用一般综合决策模型式(6.2.6)计算各决策方案的一般综合值，其中的 i 可按比例取值原理取值，计算公式为

$$i=\frac{\cos(\theta_{w_t}+\theta_{p_{kt}})}{\cos(\theta_{w_t}+\theta_{p_{kt}})+\sin(\theta_{w_t}+\theta_{p_{kt}})} \tag{6.2.9}$$

也可取特殊值 $i=0$，$i=0.5$，$i=1$，以考察一般综合值的变化及对决策方案排序的影响。

6.2.4 实例

例 6.2.1 设有一个多属性决策问题，有 S_1、S_2、S_3、S_4、S_5 共 5 个被选方案，构成方案集 $\boldsymbol{S}=(S_1,S_2,S_3,S_4,S_5)^{\mathrm{T}}$，决策者对方案进行了两两比较，并采用 0.1-0.9 标度法对比较的结果作出标度，得到用区间数表示的决策矩阵为

$$\boldsymbol{A}=\begin{bmatrix}[0.5,0.5] & [0.3,0.5] & [0.6,0.7] & [0.5,0.6] & [0.6,0.7]\\ [0.5,0.7] & [0.5,0.5] & [0.4,0.7] & [0.5,0.7] & [0.6,0.8]\\ [0.3,0.4] & [0.3,0.6] & [0.5,0.5] & [0.2,0.5] & [0.3,0.4]\\ [0.4,0.5] & [0.3,0.5] & [0.5,0.8] & [0.5,0.5] & [0.4,0.6]\\ [0.3,0.4] & [0.2,0.4] & [0.6,0.8] & [0.4,0.6] & [0.5,0.5]\end{bmatrix}$$

相应的区间数权重向量为

$$\boldsymbol{W}=\begin{bmatrix}\widetilde{w}_1\\ \widetilde{w}_2\\ \widetilde{w}_3\\ \widetilde{w}_4\\ \widetilde{w}_5\end{bmatrix}=\begin{bmatrix}[0.1761,0.2778]\\ [0.1761,0.3148]\\ [0.1127,0.2222]\\ [0.1549,0.2593]\\ [0.1408,0.2407]\end{bmatrix}$$

试决策出最优方案并给出 5 个方案的优劣排序[4]。

决策办法一:利用综合主值决策模型进行决策。

步骤 1:将 $\boldsymbol{A}$ 与 $\boldsymbol{W}$ 中的区间数改写成联系数的形式,得到联系数矩阵 $\boldsymbol{A}'$ 和 $\boldsymbol{W}'$

$$\boldsymbol{A}'=\begin{bmatrix}0.5+0i & 0.3+0.2i & 0.6+0.1i & 0.5+0.1i & 0.6+0.1i\\ 0.5+0.2i & 0.5+0i & 0.4+0.3i & 0.5+0.2i & 0.6+0.2i\\ 0.3+0.1i & 0.3+0.3i & 0.5+0i & 0.2+0.3i & 0.3+0.1i\\ 0.4+0.1i & 0.3+0.2i & 0.5+0.3i & 0.5+0i & 0.4+0.2i\\ 0.3+0.1i & 0.2+0.2i & 0.6+0.2i & 0.4+0.2i & 0.5+0i\end{bmatrix}$$

$$\boldsymbol{W}'=\begin{bmatrix}w'_1\\ w'_2\\ w'_3\\ w'_4\\ w'_5\end{bmatrix}=\begin{bmatrix}0.1761+0.1017i\\ 0.1761+0.1387i\\ 0.1127+0.1095i\\ 0.1549+0.1044i\\ 0.1408+0.0999i\end{bmatrix}$$

步骤 2:分别计算联系数矩阵 $\boldsymbol{A}'$ 与 $\boldsymbol{W}'$ 的各数据的模,得到每个区间数的模构成的矩阵 $\boldsymbol{R}_A$ 与 $\boldsymbol{R}_w$ 为

$$\boldsymbol{R}_A=(r_{a_{ij}})_{5\times 5}=\begin{bmatrix}0.50 & 0.36 & 0.61 & 0.51 & 0.61\\ 0.54 & 0.50 & 0.50 & 0.54 & 0.63\\ 0.32 & 0.42 & 0.50 & 0.36 & 0.32\\ 0.41 & 0.36 & 0.58 & 0.50 & 0.45\\ 0.32 & 0.28 & 0.63 & 0.45 & 0.50\end{bmatrix}$$

$$\boldsymbol{R}_w=\begin{bmatrix}r_{w_1}\\ r_{w_2}\\ r_{w_3}\\ r_{w_4}\\ r_{w_5}\end{bmatrix}=\begin{bmatrix}0.203\\ 0.224\\ 0.157\\ 0.187\\ 0.173\end{bmatrix}$$

步骤 3:根据综合主值决策模型式(6.2.8)计算综合主值 $M(S_k)$,并求出综合主值决策矩阵 $\overline{\boldsymbol{M}}(S_k)$(最后计算结果保留小数点后四位),进行排序。

根据主值模型式(6.2.8)，以第一行数据为例，此时 $k=1$，先计算综合主值的分量 $r_{a_{kt}} r_{w_t}$ 为

当 $t=1$ 时，得

$$r_{a_{11}} \cdot r_{w_1} = 0.50 \times 0.203 = 0.1015$$

当 $t=2$ 时，得

$$r_{a_{12}} \cdot r_{w_2} = 0.36 \times 0.224 = 0.0806$$

当 $t=3$ 时，得

$$r_{a_{13}} \cdot r_{w_3} = 0.61 \times 0.157 = 0.0958$$

当 $t=4$ 时，得

$$r_{a_{14}} \cdot r_{w_4} = 0.51 \times 0.187 = 0.0954$$

当 $t=5$ 时，得

$$r_{a_{15}} \cdot r_{w_5} = 0.61 \times 0.173 = 0.1055$$

其他数据计算方法类似，得到矩阵

$$\begin{array}{c} \\ S_1 \\ S_2 \\ S_3 \\ S_4 \\ S_5 \end{array} \begin{array}{c} \begin{array}{ccccc} t=1 & t=2 & t=3 & t=4 & t=5 \end{array} \\ \begin{bmatrix} 0.1015 & 0.0806 & 0.0958 & 0.0954 & 0.1055 \\ 0.1096 & 0.1120 & 0.0785 & 0.1010 & 0.1090 \\ 0.0650 & 0.0941 & 0.0785 & 0.0673 & 0.0554 \\ 0.0832 & 0.0806 & 0.0911 & 0.0935 & 0.0779 \\ 0.0650 & 0.0627 & 0.0989 & 0.0842 & 0.0865 \end{bmatrix} \end{array}$$

将各行数据相加，得到综合主值，并进行排序(最右一列为排序)，得到方案的综合主值决策矩阵 $\overline{\boldsymbol{M}}(S_k)$ 为

$$\overline{\boldsymbol{M}}(S_k) = \begin{bmatrix} M(S_1) \\ M(S_2) \\ M(S_3) \\ M(S_4) \\ M(S_5) \end{bmatrix} = \begin{bmatrix} 0.4788 \\ 0.5101 \\ 0.3602 \\ 0.4063 \\ 0.3973 \end{bmatrix} \begin{matrix} (2) \\ (1) \\ (5) \\ (3) \\ (4) \end{matrix}$$

显然，对于方案集 $\boldsymbol{S}=(S_1,S_2,S_3,S_4,S_5)^{\mathrm{T}}$，有 $S_2 \succ S_1 \succ S_4 \succ S_5 \succ S_3$(符号“$\succ$”表示优于)，即 S_2 为最优方案。

决策办法二：用一般综合决策模型进行决策。

思路：按一般综合决策模型式(6.2.6)

$$M(S_k) = \sum_{t=1}^{n} r_{w_t} r_{a_{kt}} [\cos(\theta_{w_t} + \theta_{a_{kt}}) + i\sin(\theta_{w_t} + \theta_{a_{kt}})]$$

分别取 $i=1, i=0.5, i=0$，计算各方案的一般综合值 $M(S_k)$，求出一般综合值决策矩阵 $\overline{\boldsymbol{M}}(S_k)$并进行比较。

先取 $i=1$,计算一般综合值 $M(S_k)$。

以第一行数据为例,此时 $k=1$,计算 $M(S_1)$的各项值,步骤如下。

步骤 1:根据式(6.2.2)$\theta=\arctan\dfrac{x^+-x^-}{x^-}$计算各区间数的幅角,即

$$\theta_{a_{11}}=\arctan\frac{0.5-0.5}{0.5}=0$$

$$\theta_{w_1}=\arctan\frac{0.2778-0.1761}{0.1761}\approx 0.5237$$

步骤 2:取 $t=1$,由一般综合值公式计算一般综合值分量

$$\begin{aligned}&r_{w_1}r_{a_{11}}[\cos(\theta_{w_1}+\theta_{a_{11}})+i\sin(\theta_{w_1}+\theta_{a_{11}})]\\&=0.203\times 0.5\times[\cos(0+0.5237)+1\times\sin(0+0.5237)]\\&=0.1015\times 1.3661\approx 0.1387\end{aligned}$$

当 $t=2$ 时

$$\theta_{a_{12}}=\arctan\frac{0.5-0.3}{0.3}\approx 0.5880$$

$$\theta_{w_2}=\arctan\frac{0.3148-0.1761}{0.1761}\approx 0.6671$$

$$\begin{aligned}&r_{w_2}r_{a_{12}}[\cos(\theta_{w_2}+\theta_{a_{12}})+i\sin(\theta_{w_2}+\theta_{a_{12}})]\\&=0.224\times 0.36\times[\cos(0.6671+0.5880)+1\times\sin(0.6671+0.5880)]\\&=0.0806\times 1.2610\approx 0.1016\end{aligned}$$

类似地,$t=3$ 时分量值为 0.1339,$t=4$ 时分量值为 0.1349,$t=5$ 时分量值为 0.1492。借助电子表格计算,得出下列决策矩阵和排序,右边两列为最后一般综合值和排序。

$$\overline{\boldsymbol{M}}(S_k)_{i=1}=\begin{bmatrix}0.1387 & 0.1016 & 0.1339 & 0.1349 & 0.1492\\0.1539 & 0.1573 & 0.0898 & 0.1403 & 0.1523\\0.0918 & 0.1045 & 0.1110 & 0.0670 & 0.0774\\0.1176 & 0.1016 & 0.1114 & 0.1298 & 0.1053\\0.0918 & 0.0697 & 0.1333 & 0.1145 & 0.1206\end{bmatrix}\begin{matrix}0.6583 & (2)\\0.6936 & (1)\\0.4517 & (5)\\0.5658 & (3)\\0.5300 & (4)\end{matrix}$$

当 $i=0.5$ 时,同理可以得到

$$\overline{\boldsymbol{M}}(S_k)_{i=0.5}=\begin{bmatrix}0.1133 & 0.0633 & 0.0954 & 0.1010 & 0.1120\\0.1108 & 0.1226 & 0.0510 & 0.0986 & 0.1084\\0.0674 & 0.0578 & 0.0837 & 0.0333 & 0.0551\\0.0887 & 0.0633 & 0.0674 & 0.1037 & 0.0710\\0.0674 & 0.0385 & 0.0894 & 0.0781 & 0.0956\end{bmatrix}\begin{matrix}0.4850 & (2)\\0.4914 & (1)\\0.2973 & (5)\\0.3941 & (3)\\0.3690 & (4)\end{matrix}$$

当 $i=0$ 时,同理可以得到

$$\overline{\boldsymbol{M}}(S_k)_{i=0}=\begin{bmatrix}0.0879 & 0.0250 & 0.0568 & 0.0671 & 0.0748\\0.0678 & 0.0880 & 0.0122 & 0.0568 & 0.0644\\0.0431 & 0.0111 & 0.0563 & -0.0003 & 0.0327\\0.0598 & 0.0250 & 0.0234 & 0.0775 & 0.0367\\0.0431 & 0.0074 & 0.0455 & 0.0414 & 0.0705\end{bmatrix}\begin{matrix}0.3117 & (1)\\0.2892 & (2)\\0.1429 & (5)\\0.2224 & (3)\\0.2080 & (4)\end{matrix}$$

综上所述，当取 $i=1,i=0.5$ 时，5 个方案的排序与主值的排序一致，但是当取 $i=0$ 时，方案的排序有很大改变，原来的最优方案 S_2 改变了次序，列居第二，原来排名第二的方案 S_1 成为最优方案。由此说明区间数的不确定性会影响排序。因此，在进行区间数多属性决策时，必须充分考虑区间数不确定性对排序的影响。

顺便要指出的是，该实例在黄松等的工作中仅给出了一种排序结果，与本节的基本模型和主值模型的排序结果一致，但是没有考虑区间数不确定性对排序的影响。

6.3 基于联系数不确定性分析的区间数多属性决策

在属性权重与属性值都是区间数表示的多属性决策问题中，区间数反映的是某一属性的变化范围，在此范围内的每一点都有可能取值，需要决策的 m 个方案之优劣排序因而存在不确定性，需要通过不确定性分析才能作出可靠的决策[5]。

6.3.1 问题

设有 m 个方案 $S_1,S_2,\cdots,S_m$ 组成方案集 S，每个方案各有 n 个属性 $Q_1,Q_2,\cdots,Q_n$组成属性集 Q，其中，有越大越好型的效益型属性，也有越小越好型的成本型属性。n 个属性的权重向量区间数 $\widetilde{w}_1,\widetilde{w}_2,\cdots,\widetilde{w}_n$ 组成权重向量集 $\widetilde{W}$，其中$\widetilde{w}_t=[w_t^-,w_t^+](t=1,2,\cdots,n)$，$0\leqslant w_t^-\leqslant w_t^+\leqslant 1$，且 $\sum\limits_{t=1}^{n}w_t^-\leqslant 1$，$\sum\limits_{t=1}^{n}w_t^+\geqslant 1$；$\boldsymbol{P}=(\widetilde{p}_{kt})_{m\times n}$表示区间数多属性决策矩阵，其中 $\widetilde{p}_{kt}$ 表示第 k 个方案在 t 个属性上的评价值，有 $\widetilde{p}_{kt}=[p_{kt}^-,p_{kt}^+]$，且 $p_{kt}\in[0,1](k=1,2,\cdots,m;t=1,2,\cdots,n)$。

要求在 m 个方案中确定出最优方案，并给出方案的优劣排序。

6.3.2 决策过程与决策模型

1. 决策过程

1）原始数据的规范化处理

先求各属性的最优值。对于效益型属性，其最优值为$\max\limits_{k}(p_{kt}^+)$，其属性值与最优值的同一度区间数 $\tilde{a}_{p_{kt}}=[a_{p_{kt}}^-,a_{p_{kt}}^+]$按下式计算：

$$\tilde{a}_{p_{kt}}=\left[\frac{p_{kt}^{-}}{\max\limits_{k}(p_{kt}^{+})},\frac{p_{kt}^{+}}{\max\limits_{k}(p_{kt}^{+})}\right],\quad k=1,2,\cdots,m \tag{6.3.1}$$

对于成本型属性，其最优值为$\min\limits_{k}(p_{kt}^{-})$，其属性值与最优值的同一度区间数 $\tilde{a}_{p_{kt}}=[a_{p_{kt}}^{-},a_{p_{kt}}^{+}]$按下式计算：

$$\tilde{a}_{p_{kt}}=\left[\frac{\min\limits_{k}(p_{kt}^{-})}{p_{kt}^{+}},\frac{\min\limits_{k}(p_{kt}^{-})}{p_{kt}^{-}}\right],\quad k=1,2,\cdots,m \tag{6.3.2}$$

应注意到，经规范化后得到的 $\tilde{a}_{p_{kt}}$ 为区间数。

2) 把规范化处理后的数据转换为联系数

按照下面的公式把规范化后的 $\tilde{a}_{p_{kt}}=[a_{p_{kt}}^{-},a_{p_{kt}}^{+}]$改写为联系数 $\mu_{p_{kt}}$，有

$$\mu_{p_{kt}}=a_{kt}^{-}+(a_{kt}^{+}-a_{kt}^{-})i \tag{6.3.3}$$

式中，$i\in[0,1]$。

同理，把权重区间数也改写成联系数的形式

$$\mu_{w_t}=w_t^{-}+(w_t^{+}-w_t^{-})i,\quad i\in[0,1] \tag{6.3.4}$$

2. 决策模型

1) 基本模型

记各方案 $S_k(k=1,2,\cdots,m)$的综合评价结果为 $M(S_k)$，则有

$$M(S_k)=\sum_{t=1}^{n}\tilde{w}_t\tilde{p}_{kt} \tag{6.3.5}$$

称式(6.3.5)为区间数多属性决策的基本模型。

2) 联系数模型

把式(6.3.5)中的 $\tilde{w}_t$ 与 $\tilde{p}_{kt}$ 各自转换成相应的联系数，得到如下综合评价的联系数模型：

$$M(S_k)=\sum_{t=1}^{n}\mu_{p_{kt}}\mu_{w_t} \tag{6.3.6}$$

式中，$M(S_k)$称为联系数模型的综合评价值，综合评价值大的优于综合评价值小的。其中联系数的乘法运算依据

$$U_1U_2=(A_1+B_1i)(A_2+B_2i)=A_1A_2+(A_1B_2+A_2B_1+B_1B_2)i,\quad i\in[0,1]$$

进行运算。联系数的加法依据

$$U_1+U_2=(A_1+B_1i)+(A_2+B_2i)=(A_1+A_2)+(B_1+B_2)i,\quad i\in[0,1]$$

进行运算。

由式(6.3.6)计算得到的综合评价值 $M(S_k)$是一个联系数，不妨记为$M(S_k)=a_{S_k}+b_{S_k}i$，在其不确定部分 $b_{S_k}i$ 中含有不确定数 $i(i\in[0,1])$，需要通过 i 的取值分析才能给出综合排序。为此，可以先让 $M(S_k)$中的 i 同时取 0、0.5 或 1，从而得到

m 个方案的一次排序，方案 S_k 排序数记为 q_k。

3）不确定性分析和最终排序

根据不确定性的特点，对于 m 个方案的综合评价值 $M(S_k)=a_{S_k}+b_{S_k}i$ 来说，第 $k(k=1,2,\cdots,m)$ 个 $M(S_k)$ 中的 i 值不一定等同于其他 $M(S_k)$ 中的 i 值，为此可以分析第 k 个方案在 $i=0,i=0.5,i=1$ 时的综合评价值 $M(S_k)$ 与其余 $m-1$ 个方案在 $i=0,i=0.5,i=1$ 时的综合评价值 $M(S_k)$ 的大小，从而确定所有可能的排序数 q_{ki}，最优的记为 1，次优的记为 2，以此类推，最差的记为 m；然后计算各方案在不同情况下不同排序数的总和，记为 $M_i(S_k)$，则有

$$M_i(S_k)=\sum_{i=0,0.5,1}\sum_{k=1}^{m}q_{ki} \tag{6.3.7}$$

由于排序数 q_{ki} 以小为优，所以最终是按 $M_i(S_k)$ 小的方案优于 $M_i(S_k)$ 大的方案这一准则排序。

6.3.3 实例

例 6.3.1 考虑一个图书馆的空调系统选择问题[6-8]，在该决策问题中，有 5 个备选方案 $S_1,S_2,\cdots,S_5$，评价属性有 8 个，分别是固定成本(Q_1)、运营成本(Q_2)、性能(Q_3)、噪声(Q_4)、可维护性(Q_5)、可靠性(Q_6)、灵活性(Q_7)和安全性(Q_8)，其中 Q_3、Q_5、Q_7、Q_8 为打分值，其范围为 1(最差)～10 分(最优)，且 Q_1、Q_2、Q_4 为成本型属性，其余 5 个为效益型属性。属性权重和决策矩阵见表 6.3.1。

表 6.3.1 属性权重和决策矩阵

	$\tilde{w}_t$	S_1	S_2	S_3	S_4	S_5
Q_1	[0.0419,0.0491]	[3.7,4.7]	[1.5,2.5]	[3,4]	[3.5,4.5]	[2.5,3.5]
Q_2	[0.0840,0.0982]	[5.9,6.9]	[4.7,5.7]	[4.2,5.2]	[4.5,5.5]	[5,6]
Q_3	[0.1211,0.1373]	[8,10]	[4,6]	[4,6]	[7,9]	[6,8]
Q_4	[0.1211,0.1373]	[30,40]	[65,75]	[60,70]	[35,45]	[50,60]
Q_5	[0.1680,0.1818]	[3,5]	[3,5]	[7,9]	[8,10]	[5,7]
Q_6	[0.2138,0.2294]	[90,100]	[70,80]	[80,90]	[85,95]	[85,95]
Q_7	[0.0395,0.0457]	[3,5]	[7,9]	[7,9]	[6,8]	[4,6]
Q_8	[0.1588,0.1706]	[6,8]	[4,6]	[5,7]	[7,9]	[8,10]

决策计算与集对分析的过程如下。

步骤 1：利用式(6.3.1)、式(6.3.2)对表 6.1.1 中的属性区间数进行规范化，得到以零次区间数表示的规范化决策矩阵，这一过程同时消除了不同属性的量纲，并使各属性都成为越大越好的效益型属性，为按综合评价值“大者为优”排序打下了基础。因属性权重为零次区间数，只需对属性指标决策矩阵进行规范化，规范化

后的决策矩阵数据及原属性权重数据如表 6.3.2 所示。

表 6.3.2　决策矩阵规范化后的数据

	$\widetilde{w}_t$	S_1	S_2	S_3	S_4	S_5
Q_1	[0.0419,0.0491]	[0.319,0.405]	[0.600,1.000]	[0.375,0.500]	[0.333,0.429]	[0.429,0.600]
Q_2	[0.0840,0.0982]	[0.609,0.712]	[0.737,0.894]	[0.808,1.000]	[0.764,0.933]	[0.700,0.840]
Q_3	[0.1211,0.1373]	[0.800,1.000]	[0.400,0.600]	[0.400,0.600]	[0.700,0.900]	[0.600,0.800]
Q_4	[0.1211,0.1373]	[0.750,1.000]	[0.400,0.462]	[0.429,0.500]	[0.667,0.857]	[0.500,0.600]
Q_5	[0.1680,0.1818]	[0.300,0.500]	[0.300,0.500]	[0.700,0.900]	[0.800,1.000]	[0.500,0.700]
Q_6	[0.2138,0.2294]	[0.900,1.000]	[0.700,0.800]	[0.800,0.900]	[0.850,0.950]	[0.850,0.950]
Q_7	[0.0395,0.0457]	[0.333,0.556]	[0.778,1.000]	[0.778,1.000]	[0.667,0.889]	[0.444,0.667]
Q_8	[0.1588,0.1706]	[0.600,0.800]	[0.400,0.600]	[0.500,0.700]	[0.700,0.900]	[0.800,1.000]

步骤 2:将表 6.3.2 中的零次区间数改写成 $a+bi$ 型联系数,得到表 6.3.3。

表 6.3.3　用联系数 $a+bi$ 表示的决策矩阵

	$\widetilde{w}_t$	S_1	S_2	S_3	S_4	S_5
Q_1	$0.0419+0.0072i$	$0.319+0.086i$	$0.600+0.400i$	$0.375+0.125i$	$0.333+0.096i$	$0.429+0.171i$
Q_2	$0.0840+0.0142i$	$0.609+0.103i$	$0.737+0.157i$	$0.808+0.192i$	$0.764+0.169i$	$0.700+0.140i$
Q_3	$0.1211+0.0162i$	$0.800+0.200i$	$0.400+0.200i$	$0.400+0.200i$	$0.700+0.200i$	$0.600+0.200i$
Q_4	$0.1211+0.0162i$	$0.750+0.250i$	$0.400+0.062i$	$0.429+0.071i$	$0.667+0.190i$	$0.500+0.100i$
Q_5	$0.1680+0.0138i$	$0.300+0.200i$	$0.300+0.200i$	$0.700+0.200i$	$0.800+0.200i$	$0.500+0.200i$
Q_6	$0.2138+0.0156i$	$0.900+0.100i$	$0.700+0.100i$	$0.800+0.100i$	$0.850+0.100i$	$0.850+0.100i$
Q_7	$0.0395+0.0062i$	$0.333+0.223i$	$0.778+0.222i$	$0.778+0.222i$	$0.667+0.222i$	$0.444+0.223i$
Q_8	$0.1588+0.0118i$	$0.600+0.200i$	$0.400+0.200i$	$0.500+0.200i$	$0.700+0.200i$	$0.800+0.200i$

步骤 3:按照联系数模型式(6.3.6)计算,得到加权后的决策矩阵及综合评价值,见表 6.3.4。

表 6.3.4　加权后的决策矩阵及综合评价值

	S_1	S_2	S_3	S_4	S_5
Q_1	$0.0134+0.0065i$	$0.0251+0.0240i$	$0.0157+0.0088i$	$0.0140+0.0071i$	$0.0180+0.0115i$
Q_2	$0.0512+0.0188i$	$0.0619+0.0259i$	$0.0679+0.0303i$	$0.0642+0.0274i$	$0.0588+0.0237i$
Q_3	$0.0969+0.0404i$	$0.0484+0.0339i$	$0.0484+0.0339i$	$0.0848+0.0388i$	$0.0727+0.0372i$
Q_4	$0.0908+0.0465i$	$0.0484+0.0150i$	$0.0520+0.0167i$	$0.0808+0.0369i$	$0.0606+0.0218i$
Q_5	$0.0504+0.0405i$	$0.0504+0.0405i$	$0.1176+0.0460i$	$0.1344+0.0474i$	$0.0840+0.0433i$
Q_6	$0.1942+0.0370i$	$0.1497+0.0339i$	$0.1710+0.0354i$	$0.1817+0.0362i$	$0.1817+0.0362i$

续表

	S_1	S_2	S_3	S_4	S_5
Q_7	$0.0132+0.0123i$	$0.0307+0.0150i$	$0.0307+0.0150i$	$0.0263+0.0143i$	$0.0175+0.0129i$
Q_8	$0.0953+0.0412i$	$0.0635+0.0388i$	$0.0794+0.0400i$	$0.1112+0.0424i$	$0.1270+0.0436i$
$M(S_k)$	$0.6054+0.2432i$	$0.4781+0.2270i$	$0.5827+0.2261i$	$0.6974+0.2505i$	$0.6203+0.2302i$

步骤 4：根据 6.3.2 节对表 6.3.4 中的 5 个综合评价值 $M(S_k)$ 作不确定性分析。为此，先对每个方案的综合评价值进行同步取值，即分别计算 $i=0$，$i=0.5$，$i=1$ 时 $M(S_k)$ 的值，并按每一次的 i 取值对 $M(S_k)$ 值的大小作一次排序，得到方案的排序，三种取值下的排序结果是一样的，见表 6.3.5。

表 6.3.5　$i=0, i=0.5, i=1$ 时的综合评价值

	$M(S_1)$	$M(S_2)$	$M(S_3)$	$M(S_4)$	$M(S_5)$
$M(S_k)$	$0.6054+0.2432i$	$0.4781+0.2270i$	$0.5827+0.2261i$	$0.6974+0.2505i$	$0.6203+0.2302i$
$i=0$	0.6036	0.4781	0.5827	0.6974	0.6203
$i=0.5$	0.7270	0.5916	0.6958	0.8227	0.7354
$i=1$	0.8486	0.7051	0.8088	0.9479	0.8505
q_k	3	5	4	1	2

在此基础之上，再分别对每个方案在其他方案与其取不同值时的交叉取值排序分析，从而得出 5 个方案在不同情况下可能出现的排序值 q_{ki} $(k=1,2,\cdots,5)$，计算其排序数之和 $M_i(S_k)$，见表 6.3.6～表 6.3.10。

表 6.3.6　方案 S_1 的可能排序

可能排序 q_{1i}		$S_m(m=2,3,4,5)$		
		$i=0$	$i=0.5$	$i=1$
S_1	$i=0$	3	4	5
	$i=0.5$	1	3	4
	$i=1$	1	1	3
$M_i(S_1)$		25		

表 6.3.7　方案 S_2 的可能排序

可能排序 q_{2i}		$S_m(m=1,3,4,5)$		
		$i=0$	$i=0.5$	$i=1$
S_2	$i=0$	5	5	5
	$i=0.5$	4	5	5
	$i=1$	1	4	5
$M_i(S_2)$		39		

表 6.3.8　方案 S_3 的可能排序

可能排序 q_{3i}		$S_m(m=1,2,4,5)$		
		$i=0$	$i=0.5$	$i=1$
S_3	$i=0$	4	5	5
	$i=0.5$	2	4	5
	$i=1$	1	2	4
$M_i(S_3)$		32		

表 6.3.9　方案 S_4 的可能排序

可能排序 q_{4i}		$S_m(m=1,2,3,5)$		
		$i=0$	$i=0.5$	$i=1$
S_4	$i=0$	1	3	5
	$i=0.5$	1	1	3
	$i=1$	1	1	1
$M_i(S_4)$		17		

表 6.3.10　方案 S_5 的可能排序分析

可能排序 q_{5i}		$S_m(m=1,2,3,4)$		
		$i=0$	$i=0.5$	$i=1$
S_5	$i=0$	2	4	5
	$i=0.5$	1	2	4
	$i=1$	1	1	2
$M_i(S_5)$		22		

步骤 5:根据综合评价值 $M_i(S_k)$的大小作出各方案的最终排序。因为

$$M_i(S_4)=17<M_i(S_5)=22<M_i(S_1)=25<M_i(S_3)=32<M_i(S_2)=39$$

所以 $S_4 \succ S_5 \succ S_1 \succ S_3 \succ S_2$(符号“$\succ$”表示优于),此排序结果与一次排序结果相同,所以这也是 5 个方案的最终综合排序。

步骤 6:与其他方法的比较与分析。尤天慧和解瑶等[6-7]分别用 TOPSIS 方法和相对隶属度法处理本节所给的例子,得到的结果都是 $S_4 \succ S_5 \succ S_3 \succ S_1 \succ S_2$,与本节的结果 $S_4 \succ S_5 \succ S_1 \succ S_3 \succ S_2$ 相当接近,仅 S_3 与 S_1 的排序结果不一致,但尤天慧和解瑶等所给结论都是一次排序、没有进行不确定性分析。刘华文等[8]综合应用 TOPSIS 方法和相对隶属度法处理本节所给例子,得到的排序结果是 $S_4 \succ S_1 \succ S_5 \succ S_3 \succ S_2$,除 S_4、S_3、S_2 的排序与本书相同外,其余两个方案的排序与本书结果不相同,也与尤天慧等的结果不相同,也是一次排序,也没有进行不确定性分析。因此,相对来说,本书通过不确定性分析所得的排序结果更为可靠。

事实上,把联系数 $\mu=a+bi(i\in[0,1])$ 看做实数轴上的区间数 $[a,a+b]$ 时,可以看出,当 $i=0$ 时,相当于取区间数的左端点进行决策;当取 $i=1$ 时,相当于取区间数的右端点进行决策;当取 $i=0.5$ 时,相当于取区间数的中间值进行决策。虽然从区间数反映各属性在给定范围内取值具有随机性的角度出发,还可以取其他值,从而得到其他排序结果,但分别和交叉地取区间数的左右两个端点和中间值所得到的排序作为研究内容,仍然具有一定的代表性和说服力。

实例应用表明,经过不确定性分析得到的区间数多属性决策方案排序比忽略不计不确定性的排序更为可靠。

6.4 基于区间数确定性与不确定性相互作用点的多属性决策

相对于那些专注于把系统的不确定性转化为确定性研究的理论来说,集对分析主要研究系统的不确定性与确定性的相互作用形式、机理和相互作用的结果。本节根据集对分析的这一理念,从区间数确定性与不确定性相互作用的角度研究区间数多属性决策,给出一种基于区间数确定性与不确定性相互作用点的多属性决策[9],并举例说明其实际作用,同时与参考文献的实例作对比。

6.4.1 问题

设有 m 个方案 $S_1,S_2,\cdots,S_m$,这 m 个方案组成方案集 S;每个方案各有 n 个属性 $Q_1,Q_2,\cdots,Q_n$,这 n 个属性组成属性集 Q。其中有越大越好的效益型属性,也有越小越好的成本型属性。各属性的权重向量区间数为 $\tilde{w}_1,\tilde{w}_2,\cdots,\tilde{w}_n$,即 $\tilde{w}_t=[w_t^-,w_t^+]$,权重向量组成权重向量集 W,其中 $0\leqslant w_t^-\leqslant w_t^+\leqslant 1$,且 $\sum\limits_{t=1}^{n}w_t^-\leqslant 1$,$\sum\limits_{t=1}^{n}w_t^+\geqslant 1$;$\boldsymbol{P}=(\tilde{p}_{kt})_{m\times n}$ 表示区间数决策矩阵,其中 $\tilde{p}_{kt}$ 表示第 k 个方案在 t 个属性上的评价值区间数,即 $\tilde{p}_{kt}=[p_{kt}^-,p_{kt}^+](k=1,2,\cdots,m)$,$\tilde{p}_{kt}\in[0,1]$。要求对 m 个方案进行优劣排序,以便择优决策。

6.4.2 决策原理

1. 区间数向联系数的转换公式

设有区间数 $\tilde{x}=[x^-,x^+]$,令

$$A=x^- \tag{6.4.1}$$

$$B=x^+-x^- \tag{6.4.2}$$

则区间数 $\tilde{x}$ 转换为联系数 $A+Bi$,记为

$$U=A+Bi=x^-+(x^+-x^-)i,\quad i\in[0,1] \tag{6.4.3}$$

称式(6.4.3)为区间数向联系数的转换公式。根据联系数的性质，称 x^- 为区间数的确定性测度，称 x^+-x^- 为区间数的不确定性测度。

2. 区间数的确定性与不确定性的相互作用点

根据联系数性质，转换式(6.4.3)中的 x^- 是对区间数确定性的描述，x^+-x^- 是对区间数不确定性的描述，据此，把区间数映射到集对分析意义下的确定-不确定空间，得 D-U 空间中的向量 $\overrightarrow{OU}$，如图 6.4.1 所示。

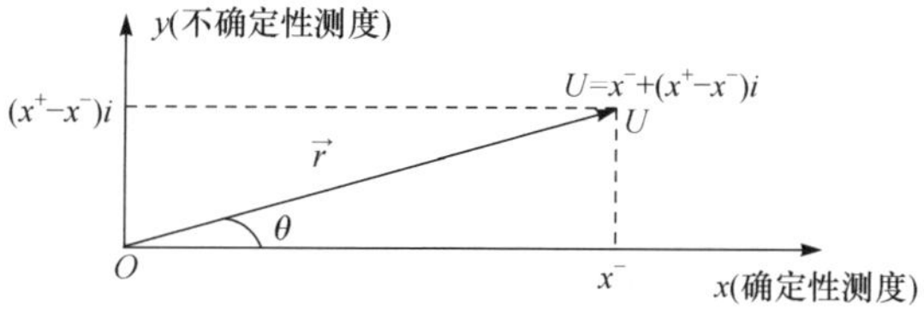

图 6.4.1　区间数 $\tilde{x}$ 在 D-U 空间上的映射

记 $\overrightarrow{OU}=\vec{r}$，则 $\vec{r}$ 表示区间数 $\tilde{x}$ 的确定性测度与不确定性测度相互作用的结果。若用 $|r|$ 表示 $\vec{r}$ 的长度，则称 $|r|$ 为联系数 $U=A+Bi=x^-+(x^+-x^-)i$ 的模，显然，$|r|$ 也是区间数 $\tilde{x}$ 的模，其大小为

$$|r|=\sqrt{(x^-)^2+[(x^+-x^-)i]^2} \tag{6.4.4}$$

式(6.4.4)也称为区间数 $\tilde{x}$ 的确定性测度与不确定性测度相互作用度量公式，$|r|$ 也称为区间数 $\tilde{x}$ 的确定性测度与不确定性测度的相互作用点，简称区间数 $\tilde{x}$ 的相互作用点，也记为 $|r_{\tilde{x}}|$。

根据区间数的定义知 $x^+\geqslant x^-\geqslant 0$，则有

$$|r|=\sqrt{(x^-)^2+[(x^+-x^-)i]^2}\geqslant x^- \tag{6.4.5}$$

当 $x^+>x^-\geqslant 0$ 时，有

$$|r|>x^- \tag{6.4.6}$$

式(6.4.5)和式(6.4.6)表明，区间数 $\tilde{x}$ 的确定性测度与不确定性测度的相互作用点 $|r|$ 在点 x^- 的右侧，见图 6.4.2。

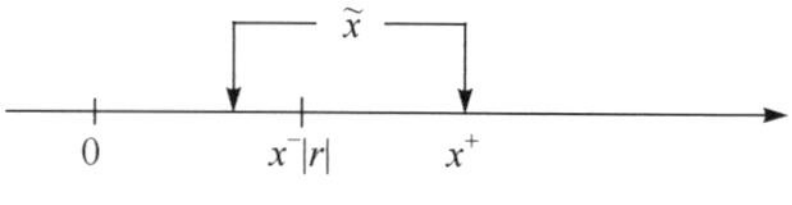

图 6.4.2　区间数 $\tilde{x}$ 中确定性测度与不确定性测度的相互作用点

从图 6.4.2 可以看出，点 $|r|$ 把 $\tilde{x}$ 分成两部分，$[x^-,|r|]$ 和 $[|r|,x^+]$，当在式(6.4.5)中取 $i=1$ 时，$|r|$ 可视为区间数 $\tilde{x}$ 的一个代表点。

6.4.3　决策步骤

步骤 1：将原始决策矩阵 $(\tilde{p}_{kt})_{m\times n}$ 做规范化处理。

为保证全部属性同为越大越好型，同时满足 $\widetilde{p}_{kt}\in[0,1]$ 的要求，采用以下算法。

对于效益型属性值，规范化后的区间数为

$$\widetilde{a}_{p_{kt}}=\left[\frac{p_{kt}^-}{\max\limits_k(p_{kt}^+)},\frac{p_{kt}^+}{\max\limits_k(p_{kt}^+)}\right]=[a_{p_{kt}}^-,a_{p_{kt}}^+],\quad k=1,2,\cdots,m \tag{6.4.7}$$

对于成本型属性值，规范化后的区间数为

$$\widetilde{a}_{p_{kt}}=\left[\frac{\min\limits_k(p_{kt}^-)}{p_{kt}^+},\frac{\min\limits_k(p_{kt}^-)}{p_{kt}^-}\right]=[a_{p_{kt}}^-,a_{p_{kt}}^+],\quad k=1,2,\cdots,m,\quad p_{kt}^-\neq 0 \tag{6.4.8}$$

步骤 2：取 $i=1$，计算每一个规范化后的区间数 $\widetilde{a}_{p_{kt}}$ 的相互作用点 $|r_{\widetilde{p}_{kt}}|$，有

$$|r_{\widetilde{p}_{kt}}|=\sqrt{(a_{p_{kt}}^-)^2+(a_{p_{kt}}^+-a_{p_{kt}}^-)^2 i^2} \tag{6.4.9}$$

步骤 3：取 $i=1$，计算各属性权重区间数的相互作用点 $|r_{\widetilde{w}_t}|$，有

$$|r_{\widetilde{w}_t}|=\sqrt{(w_t^-)^2+(w_t^+-w_t^-)^2 i^2} \tag{6.4.10}$$

步骤 4：计算各方案的加权综合值，记为 $M(S_k)$，定义

$$M(S_k)=\sum_{t=1}^{n}|r_{\widetilde{p}_{kt}}||r_{\widetilde{w}_t}| \tag{6.4.11}$$

称式(6.4.11)为基于区间数确定性与不确定性相互作用点的多属性决策模型，其值称为综合决策值。

步骤 5：根据综合决策值进行初排序，当规范化后的属性值均为效益型时，$M(S_k)$大的优于 $M(S_k)$小的。之后，再进一步讨论区间数不确定性对初排序的影响，作出分析后给出决策建议。

6.4.4　实例

例 6.4.1　考虑一个图书馆的空调系统选择问题，在该决策问题中，有 5 个备选方案 $S_1,S_2,\cdots,S_5$，有 4 个属性，分别是运营成本 Q_1(万元)、性能 Q_2、可维护性 Q_3、安全性 Q_4，其中 Q_2、Q_3、Q_4 为打分值，其范围为 1 分(最差)～10 分(最好)，Q_1 为成本型属性，其余为效益型属性。该问题的原始区间数决策矩阵见表 6.4.1。

表 6.4.1　区间数决策矩阵

	Q_1	Q_2	Q_3	Q_4
S_1	[5.9,6.9]	[8,10]	[3,5]	[6,8]
S_2	[4.7,5.7]	[4,6]	[3,5]	[4,6]
S_3	[4.2,5.2]	[4,6]	[7,9]	[5,7]
S_4	[4.5,5.5]	[7,9]	[8,10]	[7,9]
S_5	[5,6]	[6,8]	[5,7]	[8,10]

各属性权重信息为不完全形式，其中 $0.7w_1 \leqslant w_2 \leqslant 0.8w_1$，$w_3 - w_2 \leqslant 0.1$，$0.2 \leqslant w_4 \leqslant 0.3$。

这一实例引自文献[10]，樊治平等利用 MATLAB 6.5 软件求解二次线性规划问题得到了权重向量 $\boldsymbol{w}=(0.3828,0.3063,0.0857,0.2251)^{\mathrm{T}}$，再利用 TOPSIS 方法计算各方案与正负理想点的距离及其差异值，进而计算出每个方案与理想点的相对接近度，得到5个方案的排序结果为 $S_4 \succ S_5 \succ S_1 \succ S_3 \succ S_2$。

采用本节的方法，决策过程如下。

步骤1：利用式(6.4.7)、式(6.4.8)对表6.4.1的数据进行规范化处理，得

$$(\tilde{p}_{kt})=\begin{bmatrix}[0.609,0.712] & [0.8,1.0] & [0.3,0.5] & [0.6,0.8]\\ [0.737,0.894] & [0.4,0.6] & [0.3,0.5] & [0.4,0.6]\\ [0.808,1.000] & [0.4,0.6] & [0.7,0.9] & [0.5,0.7]\\ [0.764,0.933] & [0.7,0.9] & [0.8,1.0] & [0.7,0.9]\\ [0.700,0.840] & [0.6,0.8] & [0.5,0.7] & [0.8,1.0]\end{bmatrix}$$

步骤2：取 $i=1$，据式(6.4.9)计算各属性值区间数的相互作用点矩阵为

$$(r_{\tilde{p}_{kt}})=\begin{bmatrix}0.6176 & 0.8246 & 0.3606 & 0.6325\\ 0.7535 & 0.4472 & 0.3606 & 0.4472\\ 0.8305 & 0.4472 & 0.7280 & 0.5385\\ 0.7825 & 0.7280 & 0.8246 & 0.7280\\ 0.7139 & 0.6325 & 0.5385 & 0.8246\end{bmatrix}$$

步骤3：构造出符合题目给出的各属性权重(信息为不完全形式)条件，同时又接近于权重向量 $\boldsymbol{w}=(0.3828,0.3063,0.0857,0.2251)^{\mathrm{T}}$ 的各属性权重区间数，目的是便于与樊治平等的排序结果相对照，取 $\tilde{w}_1=[0.25,0.40]$，$\tilde{w}_2=[0.22,0.30]$，$\tilde{w}_3=[0.00,0.10]$，$\tilde{w}_4=[0.20,0.30]$，进一步，把各权重区间数改写成联系数，得

$$u_{\tilde{w}_1}=0.25+0.15i,\quad u_{\tilde{w}_2}=0.22+0.08i,\quad u_{\tilde{w}_3}=0.00+0.10i,\quad u_{\tilde{w}_4}=0.20+0.10i$$

再计算各属性权重联系数的模，得各属性权重区间数的相互作用点为

$$|r_{\tilde{w}_1}|=0.2915,\quad |r_{\tilde{w}_2}|=0.2341,\quad |r_{\tilde{w}_3}|=0.1000,\quad |r_{\tilde{w}_4}|=0.2236$$

步骤4：据式(6.4.11)计算各方案的综合决策值，得

$$M(S_k)=\begin{bmatrix}0.1800 & 0.1930 & 0.0361 & 0.1414\\ 0.2196 & 0.1047 & 0.0361 & 0.1000\\ 0.2421 & 0.1047 & 0.0728 & 0.1204\\ 0.2281 & 0.1704 & 0.0825 & 0.1628\\ 0.2081 & 0.1481 & 0.0539 & 0.1844\end{bmatrix}\begin{matrix}0.5505 & (3)\\ 0.4604 & (5)\\ 0.5400 & (4)\\ 0.6438 & (1)\\ 0.5945 & (2)\end{matrix}$$

矩阵右侧值为综合决策值以及排序，所得排序结果为 $S_4 \succ S_5 \succ S_1 \succ S_3 \succ S_2$，与樊治平等的结论一致。

6.4.5 讨论

本例权重信息不完全,樊治平等利用求解二次线性规划问题得到了实数,采用上述算法得到的决策结果及排序见表 6.4.2。

表 6.4.2 权重为点实数时的决策结果

权重	S_1	S_2	S_3	S_4	S_5
0.3828	0.2364	0.2884	0.3179	0.2995	0.2733
0.3063	0.2526	0.1370	0.1370	0.2230	0.1937
0.0857	0.0309	0.0309	0.0624	0.0707	0.0461
0.2251	0.1424	0.1007	0.1212	0.1639	0.1856
$M(S_k)$	0.6623	0.5570	0.6385	0.7571	0.6987
排序	③	⑤	④	①	②

从表 6.4.2 可以看出,当权重为点实数时,方案的排序与步骤(4)得出的结果是一致的。

由于例 6.4.1 给出的各属性权重是一种信息不完全的形式,除 w_4 是区间数外,其余三个权重 w_1、w_2、w_3 各自的取值范围有很大的不确定性,在步骤 3 通过构造一组满足已知条件的权重向量区间数来决策出方案排序。这里再构造两组满足已知条件的区间数权重向量,来进一步考察本节方法的有效性,见表 6.4.3 和表 6.4.4。

表 6.4.3 变化权重区间数时的决策结果(1)

权重	S_1	S_2	S_3	S_4	S_5
[0.30,0.45]	0.2071	0.2527	0.2785	0.2625	0.2394
[0.25,0.31]	0.2120	0.1150	0.1150	0.1872	0.1626
[0.01,0.06]	0.0184	0.0184	0.0371	0.0421	0.0275
[0.2,0.3]	0.1414	0.1000	0.1205	0.1628	0.1844
$M(S_k)$	0.5789	0.4861	0.5511	0.6546	0.6139
排序	③	⑤	④	①	②

表 6.4.4 变化权重区间数时的决策结果(2)

权重	S_1	S_2	S_3	S_4	S_5
[0.25,0.35]	0.1663	0.2029	0.2237	0.2107	0.1923
[0.21,0.27]	0.1801	0.0977	0.0977	0.1590	0.1381
[0.10,0.15]	0.0403	0.0403	0.0814	0.0922	0.0602

续表

权重	S_1	S_2	S_3	S_4	S_5
[0.2,0.3]	0.1414	0.1000	0.1204	0.1628	0.1844
$M(S_k)$	0.5281	0.4409	0.5232	0.6247	0.5750
排序	③	⑤	④	①	②

从表中可以看到,排序结果与樊治平等得出的结果也是一致的。

如果在区间 $\tilde{x}_1=[x^-,|r|]$和 $\tilde{x}_2=[|r|,x^+]$上,进一步求得这两个区间数的作用点(二次作用点),即模 $|r_{\tilde{x}_1}|$ 和 $|r_{\tilde{x}_2}|$,在此基础上计算决策模型的决策值,可以进一步考察方案的排序情况。

在区间 $\tilde{x}_1=[x^-,|r|]$上的决策过程如下。

规范化的决策矩阵

$$(\tilde{p}_{kt})=\begin{bmatrix} [0.6090,0.6176] & [0.8,0.8246] & [0.3,0.3606] & [0.6,0.6325] \\ [0.7370,0.7535] & [0.4,0.4472] & [0.3,0.3606] & [0.4,0.4472] \\ [0.8080,0.8305] & [0.4,0.4472] & [0.7,0.7280] & [0.5,0.5385] \\ [0.7640,0.7825] & [0.7,0.7280] & [0.8,0.8246] & [0.7,0.7280] \\ [0.7000,0.7139] & [0.6,0.6325] & [0.5,0.5385] & [0.8,0.8246] \end{bmatrix}$$

相应的相互作用点矩阵为

$$(r_{\tilde{p}_{kt}})=\begin{bmatrix} 0.6091 & 0.8004 & 0.3061 & 0.6009 \\ 0.7372 & 0.4028 & 0.3061 & 0.4028 \\ 0.8083 & 0.4028 & 0.7006 & 0.5015 \\ 0.7642 & 0.7006 & 0.8004 & 0.7006 \\ 0.7001 & 0.6009 & 0.5015 & 0.8004 \end{bmatrix}$$

取表 6.4.3 的权重区间数 $\tilde{w}_1=[0.30,0.45]$,$\tilde{w}_2=[0.25,0.31]$,$\tilde{w}_3=[0.01,0.06]$,$\tilde{w}_4=[0.20,0.30]$,利用式(6.4.4)计算上述各权重区间数的相互作用点,得到$|r_{\tilde{w}_1}|=0.3354$,$|r_{\tilde{w}_2}|=0.2571$,$|r_{\tilde{w}_3}|=0.0510$,$|r_{\tilde{w}_4}|=0.2236$,于是得到综合决策值为

$$M(S_k)=\begin{bmatrix} 0.2043 & 0.2058 & 0.0156 & 0.1344 \\ 0.2473 & 0.1036 & 0.0156 & 0.0901 \\ 0.2711 & 0.1036 & 0.0357 & 0.1121 \\ 0.2563 & 0.1801 & 0.0408 & 0.1567 \\ 0.2348 & 0.1545 & 0.0256 & 0.1790 \end{bmatrix}\begin{matrix} 0.5601 & (3) \\ 0.4566 & (5) \\ 0.5225 & (4) \\ 0.6339 & (1) \\ 0.5939 & (2) \end{matrix}$$

在区间 $\tilde{x}_2=[|r|,x^+]$上的决策过程如下。

规范化的决策矩阵

$$(\widetilde{p}_{kt})=\begin{bmatrix}[0.6176,0.712] & [0.8246,1.0] & [0.3606,0.5] & [0.6325,0.8]\\ [0.7535,0.894] & [0.4472,0.6] & [0.3606,0.5] & [0.4472,0.6]\\ [0.8305,1.000] & [0.4472,0.6] & [0.7280,0.9] & [0.5385,0.7]\\ [0.7825,0.933] & [0.7280,0.9] & [0.8246,1.0] & [0.7280,0.9]\\ [0.7139,0.840] & [0.6325,0.8] & [0.5385,0.7] & [0.8246,1.0]\end{bmatrix}$$

相应的相互作用点矩阵为

$$(r_{\widetilde{p}_{kt}})=\begin{bmatrix}0.6248 & 0.8430 & 0.3866 & 0.6543\\ 0.7665 & 0.4726 & 0.3866 & 0.4726\\ 0.8476 & 0.4726 & 0.7480 & 0.5622\\ 0.7968 & 0.7480 & 0.8430 & 0.7480\\ 0.7250 & 0.6543 & 0.5622 & 0.8430\end{bmatrix}$$

仍取表 6.4.3 的权重区间数 $\widetilde{w}_1=[0.30,0.45]$，$\widetilde{w}_2=[0.25,0.31]$，$\widetilde{w}_3=[0.01,0.06]$，$\widetilde{w}_4=[0.20,0.30]$，再利用 $|r_{\widetilde{w}_1}|=0.3354$，$|r_{\widetilde{w}_2}|=0.2571$，$|r_{\widetilde{w}_3}|=0.0510$，$|r_{\widetilde{w}_4}|=0.2236$，于是得综合决策值为

$$M(S_k)=\begin{bmatrix}0.2096 & 0.2167 & 0.0197 & 0.1463\\ 0.2571 & 0.1215 & 0.0197 & 0.1057\\ 0.2843 & 0.1215 & 0.0381 & 0.1257\\ 0.2672 & 0.1923 & 0.0430 & 0.1673\\ 0.2432 & 0.1682 & 0.0287 & 0.1885\end{bmatrix}\begin{matrix}0.5923 & (3)\\ 0.5040 & (5)\\ 0.5690 & (4)\\ 0.6698 & (1)\\ 0.6286 & (2)\end{matrix}$$

从以上决策过程可以看到，由决策综合值得到的排序结果仍然与樊治平等得到的排序结果一致，再次说明取区间数 $\tilde{x}$ 的相互作用点作为区间数 $\tilde{x}$ 的代表点进行区间数多属性决策的有效性。

本节根据确定性与不确定性对立统一的观点，借助集对分析关于确定性与不确定性相互作用的理念，给出了确定性与不确定性相互作用点的计算公式，用实例验证了一个区间数的相互作用点（或二次相互作用点）可以代表这个区间数进行区间数多属性决策，原理清晰，计算方便，结果可靠。

6.5　基于 i 的二次幂联系数的区间数多属性决策方法

把 $n(n\geqslant 2)$ 个 i 是一次幂的联系数相乘，会得到 i 是 $n(n\geqslant 2)$ 次幂的联系数，这些 i 是高次幂的联系数可以根据决策的需要灵活选用。本节仅结合实例说明带有 i 的二次幂的联系数应用于区间数多属性决策的一般步骤[11]。

6.5.1　问题

设有方案集 $S=\{S_1,S_2,\cdots,S_m\}$，每个方案各有 n 个属性 $Q_1,Q_2,\cdots,Q_n$，n 个

属性的权重区间数为 $\tilde{w}_1,\tilde{w}_2,\cdots,\tilde{w}_n$，其中 $\tilde{w}_t=[w_t^-,w_t^+]$，$0\leqslant w_t^-\leqslant w_t^+\leqslant 1$，$t=1,2,\cdots,n$，且 $\sum_{t=1}^{n}w_t^-\leqslant 1$，$\sum_{t=1}^{n}w_t^+\geqslant 1$；$\boldsymbol{P}=(\tilde{p}_{kt})_{m\times n}$ 表示区间数决策矩阵，其中 $\tilde{p}_{kt}$ 表示第 k 个方案在 t 个属性上的评价值，简称属性值，并假定 $\tilde{p}_{kt}$ 已通过规范化处理为越大越好型，且 $\tilde{p}_{kt}\in[0,1](k=1,2,\cdots,m;t=1,2,\cdots,n)$。要求对 m 个方案确定出最优方案，并对这些方案进行排序。

6.5.2 决策模型

设方案集 S 的各方案 $S_k(k=1,2,\cdots,m)$ 的综合评价值为 $M(S_k)$，定义 $M(S_k)=\sum_{t=1}^{n}\tilde{w}_t\tilde{p}_{kt}$ 为区间数多属性决策的基本模型，其值称为综合评价值。

区间数是对事物不确定性的一种刻画，其不确定性体现在区间数的具体数值可以在给定的区间内任意取定，也可以是区间内的任一子区间，其取定方式可以随机取定、正态分布取定、二次分布取定等。当用区间数表示属性权重和属性值时，属性权重和属性值就同时具有不确定性，因此，当采用 i 的一次幂联系数来计算第 k 个方案 S_k 的综合评价值时，会出现 i 的二次幂形式的联系数，具有不确定性。

6.5.3 决策方法

1. 方法概述

先将规范化后的属性值及属性权重转换为 $a+bi$ 形式的联系数，再基于联系数表达的区间数多属性决策模型计算方案的综合联系数评价值，依据评价值的二次联系数对方案的不确定性进行分析，从而作出决策。

2. 决策步骤

步骤 1：把原始决策矩阵 $\boldsymbol{P}=(\tilde{p}_{kt})_{m\times n}$ 进行规范化处理，为保证全部属性为越大越好型，同时满足 $\tilde{p}_{kt}\in[0,1]$ 的要求，采用以下处理方法。

对于效益型属性值，规范化后的区间数为

$$\tilde{a}_{p_{kt}}=\left[\frac{p_{kt}^-}{\max\limits_k(p_{kt}^+)},\frac{p_{kt}^+}{\max\limits_k(p_{kt}^+)}\right]=[a_{p_{kt}}^-,a_{p_{kt}}^+],\quad k=1,2,\cdots,m \tag{6.5.1}$$

对于成本型属性值，规范化后的区间数为

$$\tilde{a}_{p_{kt}}=\left[\frac{\min\limits_k(p_{kt}^-)}{p_{kt}^+},\frac{\min\limits_k(p_{kt}^-)}{p_{kt}^-}\right]=[a_{p_{kt}}^-,a_{p_{kt}}^+],\quad k=1,2,\cdots,m,\quad p_{kt}^-\neq 0 \tag{6.5.2}$$

如果各属性值区间数都在[0,1]区间且均为效益型或均为成本型，那么此过程可省略。

步骤2:把用区间数表示的属性权重和属性值改用一次联系数 $a+bi$ 表示。由4.1.2节知,把区间数转换成一次联系数有不同的转换方法,本节采用赵克勤[12]给出的“均值+方差”法。

设有区间数 $\tilde{x}=[x^-,x^+]$,$x^-,x^+\in\mathbf{R}^+$(正实数集合),令

$$A=\frac{x^-+x^+}{2} \tag{6.5.3}$$

$$B=\sqrt{\frac{[(x^--A)^2+(x^+-A)^2]}{2}}=\frac{x^+-x^-}{2} \tag{6.5.4}$$

则区间数可以转换为联系数

$$\tilde{x}=\frac{x^++x^-}{2}+\frac{x^+-x^-}{2}i,\quad i\in[-1,1] \tag{6.5.5}$$

步骤3:利用转化后的区间数多属性决策模型

$$M(S_k)=\sum_{t=1}^{n}w'_t p'_{kt} \tag{6.5.6}$$

式中,w'_t 和 p'_{kt} 是按照式(6.5.3)、式(6.5.4)和式(6.5.5)把权重区间数和属性值区间数转化的联系数表示,即权重 $\tilde{w}_t$ 和属性值 $\tilde{p}_{kt}$ 的联系数表达式为

$$w'_t=\frac{w_t^-+w_t^+}{2}+\frac{w_t^+-w_t^-}{2}i \tag{6.5.7}$$

$$p'_{kt}=\frac{p_{kt}^-+p_{kt}^+}{2}+\frac{p_{kt}^+-p_{kt}^-}{2}i \tag{6.5.8}$$

根据式(6.5.6)计算出各个方案的综合联系数评价值,其中联系数的乘法依据以下规则进行运算:

$$u_1u_2=(a_1+b_1i)(a_2+b_2i)=a_1a_2+(a_1b_2+a_2b_1)i+b_1b_2i^2$$

得到的是带有 i 的二次幂的联系数,简称二次联系数。

对于两个或多个带有 i 的二次幂的联系数的加法运算,使用下列规则:

$$u_1u_2=(a_1+b_1i+c_1i^2)+(a_2+b_2i+c_2i^2)=a_1+a_2+(b_1+b_2)i+(c_1+c_2)i^2$$

此综合联系数评价值的表达式是二次联系数形式,对其中的 $i(i\in[-1,1])$ 进行取值,由于属性值是越大越好型,因此约定评价值大的方案优于评价值小的方案。

步骤4:通过对 i 的取值计算综合联系数的评价值,对综合评价值进行不确定性影响的分析。

由于二次联系数反映出区间数多属性决策的非线性特点,所以当 $i\in[-1,1]$ 时,其各个方案函数值的大小排序也会发生变化,相应地方案的优劣也会发生变化,从而反映出不确定性对方案排序的影响。

6.5.4　实例

例 6.5.1　考虑一般大学的 5 个学院(S_1,S_2,S_3,S_4,S_5)的综合评估问题,假定采用教学、科研和服务三个属性作为评估指标(均为效益型属性),各属性的权重和决策矩阵见表 6.5.1 和表 6.5.2,试进行综合评估和排序[1-2,13]。

表 6.5.1　属性权重

教学 Q_1	科研 Q_2	服务 Q_3
[0.3350,0.3755]	[0.3009,0.3138]	[0.3194,0.3363]

表 6.5.2　5 个学院的属性值矩阵

	教学 Q_1	科研 Q_2	服务 Q_3
S_1	[0.214, 0.220]	[0.166, 0.178]	[0.184, 0.190]
S_2	[0.206, 0.225]	[0.220, 0.229]	[0.182, 0.191]
S_3	[0.195, 0.204]	[0.192, 0.198]	[0.220, 0.231]
S_4	[0.181, 0.190]	[0.195, 0.205]	[0.185, 0.195]
S_5	[0.175, 0.184]	[0.193, 0.201]	[0.201, 0.211]

决策过程如下。

步骤 1:由于各属性值均为效益型,所以略去规范化过程。

步骤 2:根据式(6.5.3)～式(6.5.5)将规范化后的属性值和权重区间数转化为联系数,得表 6.5.3。

表 6.5.3　5 个学院的权重和属性值联系数矩阵

	教学 Q_1 $w_1=0.3553+0.0203i$	科研 Q_2 $w_2=0.3074+0.0065i$	服务 Q_3 $w_3=0.3279+0.0085i$
S_1	$0.2170+0.0030i$	$0.1720+0.0060i$	$0.1870+0.0030i$
S_2	$0.2155+0.0095i$	$0.2245+0.0045i$	$0.1865+0.0045i$
S_3	$0.1995+0.0045i$	$0.1950+0.0030i$	$0.2255+0.0055i$
S_4	$0.1855+0.0045i$	$0.2000+0.0050i$	$0.1900+0.0050i$
S_5	$0.1795+0.0045i$	$0.1970+0.0040i$	$0.2060+0.0050i$

步骤 3:根据表 6.5.3 和下面的公式,计算出各方案的综合联系数评价值:

$$M(S_1)=0.191290+0.011063i+0.000126i^2$$

$$M(S_2)=0.206732+0.013709i+0.000262i^2$$

$$M(S_3)=0.204767+0.011559i+0.000158i^2$$

$$M(S_4)=0.189689+0.011456i+0.000166i^2$$

$$M(S_5)=0.191882+0.011143i+0.000160i^2$$

步骤 4:对决策评价值的分析。当 $i=-1,-0.5,0,0.5,1$ 时,得到各方案的值及其排序,见表 6.5.4。

表 6.5.4　5 个学院在不确定性作用下的评价值及排序

	$i=-1$	$i=-0.5$	$i=0$	$i=0.5$	$i=1$
$M(S_1)$	0.180387④	0.185799④	0.191290④	0.196862④	0.202513④
$M(S_2)$	0.193285②	0.199943①	0.206732①	0.213652①	0.220703①
$M(S_3)$	0.193366①	0.199027②	0.204767②	0.210586②	0.216484②
$M(S_4)$	0.178399⑤	0.184003⑤	0.189689⑤	0.195459⑤	0.201311⑤
$M(S_5)$	0.180779③	0.186351③	0.191882③	0.197494③	0.203185③

由表 6.5.4 可以看到,尽管各学院的综合评价值相差很小,但是所反映的不确定性影响对 5 个院校的优劣排序影响是明显的,当 $i=0$ 时,实际上是依据各区间数的均值进行排序,没有考虑方差的影响,排序顺序是 $S_2>S_3>S_5>S_1>S_4$,与 $i=-0.5$,$i=0.5$ 和 $i=1$ 时的排序结果是相同的,这也和刘秀梅等[1]的排序结果相同;当 $i=-1$ 时,排序结果与上述不同,为 $S_3>S_2>S_5>S_1>S_4$,这是第二种排序。

可以看到第一种排序和第二种排序的差别在于 S_2 与 S_3 的先后,如果侧重于考虑区间数的最小取值进行决策,就选择第二种排序;如果侧重于区间数的右 3/4 内取值,就可以选择第一种排序。尽管有不确定性因素的影响,但是方案的排序顺序是相对稳定的。

6.6　基于联系数的不确定空情意图识别

现代空战中,对敌方作战意图的正确识别在作战指挥决策中具有极为重要的意义。但由于在战场环境下获得的空情信息具有不确定性特点,如何客观地表述和处理具有不确定性的空情信息成为空战指挥决策中的一个关键问题。由于区间数能比较客观地刻画观测值的确定性与不确定性,所以用区间数表达不确定空情信息受到人们的重视,例如,张肃等采用区间数表示敌方目标的特征值,将待识别目标的各种信息与已知参考目标的意图相对照,按聚类思想判别待识别目标的作战意图[14]。但由于区间数的取值具有不确定性,随意定义两个区间数的大小,仍然会因侧重于确定性而导致原始信息的丢失和失真,同时也会因省略不确定分析而使计算结论减少可靠性和可信性。本节介绍基于联系数的不确定空情意图识别方法和思路,不仅可以克服原始信息丢失和失真的问题,同时为区间数聚类提供了一种新途径[15]。

6.6.1　问题

设在不确定的空情信息条件下有 p 个飞行目标 $Y=\{y_1,y_2,\cdots,y_p\}$，需要识别其意图，每个目标用 5 个特征来描述，分别是方位角 β(mil)、距离 d(km)、水平速度 v(m/s)、航向角 θ(°(度))、高度 H(km)，每个特征值用区间数表示，与此同时，已知 $m(m>p)$种作战意图的上述 5 个特征的基准特征值，历史数据是实数，要求对 p 个目标的意图作出聚类识别。

6.6.2　决策方法

1. 把区间数转换为联系数

设有区间数 $x=[x^-,x^+]$，$x^-,x^+\in\mathbf{R}$，$x^-\leqslant x^+$，令

$$A=\frac{x^-+x^+}{2},\quad B=x^+-\frac{x^-+x^+}{2} \tag{6.6.1}$$

根据上式得到联系数 $u=A+Bi$ 或写成

$$u=\frac{x^-+x^+}{2}+\left(x^+-\frac{x^-+x^+}{2}\right)i,\quad i\in[-1,1] \tag{6.6.2}$$

式(6.6.2)是区间数向联系数的转换公式，此联系数也称为“平均值＋波动值”联系数。

2. 基于联系数的区间数的三角函数表达式

把区间数转换成式(6.6.2)所示的联系数后，令

$$\bar{x}=\frac{x^-+x^+}{2} \tag{6.6.3}$$

$$s_x=\frac{x^+-x^-}{2} \tag{6.6.4}$$

$$r=\sqrt{\bar{x}^2+s_x^2} \tag{6.6.5}$$

$$\theta=\arctan\frac{s_x}{\bar{x}} \tag{6.6.6}$$

式中，r 为联系数的模；θ 为联系数的幅角。在此基础上，可得区间数的三角函数表达式为

$$u=r(\cos\theta+i\sin\theta) \tag{6.6.7}$$

6.6.3　决策步骤

1. 识别流程

基于联系数的不确定空情意图识别方法的流程图如图 6.6.1 所示。

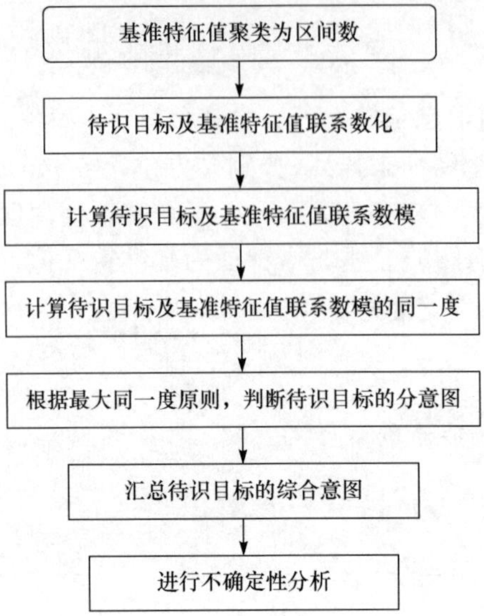

图 6.6.1　不确定性空情意图识别流程图

2. 识别步骤

(1) 将已知的 m 种作战意图的各个基准特征值历史数据(点实数)用区间数表示。

(2) 根据式(6.6.2)把作为基准特征值的历史数据区间数,以及待识别的 p 个目标各特征值区间数 $x=[x^-,x^+]$改写成“平均值+波动值”联系数。

(3) 根据式(6.6.3)～式(6.6.6)把各个联系数改写成式(6.6.7)的三角函数形式。

(4) 分别计算待识别的第 $q(q=1,2,\cdots,p)$个目标在第 k 个$(k=1,2,\cdots,5)$特征上的模 r'_{qk} 与 m 种作战意图在第 k 个特征上的基准特征值的模 $r_{tk}(t=1,2,\cdots,m)$的同一度

$$a_{qk}^{[t]}=\frac{\min(r'_{qk},r_{tk})}{\max(r'_{qk},r_{tk})},\quad t=1,2,\cdots,m \tag{6.6.8}$$

(5) 比较待识别的第 q 个目标在第 k 个特征上的 m 个同一度 $a_{qk}^{[t]}(t=1,2,\cdots,m)$的大小,根据最大同一度原则判断与最大同一度对应的作战意图为第 q 个目标在第 k 个特征上的作战意图。

(6) 当待识别目标在 5 个特征上分属不同的作战意图时,以相同作战意图最多者作为该待识目标的首选作战意图,次多者作为该待识目标的其次作战意图,以此类推。

(7) 借助 i 在$[-1,1]$上取不同的值展开意图识别的不确定性分析,得到意图识别的最终结论。

6.6.4 实例

例 6.6.1 采用文献[14]中的实例,已知有 $x_1, x_2, \cdots, x_{10}$ 共有 10 批目标的作战意图,其在方位角 β(mil)、距离 d(km)、水平速度 v(m/s)、航向角 θ(°)、高度 H(km)上的历史观测值如表 6.6.1 所示,有 y_1、y_2、y_3 共 3 批目标有待识别其作战意图,各待识别目标在不确定空情信息下在各特征上的值如表 6.6.2 所示,试识别这 3 批目标的作战意图。

表 6.6.1　目标特征值及攻击意图

目标	β/mil	d/km	v/(m/s)	θ/(°)	H/km	意图
x_1	820	280	250	200	6.0	侦察
x_2	2300	210	300	320	4.0	攻击
x_3	828	281	245	201	6.5	侦察
x_4	2350	215	320	322	4.2	攻击
x_5	830	282	255	200	6.3	侦察
x_6	825	283	250	204	6.1	侦察
x_7	2200	150	300	156	5.0	攻击
x_8	4000	110	300	50	3.5	突防
x_9	2800	260	220	260	8.0	监视
x_{10}	4050	120	280	51	3.6	突防

表 6.6.2　待识目标特征值

待识目标 y_q	β/mil	d/km	v/(m/s)	θ/(°)	H/km
y_1	[1000,1200]	[200,210]	[300,320]	[45,51]	[3,4]
y_2	[2500,2600]	[100,110]	[200,220]	[250,260]	[8,9]
y_3	[4000,4010]	[90,100]	[240,250]	[300,310]	[2,3]

识别步骤如下。

步骤 1:根据表 6.6.1,把 S_1(侦察)、S_2(监视)、S_3(攻击)和 S_4(突防)在 5 个特征上的基准值聚类改写为区间数的形式,见表 6.6.3。

表 6.6.3　基准特征值区间数

作战意图 S_t	目标群体	β/mil	d/km	v/(m/s)	θ/(°)	H/km
S_1(侦察)	x_1, x_3, x_5, x_6	[820,830]	[280,283]	[245,255]	[200,204]	[6.0,6.5]
S_2(监视)	x_9	2800	260	220	260	8.0
S_3(攻击)	x_2, x_4, x_7	[2200,2350]	[150,215]	[300,320]	[156,322]	[4.0,5.0]
S_4(突防)	x_8, x_{10}	[4000,4050]	[110,120]	[280,300]	[50,51]	[3.5,3.6]

步骤 2:把表 6.6.3 中的基准特征值区间数按式(6.6.2)改写成“平均值+波动值”联系数形式,得到表 6.6.4,表格内的数值为 $u_{tk}(t=1,2,3,4)$。

表 6.6.4　基准特征值联系数

作战意图 S_t	目标群体	β/mil	d/km	v/(m/s)	θ/(°)	H/km
S_1(侦察)	x_1,x_3,x_5,x_6	$825+5i$	$281.5+1.5i$	$250+5i$	$202+2i$	$6.25+0.25i$
S_2(监视)	x_9	$2800+0i$	$260+0i$	$220+0i$	$260+0i$	$8.0+0i$
S_3(攻击)	x_2,x_4,x_7	$2275+75i$	$182.5+32.5i$	$310+10i$	$239+83i$	$4.5+0.5i$
S_4(突防)	x_8,x_{10}	$4025+25i$	$115+5i$	$290+10i$	$50.5+0.5i$	$3.55+0.5i$

步骤 3:把表 6.6.2 中各待识别的目标特征值区间数按式(6.6.2)改写成“平均值+波动值”联系数的形式,得到表 6.6.5。

表 6.6.5　待识目标的区间数的联系数

待识目标 y_q	β/mil	d/km	v/(m/s)	θ/(°)	H/km
y_1	$1100+100i$	$205+5i$	$310+10i$	$48+3i$	$3.5+0.5i$
y_2	$2550+50i$	$105+5i$	$210+10i$	$255+5i$	$8.5+0.5i$
y_3	$4005+5i$	$95+5i$	$245+5i$	$305+5i$	$2.5+0.5i$

注:表格内的数值为 u'_{qk}。

步骤 4:把表 6.6.4 和表 6.6.5 中的联系数按式(6.6.5)计算各自的模,得到表 6.6.6 和表 6.6.7。表 6.6.6 中的数据为 r_{tk},表 6.6.7 中的数据为 r'_{qk}。

表 6.6.6　基准特征值联系数的模

作战意图 S_t	β/mil	d/km	v/(m/s)	θ/(°)	H/km
S_1(侦察)	825.02	281.50	250.05	202.01	6.26
S_2(监视)	2800.00	260.00	220.00	260.00	8.00
S_3(攻击)	2276.24	185.37	310.16	253.00	4.53
S_4(突防)	4025.08	115.11	290.17	50.50	3.59

表 6.6.7　待识目标区间数的联系数的模

待识目标 y_q	β/mil	d/km	v/(m/s)	θ/(°)	H/km
y_1	1104.54	205.06	310.16	48.09	3.54
y_2	2550.49	105.12	210.24	255.05	8.51
y_3	4005.00	95.13	245.05	305.04	2.55

步骤 5:按式(6.6.8)计算表 6.6.6 和表 6.6.7 在 5 个对应特征上的模的同一度,并把最大同一度对应的意图类别判定给待识别目标在该特征上的意图。

例如，y_1 的方位角联系数的模 $r'_{11}=1104.54$，其与作战意图的 4 个同一度分别是

$$a_{11}^{[1]}=\frac{825.02}{1104.54}\approx 0.7469,\quad a_{11}^{[2]}=\frac{1104.54}{2800}\approx 0.3945$$

$$a_{11}^{[3]}=\frac{1104.54}{2276.24}\approx 0.4852,\quad a_{11}^{[4]}=\frac{1104.54}{4025.08}\approx 0.2744$$

由于 $a_{11}=\max\limits_{t=1,2,3,4}(a_{11}^{[t]})=0.7469$，在 4 种作战意图中与侦察的同一度最大，所以 y_1 在方位角上体现出的作战意图是侦察，如此得到表 6.6.8。表 6.6.8 中的数据为 a_{qk} 对应的作战意图。

表 6.6.8　待识目标作战意图的初步判断

待识目标	β/mil	d/km	v/(m/s)	θ/(°)	H/km	综合意图
y_1	侦察	攻击	攻击	突防	突防	攻击或突防
y_2	监视	突防	监视	攻击	监视	监视
y_3	突防	突防	侦察	监视	突防	突防

步骤 6：对各个待识别目标的作战意图进行综合，由表 6.6.8 可见，目标 y_3 在 5 个特征值上，有 3 个是突防，1 个是侦察，1 个是监视，所以综合意图为突防；目标 y_2 在 5 个特征中有 3 个监视，1 个突防，1 个攻击，故综合意图定为监视；目标 y_1 在 5 个特征上有 2 个突防，2 个攻击，1 个侦察，所以综合意图为攻击或突防。各目标的综合意图列在表 6.6.8 最右侧。

步骤 7：不确定性分析。

(1) 在文献[14]的结论中 y_3 是突防，y_2 为监视，这与相关研究工作一致。但文献[14]等对 y_1 的意图识别结果是侦察，而本节研究显示，该目标只在一个特征上归属侦察，因此所得综合结论是攻击或突防，与文献[14]的结论明显不同，究竟哪一个识别结论更符合实际？分析如下。

由于表 6.6.4、表 6.6.5 中给出的是“平均值+波动值”形式的联系数，所以这里从平均值的角度来分析。

在距离 d 这个特征上，y_1 的平均值是 205km，而 4 种作战意图在该特征上的平均值分别是 $d_{S_1}=281.5\text{km}$，$d_{S_2}=260\text{km}$，$d_{S_3}=182.5\text{km}$，$d_{S_4}=115\text{km}$，由于 $\frac{182.5}{205}\approx 0.89$，$\frac{205}{260}\approx 0.79$，$\frac{205}{281.5}\approx 0.73$，$\frac{115}{205}\approx 0.56$，也就是 205 与 182.5(攻击)的同一程度(接近程度)要比 205 与其他特征值的同一程度(接近程度)都大，所以 y_1 在该特征上的意图首选为攻击，而不是侦察。

其次是水平速度 v，目标 y_1 在该特征上的平均值是 310m/s，与表 6.6.4 中 S_3

(攻击)这个作战意图在该特征上的基准值 310 完全相同,而与其他特征值明显不同,所以 y_1 在水平速度这个特征上的作战意图明显是攻击,而不是侦察。

再看航向角 θ,y_1 的航向角为 $45°\sim51°$,平均值为 $48°$,与表 6.6.4 对照后,十分明显地显示出作战意图是突防,而不是侦察。

最后看高度 H,y_1 的高度范围是[3,4]km,平均值为 3.5km,对照表 6.6.4,也十分明显,其作战意图是突防,而不是侦察。

综合以上分析,目标 y_1 的综合作战意图不是侦察,而是攻击或突防。

(2) i 的取值分析如下。

由于上面已作了与文献[14]所得结果的对照分析,对相同的结论作了肯定,对不同的结论 y_1 的作战意图作了分析说明,所以为节约篇幅起见,不再一一给出 i 的取值分析。

事实上,由于采用各联系数的模作为聚类识别依据,而根据模的计算式(6.6.5)可见,模中不仅有平均值信息,也有波动值信息,因而,在一定程度上反映出原始数据为区间数时的相对确定性信息与相对不确定性信息以及这两类信息的相互作用信息,因而所得结论具有较好的客观合理性。

6.7 基于区间数位置特性集对分析的多属性决策方法

本节用一个实例说明:在某些区间数决策问题中,若同时利用区间数的数量特性与空间位置特性展开集对分析,能使处理过程直观简明[16]。

6.7.1 问题

现有决策问题:有 $s_k(k=1,2,\cdots,m)$个方案供选择,各方案有 $c_t(t=1,2,\cdots,n)$个指标,指标集既有效益型也有成本型。各指标权重 $w_t(t=1,2,\cdots,n)$为点实数,第 k 个方案在第 t 个指标下的评价值为区间数 $p_{kt}=[p_{kt}^-,p_{kt}^+]$($p_{kt}^+>p_{kt}^->0$)。试确定方案的优劣。

6.7.2 决策步骤

步骤 1:规范化指标评价值区间数,并计入指标权重。

步骤 2:对各方案规范化后的指标评价值按照式(6.7.1)求和。

定义 6.7.1 设有区间数 $x_1=[x_1^-,x_1^+]$,$x_2=[x_2^-,x_2^+]$,则它们的和是一个区间数 $x=[x^-,x^+]$,其中 $x^-=\min\{x_1^-,x_2^-\}$,$x^+=\max\{x_1^+,x_2^+\}$,即

$$x_1+x_2=[x_1^-,x_1^+]+[x_2^-,x_2^+]=\min\{x_1^-,x_2^-\}+\max\{x_1^+,x_2^+\} \quad (6.7.1)$$

两个区间数加法运算可以推广到 $n(n\geqslant3)$个区间数相加,设有区间数 $x_1=[x_1^-,x_1^+]$,$x_2=[x_2^-,x_2^+]$,$\cdots$,$x_n=[x_n^-,x_n^+]$,则

$$\sum_{k=1}^{n} x_k = \sum_{k=1}^{n} [x_k^-, x_k^+] = \min\{x_1^-, x_2^-, \cdots, x_n^-\} + \max\{x_1^+, x_2^+, \cdots, x_n^+\} \quad (6.7.2)$$

步骤 3:根据下面给出的区间数大小比较规则进行方案的排序。

定义 6.7.2　若两个区间数 $x_1=[x_1^-, x_1^+]$,$x_2=[x_2^-, x_2^+]$,则

当 $x_1^-=x_2^-$,$x_1^+=x_2^+$ 时,称这两个区间数相等,记为 $x_1=x_2$;

当 $x_1^-=x_2^-$,$x_1^+<x_2^+$ 时,称区间数 x_2 大于 x_1,记为 $x_2>x_1$;

当 $x_1^-<x_2^-$,$x_1^+\leqslant x_2^+$ 时,也称区间数 x_2 大于 x_1,记为 $x_2>x_1$,反之 $x_1^+>x_2^+$,则称 x_2 小于 x_1,记为 $x_2<x_1$。

步骤 4:对决策结果进行对比分析。

6.7.3　实例

例 6.7.1　为便于比较,取文献[17]中的例子。

某购房决策问题,现有 $U=\{s_1, s_2, \cdots, s_6\}$共 6 类房屋可供购房者进行决策选择,购房者主要考虑的指标集为 $C=\{c_1, c_2, c_3, c_4\}$,c_1=该房屋地址距学校、工作单位、超市、银行、医院等地点的加权总距离(km),c_2=该楼盘均价(万元/m²),c_3=综合环境及配置采光等形成的房屋的水平指数,c_4=房屋面积(m²),其中,c_1、c_2 是成本型指标,c_3、c_4 是效益型指标,且已知 $w(c_1)=0.35$,$w(c_2)=0.25$,$w(c_3)=0.18$,$w(c_4)=0.22$。购房者对各住宅区的直观观测数量化指标值区间数如表 6.7.1所示,试确定购房对象。

表 6.7.1　各住宅区指标值区间数

方案	c_1/km	c_2/(万元/m²)	c_3	c_4/m²
s_1	[15,18]	[0.6,0.7]	[6,8]	[60,90]
s_2	[18,21]	[0.6,0.8]	[7,8]	[90,120]
s_3	[3,3]	[1,1.2]	[7,8]	[75,90]
s_4	[24,30]	[0.4,0.6]	[4,5]	[120,150]
s_5	[15,21]	[0.6,0.7]	[5,7]	[120,135]
s_6	[18,21]	[0.6,0.9]	[8,10]	[75,105]

决策步骤如下。

步骤 1:为便于处理,这里直接引用文献[17]中对表 6.7.1 中各指标值区间数做规范化处理,并计入各指标权重后的结果,见表 6.7.2。

表 6.7.2　加权后的指标值区间数规范化决策矩阵

方案	c_1/km	c_2/(万元/m²)	c_3	c_4/m²
s_1	[0.06,0.07]	[0.143,0.167]	[0.108,0.144]	[0.088,0.132]

续表

方案	c_1/km	c_2/(万元/m²)	c_3	c_4/m²
s_2	[0.050,0.058]	[0.125,0.167]	[0.126,0.144]	[0.132,0.176]
s_3	[0.350,0.350]	[0.083,0.1]	[0.126,0.144]	[0.11,0.132]
s_4	[0.035,0.044]	[0.167,0.25]	[0.072,0.09]	[0.176,0.220]
s_5	[0.050,0.07]	[0.143,0.167]	[0.09,0.126]	[0.176,0.198]
s_6	[0.044,0.05]	[0.111,0.167]	[0.144,0.18]	[0.110,0.154]

步骤 2:根据式(6.7.2)处理表 6.7.2 中的数据,也就是对每个 $x_k(k=1,2,\cdots,6)$的 c_1、c_2、c_3、c_4 区间数求和,其运算结果见表 6.7.3。

表 6.7.3 计算结果及排序

方案	$\sum_{t=1}^{4} c_t$	排序
s_1	[0.06,0.167]	⑤
s_2	[0.05,0.176]	④
s_3	[0.083,0.350]	①
s_4	[0.035,0.250]	②
s_5	[0.050,0.198]	③
s_6	[0.044,0.167]	⑥

步骤 3:排序。根据给出的区间数大小比较判定定义 6.7.2,对表 6.7.3 中各方案的计算结果进行排序。排序结果记入表 6.7.3 右侧。由表 6.7.3 可见,6 类房屋购买的排序为 s_3,s_4,s_5,s_2,s_1,s_6。

步骤 4:与文献[17]对照,杨保华等依据信息还原算子理论中的相近关联度,得到的排序结果为 s_3,s_4,s_5,s_6,s_2,s_1,可见,两种方法所得的最优方案都是 s_3,且前 3 位的排序相同。

两种排序结果比较,明显的差异是方案 s_2 与方案 s_6 哪一个排序在前更合理。不妨直接从表 6.7.1 的数据来看方案 s_2 与 s_6 的四个指标的优劣,在权重最大的第一个指标 c_1 中,s_2 与 s_6 的区间数是完全相同的,都是区间数[18,21];在权重次大的第二个指标 c_2 中,s_2 的指标是区间数[0.6,0.8],s_6 的指标是区间数[0.6,0.9],因 c_2 是成本型指标,取值越小越好,显然是 s_2 优于 s_6;在权重为再次大的第四个指标 c_4 中,s_2的指标是区间数[90,120],s_6 的指标是区间数[75,105],因 c_4 是效益型指标,所以方案 s_2 明显优于方案 s_6;在权重为最小的第三个指标上,可以看出 s_2 劣于方案 s_6。总体来看,方案 s_2与方案 s_6 比较,1 个指标相同,2 个指标显优,仅在权重为最小的 1 个指标上显劣,所以方案 s_2明显优于方案 s_6。

6.8　基于区间数正态分布假设的多属性决策集对分析

针对属性权重未知的区间数多属性决策问题，根据区间数取值为正态分布假设时获得的期望值 μ 和标准差 σ 所提供的信息，应用集对分析理论把 μ 和 σ 写成二元联系数，计算二元联系数的模，再根据属性值模的变差(变差为最大的属性在属性体系中应该有较大权重的原理)，计算各属性权重，在此基础上建模、计算、决策，同时进行不确定性分析，可以作出科学决策[18]。本节介绍吴维煊在这方面所做的工作。

6.8.1　决策原理

1. 区间数的期望值-标准差联系数

设 μ_x 为区间数 $X=[x^-,x^+]$ 的期望值，σ_x 为该区间数的标准差，则称

$$u=\mu_x+\sigma_x i \tag{6.8.1}$$

为区间数 X 的“期望值-标准差联系数”，简称联系数。

概率统计理论证明，随机点 x 落入 $\mu_x \pm 3\sigma_x$ 的区间的概率达 99%以上，为此，可以把区间数 X 改写成

$$X=[\mu_x-3\sigma_x,\mu_x+3\sigma_x] \tag{6.8.2}$$

或

$$X=\mu_x+3\sigma_x i \tag{6.8.3}$$

转换成联系数的三角表达式，进而得到

$$\mu_x=r_x(\cos\theta+i\sin\theta) \tag{6.8.4}$$

式中

$$r_x=\sqrt{\mu_x^2+(3\sigma_x)^2} \tag{6.8.5}$$

2. 权重计算

设决策用属性体系中有 p 个方案，q 个属性，共有 pq 个属性值，每个属性值都用 $[\mu_x,3\sigma_x]$ 形式表示，则先根据式(6.8.5)计算各个属性值的模 r_{pq}，得到关于以 r_{pq} 为元素的模矩阵 $\boldsymbol{H}_{pq}$

$$\boldsymbol{H}_{pq}=\begin{bmatrix} r_{11} & r_{12} & \cdots & r_{1n} \\ r_{21} & r_{22} & \cdots & r_{2n} \\ \vdots & \vdots & & \vdots \\ r_{m1} & r_{m2} & \cdots & r_{mn} \end{bmatrix} \tag{6.8.6}$$

再计算各属性模中最大值 $\max\limits_p(r_{pq})$ 与最小值 $\min\limits_p(r_{pq})$ 的差为

$$d_{pq}=\max_p(r_{pq})-\min_p(r_{pq}),\quad q=1,2,\cdots,n \tag{6.8.7}$$

按下式计算第 q 个属性的权重为

$$w_q=\frac{d_{pq}}{\sum_{q=1}^{n}d_{pq}} \tag{6.8.8}$$

3. 决策模型

设参考决策的属性均为越大越好型,即效益型属性,第 S 个方案的综合评价值为 $M(S)$,则有

$$M(S)=\sum_{q=1}^{n}w_q r_{pq} \tag{6.8.9}$$

式中,w_q 为第 q 个属性的权重,r_{pq} 为第 p 个方案第 q 个属性的模,则 $M(S)$ 大的方案为优先方案。

6.8.2 决策步骤

步骤 1:将决策矩阵 $\boldsymbol{H}_{pq}$ 的元素改写成$[\mu_{pq},3\sigma_{pq}]$。

步骤 2:据式(6.8.5)计算决策矩阵 $\boldsymbol{H}'_{pq}$ 中各元素的模 r_{pq}。

步骤 3:据式(6.8.7)计算各属性联系数模的最大、最小模差值。

步骤 4:据式(6.8.8)计算各属性权重 w_q。

步骤 5:据式(6.8.9)计算各方案的综合评价值 $M(S)$。

6.8.3 实例

例 6.8.1 选取文献[19]的例子。设有一个区间数表示的多属性决策问题,共有 4 个方案,3 个属性,而且各属性值都是越大越好型的效益型属性,给出了各个属性值的 $\mu_{pq}(p=1,2,3,4;q=1,2,3)$和 σ_{pq},记为$\{\mu_{pq},\sigma_{pq}\}$,且有

$$\boldsymbol{H}_{pq}=\begin{bmatrix}\{0.49,0.023\} & \{0.52,0.005\} & \{0.73,0.003\}\\ \{0.45,0.047\} & \{0.61,0.010\} & \{0.69,0.090\}\\ \{0.66,0.053\} & \{0.68,0.020\} & \{0.50,0.033\}\\ \{0.64,0.055\} & \{0.70,0.065\} & \{0.70,0.010\}\end{bmatrix}$$

试评出最优方案,并给出 4 个方案的优劣排序。

决策步骤如下。

步骤 1:将决策矩阵 $\boldsymbol{H}_{pq}$ 的元素改写成$\{\mu_{pq},3\sigma_{pq}\}$,得如下矩阵:

$$\boldsymbol{H}'_{pq}=\begin{bmatrix}\{0.49,0.069\} & \{0.52,0.015\} & \{0.73,0.009\}\\ \{0.45,0.141\} & \{0.61,0.030\} & \{0.69,0.270\}\\ \{0.66,0.159\} & \{0.68,0.060\} & \{0.50,0.099\}\\ \{0.64,0.165\} & \{0.70,0.195\} & \{0.70,0.030\}\end{bmatrix}$$

步骤 2:据式(6.8.5)计算决策矩阵 $\boldsymbol{H}'_{pq}$ 中各元素的模 r_{pq},得

$$r_{pq}=\begin{bmatrix}0.4948 & 0.5202 & 0.7301\\ 0.4716 & 0.6107 & 0.7409\\ 0.6789 & 0.6826 & 0.5097\\ 0.6609 & 0.7267 & 0.7006\end{bmatrix}$$

步骤 3:据式(6.8.7)计算各属性联系数模的最大、最小模差值。

对于属性 1,有

$$d_{q1}=0.6789-0.4716=0.2073$$

对于属性 2,有

$$d_{q2}=0.7267-0.5202=0.2065$$

对于属性 3,有

$$d_{q3}=0.7409-0.5097=0.2312$$

步骤 4:由式(6.8.8)计算各属性权重 w_q,得

$$w_1=\frac{0.2073}{0.2073+0.2065+0.2312}=0.3214$$

同理,有

$$w_2=0.3202$$

$$w_3=0.3584$$

步骤 5:由式(6.8.9)计算各方案的综合评价值 $M(S)$(括号外数值),结果如下:

$$\begin{bmatrix}0.1590 & 0.1666 & 0.2617\\ 0.1516 & 0.1955 & 0.2655\\ 0.2182 & 0.2186 & 0.1826\\ 0.2124 & 0.2327 & 0.2511\end{bmatrix}\begin{matrix}0.5873 & (4)\\ 0.6126 & (3)\\ 0.6194 & (2)\\ 0.6962 & (1)\end{matrix}$$

最右侧为方案排序,这一结果与文献[19]的排序结果完全相同。

上述工作有一定的代表意义,意义之一是各属性值是以 μ 和 σ 形式 $\{\mu,\sigma\}$ 表示的,从概率统计的意义上来说是具有科学意义的,文献[19]把其化为 $[\mu-3\sigma,\mu+3\sigma]$ 的区间数再作后续建模运算,但文献[18]在转化后的 $\{\mu,3\sigma\}$ 的决策矩阵上计算各属性值的模,简化了计算过程;意义之二是各属性值的权重事先未知,需要确定,文献[18]参照有关文献的"离差最大属性在属性体系中应有较大权重的原则",认为"属性模值变化最大的属性在属性体系中应有较大的权重",从而通过得到的各属性值的模计算各属性的权重,又使得计算权重的过程得到简化。不过,文献[18]没有就方案决策的不确定性展开分析,分析其原因,在对 $\{\mu,3\sigma\}$ 的决策矩阵进行求模计算中,模中既有 μ 值,又有 σ 值,已含有区间数较为丰富的信息,在此基础上再求得属性权重,并进行建模决策,自然也具有更好的客观性,所得结果与文献[19]的结果一致。

6.9　基于联系数的属性权重未知的区间数多属性决策

本节用一个实例说明在属性权重未知条件下的区间数多属性决策问题中如何应用联系数[20]进行决策的方法。

6.9.1　问题

设区间数不确定性多属性决策问题中的方案集为 $X=\{X_1,X_2,\cdots,X_n\}$，属性集为 $P=\{P_1,P_2,\cdots,P_m\}$，属性的权重向量为 $\boldsymbol{W}=(w_1,w_2,\cdots,w_m)^{\mathrm{T}}$，并满足归一化约束 $\sum\limits_{k=1}^{m}w_k=1$，$w_k\geqslant 0(k=1,2,\cdots,m)$，但具体的权重向量值完全未知。对于方案 $X_j\in X(j=1,2,\cdots,n)$，按第 k 个属性 $P_k(k=1,2,\cdots,m)$ 进行测度，得到 X_j 关于 P_k 的属性值为区间数 $q_{pkj}=[q_{pkj}^-,q_{pkj}^+]$，从而构成决策矩阵 $\boldsymbol{Q}=(q_{pkj})_{m\times n}$。

问题中的属性类型分为越大越好的效益型和越小越好的成本型，需要在 X 中对 n 个方案进行优劣排序，给出最优方案，并进行不确定性分析，以检验方案优劣排序的稳定性和可靠性。

6.9.2　决策步骤

步骤 1：把区间数 q_{pkj} 改写成二元联系数

$$u_{pkj}=A_{pkj}+B_{pkj}i,\quad i\in[-1,1] \tag{6.9.1}$$

式中

$$A_{pkj}=\frac{q_{pkj}^-+q_{pkj}^+}{2} \tag{6.9.2}$$

$$B_{pkj}=q_{pkj}^+-A_{pkj} \tag{6.9.3}$$

再转换成三角函数

$$u_{pkj}=r_{pkj}(\cos\theta+i\sin\theta) \tag{6.9.4}$$

式中，模为

$$r_{pkj}=\sqrt{A_{pkj}^2+B_{pkj}^2} \tag{6.9.5}$$

幅角为

$$\theta_{pkj}=\arctan\frac{B_{pkj}}{A_{pkj}},\quad A_{pkj}\neq 0 \tag{6.9.6}$$

步骤 2：规范化各属性值，目的是去除各属性的量纲，把各属性统一为效益型属性，同时也把各属性值转化为[0,1]区间中的实数。

对于效益型属性

$$r'_{pkj}=\frac{r_{pkj}}{\max(r_{pkj})},\quad k=1,2,\cdots,m \tag{6.9.7}$$

对于成本型属性

$$r'_{pkj}=\frac{\min(r_{pkj})}{r_{pkj}},\quad k=1,2,\cdots,m \tag{6.9.8}$$

步骤 3:确定属性权重。其基本原理是:所有决策方案在属性 P_k 下的属性值波动越小,说明该属性对方案排序的影响越小;反之,属性 P_k 在各方案中的属性值波动越大,说明该属性对方案决策排序的影响越大,因此,从方案排序这一角度考虑,方案属性值波动越大的属性应该赋予越大的权重。特别地,当所有决策方案在属性 P_k 下的各个属性值没有丝毫波动,则该属性 P_k 对方案决策排序将不起作用,可令其权重为零[21]。

基于以上原理,并考虑前面已将各属性值由区间数转换为二元联系数再转换成三角函数的形式,三角函数的模成为原区间数的一个代表点,所以只需计算各属性中 k 个属性值的模的方差

$$D_k=\frac{\sum(r_{pkj}-\bar{r}_{pkj})^2}{n-1} \tag{6.9.9}$$

式中,$\bar{r}_{pkj}$ 是方案各属性模的平均数。

再把 m 个 D_k 值作归一化处理,即得各属性权重 w_k

$$w_k=\frac{D_k}{\sum D_k},\quad k=1,2,\cdots,m \tag{6.9.10}$$

步骤 4:计算各方案的综合值。根据文献[1]中的主值模型计算综合值 $S(X_j)$:

$$S(X_j)=\sum r_{pkj}w_k \tag{6.9.11}$$

步骤 5:根据 $S(X_j)$ 的大小进行决策方案的初步排序。

步骤 6:做不确定性分析。根据式(6.9.4)和式(6.9.6),考察 θ 值与 i 值的变化对模 r_{pkj} 的影响,用 u'_{pkj} 代替 r_{pkj} 运算式(6.9.11),考察决策方案排序的变化,作出最终决策。

6.9.3 实例

例 6.9.1 这里取文献[22]中的实例说明本节以上方法的应用。

为开发新产品,拟订 5 个投资方案 $X_j(j=1,2,\cdots,5)$,各方案的属性值见表 6.9.1,试决策出最优方案并给出优劣排序。

表 6.9.1 各方案的属性值

属性＼方案	X_1	X_2	X_3	X_4	X_5
投资额 P_1	[5,7]	[10,11]	[5,6]	[9,11]	[6,8]
期望净现值 P_2	[4,5]	[6,7]	[4,5]	[5,6]	[3,5]
风险赢利值 P_3	[4,6]	[5,6]	[3,4]	[5,7]	[3,4]
风险损失值 P_4	[0.4,0.6]	[1.5,2]	[0.4,0.7]	[1.3,1.5]	[0.8,1]

注:单位为万元。

决策步骤如下。

步骤 1:把表 6.9.1 中的各属性值先转换成二元联系数,得到表 6.9.2。

表 6.9.2 用二元联系数表示的各决策方案的属性值

属性＼方案	X_1	X_2	X_3	X_4	X_5
P_1	$6+1i$	$10.5+0.5i$	$5.5+0.5i$	$10+1i$	$7+1i$
P_2	$4.5+0.5i$	$6.5+0.5i$	$4.5+0.5i$	$5.5+0.5i$	$4+1i$
P_3	$5+1i$	$5.5+0.5i$	$3.5+0.5i$	$6+1i$	$3.5+0.5i$
P_4	$0.5+0.1i$	$1.75+0.25i$	$0.55+0.15i$	$1.4+0.1i$	$0.9+0.1i$

再按式(6.9.4)把表 6.9.2 中的二元联系数转换成三角函数,得到表 6.9.3。

表 6.9.3 用三角函数表示的各决策方案属性值

属性＼方案	X_1	X_2	X_3
P_1	$6.0828(\cos 0.1651+i\sin 0.1651)$	$10.5119(\cos 0.0476+i\sin 0.0476)$	$5.5227(\cos 0.0907+i\sin 0.0907)$
P_2	$4.5277(\cos 0.1107+i\sin 0.1107)$	$6.5192(\cos 0.0768+i\sin 0.0768)$	$4.5277(\cos 0.1107+i\sin 0.1107)$
P_3	$5.0990(\cos 0.1974+i\sin 0.1974)$	$5.5227(\cos 0.0907+i\sin 0.0907)$	$3.5355(\cos 0.1419+i\sin 0.1419)$
P_4	$0.5099(\cos 0.1974+i\sin 0.1974)$	$1.7678(\cos 0.1419+i\sin 0.1419)$	$0.5701(\cos 0.2663+i\sin 0.2663)$

属性＼方案	X_4	X_5
P_1	$10.0499(\cos 0.0997+i\sin 0.0997)$	$7.0711(\cos 0.1419+i\sin 0.1419)$
P_2	$5.5227(\cos 0.0907+i\sin 0.0907)$	$4.1231(\cos 0.2450+i\sin 0.2450)$
P_3	$6.0828(\cos 0.1651+i\sin 0.1651)$	$3.5355(\cos 0.1419+i\sin 0.1419)$
P_4	$1.4036(\cos 0.0713+i\sin 0.0713)$	$0.9055(\cos 0.1107+i\sin 0.1107)$

步骤 2:由于 P_2、P_3 是效益型属性,P_1、P_4 是成本型属性,所以按式(6.9.7)~式(6.9.10)对表 6.9.3 中的属性模做规范化处理及计算,得到表 6.9.4。

表 6.9.4　规范化后的模与各属性方差及属性权重

属性	X_1	X_2	X_3	X_4	X_5	D_k	w_k
P_1	0.9079	0.5254	1	0.5495	0.7810	0.04475	0.2199
P_2	0.6945	1	0.6945	0.8471	0.6325	0.02227	0.1094
P_3	0.8383	0.9079	0.5812	1	0.5812	0.03680	0.1808
P_4	1	0.2884	0.8944	0.3633	0.5631	0.09969	0.4899
$S(X_j)$	0.9171 ①	0.5304 ⑤	0.8391 ②	0.5723 ④	0.6219 ③		

步骤 3：根据表 6.9.4 左侧数据，根据式(6.9.9)和式(6.9.10)算得到各属性权重，列在表 6.9.4 右侧。

步骤 4：按式(6.9.11)计算得到各方案的综合值 $S(X_j)$，且列在表 6.9.4 下方，可得 $X_1 > X_3 > X_5 > X_4 > X_2$，这一结果与文献[23]的排序结果相同。

步骤 5：不确定性分析。

对区间数多属性决策方案的优劣排序作不确定性分析的情况比较复杂。因为从理论上说，让每个用区间数表示的属性值遍历区间数中可以取的任意一个值来计算，计算量极大。这里根据例题本身的经济性质，仅考虑最差情况和最优情况，让成本属性 P_1 和 P_4 取大值，也就是让 P_1 和 P_4 两个属性的各个三角函数表达式中的 i 全取 1；与此同时效益型属性 P_2 与 P_3 取小值，也就是让 P_2 和 P_3 这两个属性各个属性值的三角函数表达式中的 i 全取 −1，在此情况下考察初定方案排序是否有变化，这时由表 6.9.3 得到表 6.9.5。

表 6.9.5　考虑 P_1、P_4 取大值，P_2、P_3 取小值时的属性值

方案 / 属性	X_1	X_2	X_3	X_4	X_5
P_1	7.0	11.0	6.0	11.0	8.0
P_2	4.0	6.0	4.0	5.0	3.0
P_3	4.0	5.0	3.0	5.0	3.0
P_4	0.6	2.0	0.7	1.5	1.0

对表 6.9.5 做规范化(归一化)处理得到表 6.9.6。

表 6.9.6　归一化后的属性值

属性	X_1	X_2	X_3	X_4	X_5	w_k
P_1	0.8571	0.5455	1	0.5455	0.7500	0.2199
P_2	0.6667	1	0.6667	0.8333	0.5000	0.1094

续表

属性	X_1	X_2	X_3	X_4	X_5	w_k
P_3	0.8000	1	0.6000	1	0.6000	0.1808
P_4	1	0.3000	0.8571	0.4000	0.6000	0.4899
$S(X_j)$	0.8960 ①	0.5571 ⑤	0.8212 ②	0.5879 ④	0.6220 ③	

对表 6.9.6 中各属性数据计入各属性权重后，得到的综合值为表 6.9.6 的最后一行，其排序结果为 $X_1 > X_3 > X_5 > X_4 > X_2$，也就是说，方案 X_1 仍为最优，且各方案的优劣排序不变。

本节重点研究了属性权重完全未知的一种区间数多属性决策问题。实例表明，本节的方法是有效的，相对于文献[22]来说，计算过程也大为简便，特别是文献[22]对实例没有作不确定性分析，使得作出的决策方案排序理由显得不够全面。上面从最坏的角度给出决策方案排序的不确定性分析，提高了决策的可靠性。

6.10 基于联系数的区间数伴语言变量的混合多属性决策

本节说明在属性值同时有区间数和语言变量的情况下的区间数多属性决策问题中如何应用集对分析[24]。

6.10.1 问题

设有 $S_1, S_2, \cdots, S_m$ 共 m 个方案，每个方案各有 n 个不同的属性 $Q_1, Q_2, \cdots, Q_n$，其中 R 个属性值用具有等级含义的语言变量表示，其余 $n-R$ 个属性值用区间数表示 $\tilde{p}_{kt} = [p_{kt}^-, p_{kt}^+]$ $(k=1,2,\cdots,m, t=1,2,\cdots,n-R)$，为简单起见，假定 $\tilde{p}_{kt}$ 已是通过规范化处理的越小越好型属性，且 $0 \leqslant p_{kt}^- \leqslant p_{kt}^+ \leqslant 1$，要求对 m 个方案按照从优到劣进行排序，确定最优方案。

6.10.2 决策步骤

步骤 1：对 R 个属性的语言变量赋值，赋值规则是根据属性的重要程度用数字来刻画，考虑到属性值确定为越小越好型，因此对重要性强的属性赋小值，对重要性弱的属性赋大值，如重要的赋值 1，次重要的赋值 2，再次重要的赋值 3，以此类推，根据赋值约定将原始属性值中的全部语言变量替换成相应数字(值)，并把这些数值由点实数的形式改写成区间数形式，例如，$1=[1,1]$，$2=[2,2]$，…。

步骤 2：对各属性值做规范化处理。效益型属性值经规范化后的区间数为

$$\tilde{a}_{p_{kt}}=\left[\frac{p_{kt}^{-}}{\max\limits_{k}(p_{kt}^{+})},\frac{p_{kt}^{+}}{\max\limits_{k}(p_{kt}^{+})}\right]=[a_{p_{kt}}^{-},a_{p_{kt}}^{+}],\quad k=1,2,\cdots,m \tag{6.10.1}$$

成本型属性值经规范化后的区间数为

$$\tilde{a}_{p_{kt}}=\left[\frac{\min\limits_{k}(p_{kt}^{-})}{p_{kt}^{+}},\frac{\min\limits_{k}(p_{kt}^{-})}{p_{kt}^{-}}\right]=[a_{p_{kt}}^{-},a_{p_{kt}}^{+}],\quad k=1,2,\cdots,m,\quad p_{kt}^{-}\neq 0 \tag{6.10.2}$$

如果各属性值区间数都在[0,1]区间且均为效益型或均为成本型，则此过程可省略。

步骤 3：把经规范化处理后的各区间数转换成二元联系数，转换公式如下：

$$u_{kt}=\frac{a_{p_{kt}}^{-}+a_{p_{kt}}^{+}}{2}+\frac{a_{p_{kt}}^{+}-a_{p_{kt}}^{-}}{2}i=A_{kt}+iB_{kt} \tag{6.10.3}$$

步骤 4：应用并计算以下决策模型：

$$M(S_k)=\sum_{t=1}^{n}w_t u_{kt}=\sum_{t=1}^{n}w_t(A_{kt}+iB_{kt})=\sum_{t=1}^{n}w_t A_{kt}+i\sum_{t=1}^{n}w_t B_{kt}=A'_{kt}+iB'_{kt} \tag{6.10.4}$$

式中，w_t 表示第 t 个属性的权重，用实数表示；$M(S_k)$表示方案的决策值。

步骤 5：根据 A'_{kt} 的值从大到小进行 m 个方案的排序，以此为初排序，再对 $M(S_k)=A'_{kt}+iB'_{kt}$ 作取值分析，检验初排序的稳定性，如初排序有变化则一一列明这种变化和说明不确定条件，据此作出最终决策。

6.10.3　实例

例 6.10.1　这里取文献[25]中给出的例子。设在某防空作战中，敌方对我方采用编队式空袭某区域，我方地面各传感系统探测到敌方空袭威胁目标为 8 批，各威胁目标的各属性测量值如表 6.10.1 所示。

表 6.10.1　空袭目标各个威胁属性的测量值

目标	目标类型 S	飞行速度 v/(m/s)	飞临时间 T/s	飞行高度 H/m	航路捷径 P/km	干扰能力 I
1	大型目标	[400,800]	[200,210]	[7900,7960]	[13,14]	强
2	小型目标	[600,630]	[380,385]	[900,960]	[3,3.5]	强
3	大型目标	[320,360]	[180,190]	[8000,8100]	[10,12]	弱
4	小型目标	[510,520]	[320,328]	[600,640]	[11,11.8]	强
5	武装直升机	[70,80]	[660,670]	[1100,1200]	[3.8,4.2]	中
6	小型目标	[1020,1040]	[590,620]	[4600,4700]	[7,7.4]	弱
7	武装直升机	[80,90]	[500,565]	[980,1060]	[4,4.6]	中
8	大型目标	[300,330]	[460,480]	[6800,6900]	[4.6,4.8]	中

需要对这 8 个威胁目标进行威胁程度从大到小的排序，以便作出反空袭的指挥。

首先要说明的是，在文献[25]中利用粗糙集理论对威胁评估指标体系中的 6 个指标进行约简，约简飞行速度和飞行高度 2 个属性，重点考虑其余 4 个属性，并进而给出这 4 个属性的权重为 $w_S=0.4168, w_T=0.1472, w_P=0.1741, w_I=0.2620$，本例为简明起见，认同文献[25]所做的上述工作，仅研究 8 个目标在 S、T、P、I 所构成的威胁属性体系中威胁程度的计算并给出威胁程度从大到小的排序。

显而易见，由于属性 S 和 I 是用语言变量表示各目标的威胁程度，而 T 和 P 的值为区间数，所以本问题是一个典型的区间数伴语言变量的混合型多属性决策问题，因此按以下步骤进行。

步骤 1：对各 S 和 I 值的语言变量赋值。

考虑到 T 和 P 是成本性指标，为与 T 和 P 属性性质协调一致，对 S 和 I 的值也奉行"威胁程度越大的语言变量赋值越小"的原则。为此，在 S 中，令小型目标＝1，大型目标＝2，武装直升机＝3；在 I 中，令干扰能力强＝1，干扰能力中＝2，干扰能力弱＝3，并将各赋值写成区间数形式，见表 6.10.2。

表 6.10.2　语言变量赋值后的各目标属性值

目标	目标类型 S	飞临时间 T/s	航路捷径 P/km	干扰能力 I
1	[2,2]	[200,210]	[13,14]	[1,1]
2	[1,1]	[380,385]	[3,3.5]	[1,1]
3	[2,2]	[180,190]	[10,12]	[3,3]
4	[1,1]	[320,328]	[11,11.8]	[1,1]
5	[3,3]	[660,670]	[3.8,4.2]	[2,2]
6	[1,1]	[590,620]	[7,7.4]	[3,3]
7	[3,3]	[500,565]	[4,4.6]	[2,2]
8	[2,2]	[460,480]	[4.6,4.8]	[2,2]

步骤 2：规范化各属性的属性值。

由于各属性都是越小越好的成本型属性，故据式(6.10.2)对表 6.10.2 的数据做规范化处理，得到表 6.10.3。

表 6.10.3　各目标属性值的规范化处理结果

目标	目标类型 S	飞临时间 T/s	航路捷径 P/km	干扰能力 I
1	[0.5,0.5]	[0.8571,0.9000]	[0.2143,0.2308]	[1,1]
2	[1,1]	[0.4675,0.4737]	[0.8571,1.0000]	[1,1]
3	[0.5,0.5]	[0.9474,1.0000]	[0.2500,0.3000]	[0.333,0.333]

续表

目标	目标类型 S	飞临时间 T/s	航路捷径 P/km	干扰能力 I
4	[1,1]	[0.5488,0.5625]	[0.2542,0.2727]	[1,1]
5	[0.333,0.333]	[0.2687,0.2727]	[0.7143,0.7895]	[0.5,0.5]
6	[1,1]	[0.2903,0.3051]	[0.4054,0.4286]	[0.333,0.333]
7	[0.333,0.333]	[0.3186,0.3600]	[0.6522,0.7500]	[0.5,0.5]
8	[0.5,0.5]	[0.3750,0.3913]	[0.6250,0.6522]	[0.5,0.5]

步骤 3:对表 6.10.3 数据按式(6.10.3)联系数化,得到表 6.10.4。

表 6.10.4　各目标属性值的联系数化及其同一度部分加权求和结果及排序

目标	$u(S)$	$u(T)$	$u(P)$	$u(I)$	$\sum$	初排序
1	$0.5+0i$	$0.8786+0.0215i$	$0.2226+0.0083i$	$1+0i$	$0.6385+0.0046i$	③
2	$1+0i$	$0.4706+0.0031i$	$0.9286+0.0715i$	$1+0i$	$0.9098+0.0129i$	①
3	$0.5+0i$	$0.9737+0.0263i$	$0.2750+0.0250i$	$0.333+0i$	$0.4868+0.0083i$	⑥
4	$1+0i$	$0.5557+0.0069i$	$0.2635+0.0092i$	$1+0i$	$0.8065+0.0026i$	②
5	$0.333+0i$	$0.2707+0.0020i$	$0.7519+0.0376i$	$0.5+0i$	$0.4405+0.0068i$	⑧
6	$1+0i$	$0.2977+0.0074i$	$0.4170+0.0116i$	$0.333+0i$	$0.6204+0.0031i$	④
7	$0.333+0i$	$0.3393+0.0207i$	$0.7011+0.0489i$	$0.5+0i$	$0.4418+0.0115i$	⑦
8	$0.5+0i$	$0.3832+0.0082i$	$0.6386+0.0136i$	$0.5+0i$	$0.5070+0.0036i$	⑤
w	0.4168	0.1472	0.1741	0.2620		

步骤 4:按综合加权模型式(6.10.4)计算得各目标的综合联系数(已列在表 6.10.4中)。

步骤 5:按各综合联系数中的 A'_k 的从大到小的顺序得到威胁目标的初排序(表 6.10.4),该排序结果与文献[25]完全一致。

步骤 6:不确定性分析。现考察表 6.10.4 中各综合联系数中的 Bi 部分发现,只有目标 2 与目标 7 的综合联系数的 Bi 部分在百分位上的数字是 1,其余各目标综合联系数不确定分量在百分位上都是 0,因此只需分析目标 2 与目标 4、目标 7 与目标 5 这两对目标在不确定性作用下的排序是否会排序倒转(目标 7 与另一个与之相邻的目标 6 因联系数中的 A 部分 0.4419 与 0.4869 已有较大差距,该差距在计及不确定数 i 的情况下不至于产生排序倒转),为此,仅作以下计算。

对于目标 2 与目标 4,有

$$(0.9098+0.0129i)\big|_{i=-1}=0.8969$$

$$(0.8065+0.0026i)\big|_{i=1}=0.8091$$

由于 0.8969>0.8091,所以目标 2 比目标 4 威胁程度大的结论不变。

对于目标 7 与目标 5,有

$$(0.4418+0.0115i)\big|_{i=-1}=0.4303$$

$$(0.4405+0.0068i)\big|_{i=0}=0.4405$$

$$(0.4405+0.0068i)\big|_{i=1}=0.4473$$

由于 0.4405>0.4303,0.4473>0.4303,所以在计及不确定性影响时,目标 7 与目标 5 的原有排序改变,需要互换排序。

参考文献

[1] 刘秀梅, 赵克勤. 基于联系数复运算的区间数多属性决策方法及应用[J]. 数学的实践与认识, 2008, 38(23): 57-64.

[2] Jahanshahloo G R, Hosseinzade L, Izadikhah M. An algorithmic method to extend TOPSIS for decision:making problems with interval data[J]. Applied Mathematics and Computation, 2006, 175(2): 1375-1384.

[3] 刘秀梅, 赵克勤. 基于 SPA 的 D-U 空间的区间数多属性决策模型及应用[J]. 模糊系统与数学, 2009, 23(2): 167-174.

[4] 黄松, 黄卫来. 区间数互补判断矩阵的拓扑排序方法[J]. 模糊系统与数学, 2006, 20(5): 84-89.

[5] 刘秀梅, 赵克勤. 基于联系数不确定性分析的区间数多属性决策[J]. 模糊系统与数学, 2010, 24(5): 141-148.

[6] 尤天慧, 樊治平. 区间数多指标决策的一种 TOPSIS 方法[J]. 东北大学学报(自然科学版), 2002, 23(9): 840-843.

[7] 解瑶, 毛晓楠, 张蓓蓓. 属性权重信息不完全区间数多属性决策方法[J]. 空军工程大学学报(自然科学版), 2007, 8(3): 87-90.

[8] 刘华文, 姚炳学. 区间数多指标决策的相对隶属度法[J]. 系统工程与电子技术, 2004, 26(7): 903-905.

[9] 刘秀梅, 赵克勤. 基于区间数确定性与不确定性相互作用点的多属性决策[J]. 数学的实践与认识, 2009, 39(8): 68-75.

[10] 樊治平, 尤天慧, 张尧. 属性权重信息不完全的区间数多属性决策方法[J]. 东北大学学报(自然科学版), 2005, 26(8): 798-800.

[11] 刘秀梅, 赵克勤. 基于二次联系数的区间数多属性决策方法及应用[J]. 模糊系统与数学, 2011, 25(5): 15-121.

[12] 赵克勤. 联系数 $A+Bi$ 在模糊多属性决策中的应用[C]//决策科学与评价. 北京: 知识产权出版社, 2009: 345-351.

[13] 叶跃祥, 糜仲春, 王宏宇, 等. 一种基于集对分析的区间数多属性决策方法[J]. 系统工程与电子技术, 2006, 28(9): 1344-1347.

[14] 张肃, 程启月, 解瑶, 等. 不确定空情信息条件下的意图识别方法[J]. 空军工程大学学报

(自然科学版)，2008，9(3)：50-53.
[15] 刘秀梅，赵克勤. 基于联系数的不确定空情意图识别[J]. 智能系统学报，2012，6(5)：450-456.
[16] 吴维煊，刘秀梅，赵克勤. 区间数特性集对分析及在多指标决策中的应用[J]. 数学的实践与认识，2012，42(24)：66-71.
[17] 杨保华，方志耕，周伟，等. 基于信息还原算子的多指标区间灰数关联决策模型[J]. 控制与决策，2012，27(2)：182-186.
[18] 吴维煊. 基于区间数正态分布假设的多属性决策集对分析[J]. 数学的实践与认识，2013，43(3)：260-264.
[19] 徐改丽，吕跃进. 基于正态分布区间数的多属性决策方法[J]. 系统工程，2011，29(9)：20-23.
[20] 刘秀梅，赵克勤. 基于联系数的属性权重未知的区间数多属性决策方法[J]. 数学的实践与认识，2013，43(3)：143-148.
[21] 王应明. 运用离差最大化方法进行多指标决策与排序[J]. 系统工程与电子技术，1998，20(7)：26-28，36.
[22] 杨静，邱菀华. 基于投影技术的三角模糊数型多属性决策方法研究[J]. 控制与决策，2009，24(4)：637-640.
[23] 徐泽水，孙在东. 一类不确定型多属性决策问题的排序方法[J]. 管理科学学报，2002，5(3)：35-39.
[24] 刘秀梅，赵克勤. 区间数伴语言变量的混合多属性决策[J]. 模糊系统与数学，2014，28(1)：113-118.
[25] 郭辉，徐浩军，周莉. 粗糙集和区间数空袭目标威胁评估[J]. 火力与指挥控制，2011，36(9)：46-50.

第 7 章　区间数多属性决策集对分析(2)

7.1　三参数区间数多属性决策集对分析

三参数区间数是在规范区间数中添加了最有可能取值点的区间数，针对权重为三参数区间数，属性评价值也为三参数区间数的多属性决策问题，通过把三参数区间数向联系数转换，建立联系数评价模型，从而确定方案的排序[1-2]。

7.1.1　预备知识及问题

1. 三参数区间数

定义 7.1.1　称形如 $\tilde{a}=[a^L,a^M,a^N]$ 的为三参数区间数，其中 $0<a^L<a^M<a^N\in\mathbf{R}$。

2. 三参数区间数多属性决策问题

设有 m 个方案 $S_1,S_2,\cdots,S_m$，每个方案各有 n 个属性 $Q_1,Q_2,\cdots,Q_n$，每个属性的权重三参数区间数为 $\tilde{w}_t(t=1,2,\cdots,n)$，即 $\tilde{w}_t=[w_t^L,w_t^M,w_t^N]$，第 k 个方案第 t 个属性的评价值为 $\tilde{p}_{kt}(k=1,2,\cdots,m)$，用三参数区间数 $\tilde{p}_{kt}=[p_{kt}^L,p_{kt}^M,p_{kt}^N]$ 表示，评价矩阵为 $\boldsymbol{P}=(\tilde{p}_{kt})_{m\times n}(k=1,2,\cdots,m;t=1,2,\cdots,n)$。为简明起见，假定属性 $\tilde{p}_{kt}$ 已通过规范化处理为越大越好型。要求对 m 个方案中决策出最优方案，并对这些方案进行从优到劣排序。

7.1.2　决策方法

1. 三参数区间数向二元联系数的转换

令 $a=\dfrac{(a^L+a^M+a^N)}{3}$，$b=a^N-a^L$，则三参数区间数可以转化为形如 $u=a+bi$ 的联系数，即

$$\tilde{a}=\frac{(a^L+a^M+a^N)}{3}+(a^N-a^L)i \tag{7.1.1}$$

根据三参数区间数的确定性与不确定性的特点，将三参数区间数的中值与联系数的第一联系分量(确定性分量)相对应，即令 $a=a^M$；将三参数区间数的取值区间 a^N-a^L 与联系数的第二联系分量(不确定性分量)相对应，即令 $b=a^N-a^L$，则

三参数区间数 $\tilde{a}$ 转换为形如 $a+bi$ 的联系数

$$\tilde{a}=a^M+(a^N-a^L)i \tag{7.1.2}$$

式中，i 的取值范围为 $\left[\frac{a^L-a^M}{a^N-a^L},\frac{a^N-a^M}{a^N-a^L}\right]$。

称式(7.1.2)为三参数区间数转化为联系数的转换公式。

2. 三参数区间数多属性决策基本模型

设 $\tilde{\omega}_t$ 和已规范化的 $\tilde{p}_{kt}$ $(t=1,2,\cdots,n;k=1,2,\cdots,m)$ 为方案 S_k 的权重三参数区间数和属性值三参数区间数，方案 S_k 的综合评价结果为 $M(S_k)$，令

$$M(S_k)=\sum_{t=1}^{n}\tilde{\omega}_t\tilde{p}_{kt} \tag{7.1.3}$$

称式(7.1.3)为三参数区间数多属性决策基本模型，简称基本模型，其值称为基本值，当式(7.1.3)中的各参数都是越大越好的效益型参数时，基本值 $M(S_k)$ 大的方案优于基本值小的方案。

把式(7.1.3)中的权重三参数区间数 $\tilde{\omega}_t$ 与属性值三参数区间数 $\tilde{p}_{kt}$ 各自转换成式(7.1.1)的联系数，得

$$\tilde{\omega}_t=A_{\tilde{\omega}_t}+B_{\tilde{\omega}_t}i \tag{7.1.4}$$

$$\tilde{p}_{kt}=A_{\tilde{p}_{kt}}+B_{\tilde{p}_{kt}}i \tag{7.1.5}$$

再利用联系数的加法和乘法定义，即得

$$M(S_k)=\sum_{t=1}^{n}(A_{\tilde{\omega}_t}+B_{\tilde{\omega}_t}i)(A_{\tilde{p}_{kt}}+B_{\tilde{p}_{kt}}i)=A_k+B_ki \tag{7.1.6}$$

式中，约定 $i^2=i$。此模型称为基于联系数的三参数区间数多属性决策模型，简称联系数决策模型，其值称为联系数决策值。

在联系数决策模型式(7.1.6)中，根据 i 的比例取值原理，有

$$i=\frac{A_k}{A_k+B_k} \tag{7.1.7}$$

计算出最后的综合决策值，当式(7.1.6)中的各参量都是越大越好的效益型参数时，综合决策值大的方案优于决策值小的方案。

7.1.3 决策步骤

步骤 1：规范化属性参数区间数。设规范化后的决策矩阵为 $[\tilde{p}'_{kt}]$，其中 $\tilde{p}'_{kt}=[p_{kt}^{L\prime},p_{kt}^{M\prime},p_{kt}^{N\prime}]$。

这里介绍两种不同的规范公式。

规范公式 7.1　对于越大越好的效益型属性，其规范化公式为

$$p_{kt}^{L\prime}=\frac{p_{kt}^{L}}{\max\limits_{k}(p_{kt}^{N})},\quad p_{kt}^{M\prime}=\frac{p_{kt}^{M}}{\max\limits_{k}(p_{kt}^{N})},\quad p_{kt}^{N\prime}=\frac{p_{kt}^{N}}{\max\limits_{k}(p_{kt}^{N})} \tag{7.1.8}$$

对于越小越好的成本型属性，其规范化公式为

$$p_{kt}^{N\prime}=\frac{\min\limits_{k}(p_{kt}^{L})}{p_{kt}^{L}},\quad p_{kt}^{M\prime}=\frac{\min\limits_{k}(p_{kt}^{L})}{p_{kt}^{M}},\quad p_{kt}^{L\prime}=\frac{\min\limits_{k}(p_{kt}^{L})}{p_{kt}^{N}} \tag{7.1.9}$$

规范公式 7.2　对于效益型属性值，其规范化公式为

$$p_{kt}^{L\prime}=\frac{p_{kt}^{L}}{\sum\limits_{k=1}^{m}p_{kt}^{N}},\quad p_{kt}^{M\prime}=\frac{p_{kt}^{M}}{\sum\limits_{k=1}^{m}p_{kt}^{M}},\quad p_{kt}^{N\prime}=\frac{p_{kt}^{N}}{\sum\limits_{k=1}^{m}p_{kt}^{L}} \tag{7.1.10}$$

对于成本型属性值，其规范化公式为

$$p_{kt}^{L\prime}=\frac{\frac{1}{p_{kt}^{N}}}{\sum\limits_{k=1}^{m}\frac{1}{p_{kt}^{L}}},\quad p_{kt}^{M\prime}=\frac{\frac{1}{p_{kt}^{M}}}{\sum\limits_{k=1}^{m}\frac{1}{p_{kt}^{M}}},\quad p_{kt}^{N\prime}=\frac{\frac{1}{p_{kt}^{L}}}{\sum\limits_{k=1}^{m}\frac{1}{p_{kt}^{N}}} \tag{7.1.11}$$

步骤 2：把规范化后得到的各属性区间数与权重区间数转换成属性联系数 $A_{p_{kt}}+B_{p_{kt}}i$ 和权重联系数 $A_{w_t}+B_{w_t}i$。

第一转换公式为

$$A_{p_{kt}}=\frac{p_{kt}^{L\prime}+p_{kt}^{M\prime}+p_{kt}^{N\prime}}{3},\quad B_{p_{kt}}=p_{kt}^{N\prime}-p_{kt}^{L\prime} \tag{7.1.12}$$

$$A_{w_t}=\frac{w_t^{L}+w_t^{M}+w_t^{N}}{3},\quad Bw_t=w_t^{N}-w_t^{L} \tag{7.1.13}$$

第二转换公式为

$$A_{\tilde{p}_{kt}}=p_{kt}^{M\prime},\quad B_{\tilde{p}_{kt}}=p_{kt}^{N\prime}-p_{kt}^{L\prime} \tag{7.1.14}$$

$$A_{\tilde{w}_t}=w_t^{M},\quad B_{\tilde{w}_t}=w_t^{N}-w_t^{L} \tag{7.1.15}$$

步骤 3：利用联系数决策模型计算各方案的综合决策值，根据综合决策值的大小进行方案优劣排序，综合决策值大的方案优于决策值小的方案。

步骤 4：对方案的优劣排序进行稳定性检验。

在第二种转换方式下，取 i 在区间 $\left[\min\limits_{i}\left(\frac{a^{L}-a^{M}}{a^{N}-a^{L}}\right),\max\limits_{i}\left(\frac{a^{N}-a^{M}}{a^{N}-a^{L}}\right)\right]\subseteq[-1,1]$ 的其他值，检验前述排序的稳定性。

7.1.4　实例

例 7.1.1　设有一个多属性决策问题[3]，有 S_1、S_2、S_3、S_4 共 4 个被选方案，其 5 个属性值用三参数区间数表示，决策矩阵为

$$\boldsymbol{P}=(\widetilde{p}_{kt})_{4\times5}=\begin{bmatrix}[3.5,4.2,4.6] & [4.3,4.7,5.2] & [8.4,8.8,9.4] & [4.5,5.1,6.5] & [8.3,8.9,9.5]\\ [1.3,1.5,1.7] & [5.5,5.9,6.5] & [6.2,7.0,7.5] & [3.2,4.0,4.8] & [12.2,13.4,14.8]\\ [2.9,3.2,3.4] & [6.5,7.0,8.2] & [7.6,7.9,8.2] & [5.5,6.2,7.0] & [7.5,8.2,8.8]\\ [2.4,2.8,3.2] & [4.1,4.6,5.4] & [5.0,6.3,7.2] & [4.2,6.2,7.3] & [8.2,9.6,10.5]\end{bmatrix}$$

权重值为 $w_1=[0.12,0.13,0.15]$，$w_2=[0.23,0.30,0.35]$，$w_3=[0.10,0.12,0.15]$，$w_4=[0.32,0.36,0.40]$，$w_5=[0.10,0.15,0.18]$，试决策出最优方案并给出 4 个方案的优劣排序。

步骤 1：利用式(7.1.8)和式(7.1.9)将决策矩阵规范化

$$\boldsymbol{P}'=(p'_{kt})_{4\times5}=\begin{bmatrix}[0.76,0.91,1.00] & [0.52,0.57,0.63] & [0.89,0.94,1.00] & [0.62,0.70,0.89] & [0.56,0.60,0.64]\\ [0.28,0.33,0.37] & [0.67,0.72,0.79] & [0.66,0.74,0.80] & [0.44,0.55,0.66] & [0.82,0.91,1.00]\\ [0.63,0.70,0.74] & [0.79,0.85,1.00] & [0.81,0.84,0.87] & [0.75,0.85,0.96] & [0.51,0.55,0.59]\\ [0.52,0.61,0.70] & [0.50,0.56,0.66] & [0.53,0.67,0.77] & [0.58,0.85,1.00] & [0.55,0.65,0.71]\end{bmatrix}$$

步骤 2：利用式(7.1.12)和式(7.1.13)将规范化后的决策矩阵和权重改写成联系数的形式，得到联系数矩阵 $\boldsymbol{A}'$

$$\boldsymbol{A}'=\begin{bmatrix}0.89+0.24i & 0.57+0.11i & 0.94+0.11i & 0.74+0.27i & 0.60+0.08i\\ 0.33+0.09i & 0.73+0.12i & 0.73+0.14i & 0.55+0.22i & 0.91+0.18i\\ 0.69+0.11i & 0.88+0.21i & 0.84+0.06i & 0.85+0.21i & 0.55+0.08i\\ 0.61+0.08i & 0.57+0.16i & 0.57+0.16i & 0.81+0.42i & 0.64+0.16i\end{bmatrix}$$

权重值用三参数区间数表示为

$$w'_1=0.13+0.03i,\quad w'_2=0.29+0.12i,\quad w'_3=0.12+0.05i$$

$$w'_4=0.36+0.08i,\quad w'_5=0.14+0.08i$$

步骤 3：根据式(7.1.6)计算决策值，得

$$M(S_1)=\sum_{t=1}^{n}(A_{w_t}+B_{w_t}i)(A_{p_{1t}}+B_{p_{1t}}i)=0.7442+0.4879i$$

取

$$i=\frac{0.7442}{0.7442+0.4879}\approx0.6040$$

则得

$$M(S_1)=1.0389$$

同理可计算 $M(S_2)=0.9774$，$M(S_3)=1.1422$，$M(S_4)=1.0079$，比较后，有 $S_3\succ S_1\succ S_4\succ S_2$(符号$\succ$表示优于)，即 S_3 为最优方案，以上排序结果与文献[3]所得排序结果完全相同。

例 7.1.2　为便于比较，这里采用文献[4]中的例子。某单位在对干部进行考核选拔时，制定了 6 项考核指标(属性)：思想品德(Q_1)、工作态度(Q_2)、工作作风

(Q_3)、文化水平和知识结构(Q_4)、领导能力(Q_5)、开拓能力(Q_6),通过群众推荐、评议,对各项指标分别打分,再进行统计处理,从中确定了 5 名候选人 S_1、S_2、S_3、S_4、S_5。由于群众对同一候选人所给出的指标值(属性值)并不完全相同,所以经过统计处理后的每个候选人在各指标(属性)下的属性值是以三参数区间数形式给出,属性值均为越大越好的效益型,具体的数据见以下的决策矩阵 $\boldsymbol{P}$:

$$\boldsymbol{P}=(\widetilde{p}_{kt})_{5\times 6}$$

$$=\begin{bmatrix} [0.80,0.85,0.90] & [0.90,0.92,0.95] & [0.91,0.94,0.95] & [0.93,0.96,0.99] & [0.90,0.91,0.92] & [0.95,0.97,0.99] \\ [0.90,0.95,1.00] & [0.89,0.90,0.93] & [0.90,0.92,0.95] & [0.90,0.92,0.95] & [0.94,0.97,0.98] & [0.90,0.93,0.95] \\ [0.88,0.91,0.95] & [0.84,0.86,0.90] & [0.91,0.94,0.97] & [0.91,0.94,0.96] & [0.86,0.89,0.92] & [0.91,0.92,0.94] \\ [0.85,0.87,0.90] & [0.91,0.93,0.95] & [0.85,0.88,0.90] & [0.86,0.89,0.93] & [0.87,0.90,0.94] & [0.92,0.93,0.96] \\ [0.86,0.89,0.95] & [0.90,0.92,0.95] & [0.90,0.95,0.97] & [0.91,0.93,0.95] & [0.90,0.92,0.96] & [0.85,0.87,0.90] \end{bmatrix}$$

权重值也用三参数区间数表示,分别为

$$\widetilde{w}_1=[0.10,0.15,0.20],\quad \widetilde{w}_2=[0.05,0.10,0.15],\quad \widetilde{w}_3=[0.20,0.25,0.30]$$

$$\widetilde{w}_4=[0.05,0.10,0.15],\quad \widetilde{w}_5=[0.15,0.20,0.25],\quad \widetilde{w}_6=[0.10,0.15,0.20]$$

试决策出最优候选人。

决策过程如下。

步骤 1:利用式(7.1.10)和式(7.1.11)将决策矩阵规范化。

$$\boldsymbol{P}'=(\widetilde{p}'_{kt})_{5\times 6}$$

$$=\begin{bmatrix} [0.17,0.19,0.21] & [0.19,0.20,0.21] & [0.19,0.20,0.21] & [0.19,0.21,0.22] & [0.19,0.20,0.21] & [0.20,0.21,0.22] \\ [0.19,0.21,0.23] & [0.19,0.20,0.21] & [0.19,0.20,0.21] & [0.19,0.20,0.21] & [0.20,0.21,0.22] & [0.19,0.20,0.21] \\ [0.19,0.20,0.22] & [0.18,0.19,0.20] & [0.19,0.20,0.22] & [0.19,0.20,0.21] & [0.18,0.19,0.21] & [0.19,0.20,0.21] \\ [0.18,0.19,0.21] & [0.19,0.21,0.21] & [0.18,0.19,0.20] & [0.18,0.19,0.21] & [0.18,0.20,0.21] & [0.19,0.20,0.21] \\ [0.18,0.20,0.22] & [0.19,0.20,0.21] & [0.19,0.20,0.22] & [0.19,0.20,0.21] & [0.19,0.20,0.21] & [0.18,0.19,0.20] \end{bmatrix}$$

步骤 2:利用式(7.1.14)和式(7.1.15)将规范化后的决策矩阵和权重转换成联系数的形式,得到联系数矩阵 $\boldsymbol{A}'$ 和 $\boldsymbol{W}'$

$$A'=\begin{bmatrix} 0.19+0.04i & 0.20+0.02i & 0.20+0.02i & 0.21+0.03i & 0.20+0.02i \\ 0.21+0.04i & 0.20+0.02i & 0.20+0.02i & 0.20+0.02i & 0.21+0.02i \\ 0.20+0.03i & 0.19+0.02i & 0.20+0.03i & 0.20+0.02i & 0.19+0.03i \\ 0.19+0.03i & 0.21+0.02i & 0.19+0.02i & 0.19+0.03i & 0.20+0.03i \\ 0.20+0.04i & 0.20+0.02i & 0.20+0.03i & 0.20+0.02i & 0.20+0.02i \\ 0.21+0.02i & 0.20+0.02i & 0.20+0.02i & 0.20+0.02i & 0.19+0.02i \end{bmatrix}$$

$$W'=\begin{bmatrix} w'_1 \\ w'_2 \\ w'_3 \\ w'_4 \\ w'_5 \\ w'_6 \end{bmatrix}=\begin{bmatrix} 0.15+0.10i \\ 0.10+0.10i \\ 0.25+0.05i \\ 0.10+0.10i \\ 0.20+0.10i \\ 0.15+0.10i \end{bmatrix}$$

步骤 3:利用式(7.1.6)计算联系数模型的决策值为

$$M(S_1)=\sum_{t=1}^{n}(A_{\tilde{w}_t}+B_{\tilde{w}_t}i)(A_{\tilde{p}_{kt}}+B_{\tilde{p}_{kt}}i)=0.191+0.148i$$

同理得

$$M(S_2)=0.194+0.147i,\quad M(S_3)=0.187+0.147i$$
$$M(S_4)=0.186+0.146i,\quad M(S_5)=0.189+0.147i$$

根据式(7.1.7),按照 i 的比例取值原理取值,即 $i=\dfrac{A_k}{A_k+B_k}$,计算出综合决策值,如表 7.1.1 所示。

表 7.1.1　各方案的综合决策值及排序

$M(S_k)$	决策值	i 取值	综合决策值	排序
$M(S_1)$	0.191+0.148i	0.5634	0.2744	②
$M(S_2)$	0.194+0.147i	0.5689	0.2776	①
$M(S_3)$	0.187+0.147i	0.5599	0.2693	④
$M(S_4)$	0.186+0.146i	0.5602	0.2678	⑤
$M(S_5)$	0.189+0.147i	0.5625	0.2717	③

经过比较,S_2 为最优方案,S_4 为最劣方案,与文献[4]所得最优、最劣方案相同。

步骤 4:稳定性检验。

当 $i=0$ 时,得到综合值为

$$\begin{matrix} M(S_1) \\ M(S_2) \\ M(S_3) \\ M(S_4) \\ M(S_5) \end{matrix} \begin{bmatrix} 0.191+0.148i=0.191 \\ 0.194+0.147i=0.194 \\ 0.187+0.147i=0.187 \\ 0.186+0.146i=0.186 \\ 0.189+0.147i=0.189 \end{bmatrix} \begin{matrix} (2) \\ (1) \\ (4) \\ (5) \\ (3) \end{matrix}$$

当 $i=0.5$ 时,得到综合值为

$$\begin{matrix} M(S_1) \\ M(S_2) \\ M(S_3) \\ M(S_4) \\ M(S_5) \end{matrix} \begin{bmatrix} 0.191+0.148i=0.265 \\ 0.194+0.147i=0.268 \\ 0.187+0.147i=0.261 \\ 0.186+0.146i=0.259 \\ 0.189+0.147i=0.263 \end{bmatrix} \begin{matrix} (2) \\ (1) \\ (4) \\ (5) \\ (3) \end{matrix}$$

当 $i=0.6$ 时,得到综合值为

$$\begin{matrix} M(S_1) \\ M(S_2) \\ M(S_3) \\ M(S_4) \\ M(S_5) \end{matrix} \begin{bmatrix} 0.191+0.148i=0.2798 \\ 0.194+0.147i=0.2822 \\ 0.187+0.147i=0.2752 \\ 0.186+0.146i=0.2736 \\ 0.189+0.147i=0.2772 \end{bmatrix} \begin{matrix} (2) \\ (1) \\ (4) \\ (5) \\ (3) \end{matrix}$$

可见,当 i 取以上不同值时,排序结果相同。但是,这里得到的排序结果与在文献[4]中的排序结果并不完全一致,在文献[4]中的排序结果是 $S_2 \succ S_5 \succ S_3 \succ S_1 \succ S_4$($\succ$表示优于),这里的排序是 $S_2 \succ S_1 \succ S_5 \succ S_3 \succ S_4$。方案 S_1 和方案 S_5 究竟哪一个该排序在前?为此,观察方案 S_1 和方案 S_5 的规范化后决策矩阵 $\boldsymbol{A}'$ 的各属性值,可以看到,在第 2 个属性和第 5 个属性值上,两个方案是相同的;第 3 个属性的中值和下确界是相同的;其余 3 个属性值,在第 1 个方案中有 2 个(第 4 个和第 6 个)的中值和上下确界都不低于第 5 个方案,而且中值均高,仅第 1 个属性的中值略低于第 5 个方案,但差异度是相同的,详见表 7.1.2 和表 7.1.3。

表 7.1.2 方案 S_1 与 S_5 的各属性的中值、上下确界与差异度

	属性 1		属性 2		属性 3		属性 4		属性 5		属性 6	
方案	S_1	S_5	S_1	S_5	S_1	S_5	S_1	S_5	S_1	S_5	S_1	S_5
中值	0.19	0.20	0.20	0.20	0.20	0.20	0.21	0.20	0.20	0.20	0.21	0.19
上确界	0.21	0.22	0.21	0.21	0.21	0.22	0.22	0.21	0.21	0.21	0.22	0.20
下确界	0.17	0.18	0.19	0.19	0.19	0.19	0.19	0.19	0.19	0.19	0.20	0.18
差异度	0.04	0.04	0.02	0.02	0.02	0.03	0.03	0.02	0.02	0.02	0.02	0.02

表 7.1.3　方案 S_1 与 S_5 的各属性比较

	属性 1	属性 2	属性 3	属性 4	属性 5	属性 6
中值	低 0.01	相同	相同	高 0.01	相同	高 0.02
上确界	低 0.01	相同	低 0.01	高 0.01	相同	高 0.02
下确界	低 0.01	相同	相同	相同	相同	高 0.02
差异度	相同	相同	低 0.01	高 0.01	相同	相同

从表 7.1.2 和表 7.1.3 可以看到，在中值和上下确界数值中，方案 S_1 有 5 项高，有 4 项低，而且高的属性值占优势，由于都是效益型指标，所以方案 S_1 应排在方案 S_5 之前。

7.1.5　讨论

三参数区间数也被有关文献称为三角模糊数，例如，文献[5-7]研究的“三角模糊数型多属性决策”，其实就是三参数区间数型的多属性决策。从数学角度看，三参数区间数的称谓较为合理。这是因为，首先是一个区间数，其次是在给定的区间中突出地表明了所有区间值中最有可能取的值。相比之下，“三角模糊数”的称谓过于“模糊化”。所以本书采用“三参数区间数”这一称谓。

三参数区间数中值的相对确定性与三参数区间数上下确界中间取中值以外其他值的相对不确定性，决定了三参数区间数这种特殊的区间数也可以与普通区间数一样转换成联系数，从而建立起基于联系数的三参数区间数多属性决策新模型。这不仅简化了计算过程，而且利用三参数区间数提供的中值信息，又通过 i 在 $[-1,1]$ 子区间的不同取值，体现出三参数区间数除中值以外取其他值的相对不确定性，并把两者有机地结合在一个决策模型中。

从理论上说，给定了一个区间数，则该区间数中的任何一个点值都是合法的点值，也是等可能被取到的点值，在这样的假定下，区间数的中位值与期望值相重合。三参数区间数是从区间数所在事物实际存在的情况出发，表明给定区间内最有可能取的点，但这种“最有可能”与前述的“等可能”究竟差多少，是一个需要进一步研究的问题，换言之，相对于前面给出的两种转换公式，还存在更为一般的第三种转换公式

$$A_{p_{kt}}=\frac{\alpha p_{kt}^{L}+\beta p_{kt}^{M}+\gamma p_{kt}^{N}}{3},\quad B_{p_{kt}}=p_{kt}^{N}-p_{kt}^{L} \tag{7.1.16}$$

式中，α、β、γ 为三参数区间数中三个参数的加权系数，且满足 $\alpha+\beta+\gamma=1$，$\beta>\alpha$，$\beta>\gamma$，需要突出 p_{kt}^{M} 时，还可以给定约束条件 $\beta>\alpha+\gamma$，从而突出反映 p_{kt}^{M} 的重要性和“最可能性”。

7.2　四参数区间数多属性决策集对分析(1)

针对属性评价值为四参数区间数表示的多属性决策问题,把四参数区间数转换为双重不确定型联系数,建立联系数多属性决策模型,并通过两个实例来说明其应用[8]。

7.2.1　预备知识及问题

1. 四参数区间数

定义 7.2.1　称形如 $\tilde{a}=[a^L,a^M,a^N,a^U]$,$a^L<a^M<a^N<a^U\in\mathbf{R}^+$ 的数为四参数区间数,也称为梯形模糊数。

2. 四参数区间数多属性决策问题

设有 m 个方案 $S_k(k=1,2,\cdots,m)$,每个方案有 n 个属性 $Q_t(t=1,2,\cdots,n)$。每个属性的权重为 $w_t(t=1,2,\cdots,n)$,$0<w_t<1$,且 $\sum\limits_{t=1}^{n}w_t=1$,第 k 个方案第 t 个属性的评价值用四参数区间数表示为 $\tilde{p}_{kt}=[p_{kt}^L,p_{kt}^M,p_{kt}^N,p_{kt}^U]$,决策矩阵为 $\boldsymbol{P}=(\tilde{p}_{kt})_{m\times n}(k=1,2,\cdots,m;t=1,2,\cdots,n)$,假定属性评价值 $\tilde{p}_{kt}$ 已经过规范化处理为越大越好型,规范化处理后的属性决策矩阵记为 $\boldsymbol{R}=(\tilde{r}_{kt})_{m\times n}$。试在 m 个方案 S_k 中决策出最优方案,并排序。

7.2.2　决策原理

1. 四参数区间数向联系数的转换

四参数区间数具有确定-不确定的特点,表达四参数区间数的四个点是确定的,而且在四参数区间数的中值区间 $[a^M,a^N]$ 上一般具有稳定的性质,取此中值区间的中点 $\dfrac{a^M+a^N}{2}$(当四参数区间数给定时,此点为确定量),可以刻画四参数区间数在中值区间上的大小;在四参数区间数的左右两边区间 $[a^L,a^M]$ 和 $[a^N,a^U]$ 内,特征函数的取值具有不确定性,为此,令 $A=\dfrac{a^M+a^N}{2}$,$B_1=a^M-a^L$,$B_2=a^U-a^N$,则四参数区间数转换为形如 $U=A+B_1i_1+B_2i_2$ 的联系数,得

$$U_{\tilde{a}}=\frac{a^M+a^N}{2}+(a^M-a^L)i_1+(a^U-a^N)i_2,\quad i_1,i_2\in[0,1]\qquad(7.2.1)$$

式(7.2.1)称为四参数区间数向联系数的转换公式。

2. 决策模型

在四参数区间数多属性决策问题中，用 $M(S_k)$ 表示方案 $S_k(k=1,2,\cdots,m)$ 的综合评价结果，令

$$M(S_k)=\sum_{t=1}^{n} w_t \widetilde{p}_{kt} \tag{7.2.2}$$

称式(7.2.2)为四参数区间数多属性决策基本模型。把式(7.2.2)中的属性值 $\widetilde{p}_{kt}$ 先规范化为 $\bar{r}_{kt}$，再转换成式(7.2.1)的联系数 $U_{\bar{r}_{kt}}$，并根据联系数的加法运算式和数乘运算式，即得到

$$M(S_k)=\sum_{t=1}^{n} w_t U_{\bar{r}_{kt}}=\sum_{t=1}^{n} w_t (A_{\bar{r}_{kt}}+B_{\bar{r}_{kt}1} i_1+B_{\bar{r}_{kt}2} i_2)=A_k+B_{k1} i_1+B_{k2} i_2 \tag{7.2.3}$$

此模型称为基于联系数的四参数区间数多属性决策模型，简称联系数决策模型，其值 $M(S_k)$ 称为决策值。当模型中各参数都是越大越好的效益型参数时，决策值大的方案优于决策值小的方案。

7.2.3　决策步骤

步骤 1：对四参数区间数属性值进行规范化。设区间数属性值为 $\widetilde{p}_{kt}=[p_{kt}^L, p_{kt}^M, p_{kt}^N, p_{kt}^U]$，规范化后的四参数区间数为 $\bar{r}_{kt}=[r_{kt}^L, r_{kt}^M, r_{kt}^N, r_{kt}^U]$。对于越大越好的效益型属性，其规范化公式为

$$r_{kt}^L=\frac{p_{kt}^L}{\max\limits_k(p_{kt}^U)},\quad r_{kt}^M=\frac{p_{kt}^M}{\max\limits_k(p_{kt}^U)},\quad r_{kt}^N=\frac{p_{kt}^N}{\max\limits_k(p_{kt}^U)},\quad r_{kt}^U=\frac{p_{kt}^U}{\max\limits_k(p_{kt}^U)} \tag{7.2.4}$$

对于越小越好的成本型属性，其规范化公式为

$$r_{kt}^L=\frac{\min\limits_k(p_{kt}^L)}{p_{kt}^U},\quad r_{kt}^M=\frac{\min\limits_k(p_{kt}^L)}{p_{kt}^M},\quad r_{kt}^L=\frac{\min\limits_k(p_{kt}^L)}{p_{kt}^N},\quad r_{kt}^U=\frac{\min\limits_k(p_{kt}^L)}{p_{kt}^L} \tag{7.2.5}$$

步骤 2：根据式(7.2.1)把规范化后得到的各属性值转换成属性联系数($A_{\bar{r}_{kt}}+B_{\bar{r}_{kt}1} i_1+B_{\bar{r}_{kt}2} i_2$)，其中

$$A_{\bar{r}_{kt}}=\frac{r_{kt}^M+r_{kt}^N}{2},\quad B_{\bar{r}_{kt}1}=r_{kt}^M-r_{kt}^L,\quad B_{\bar{r}_{kt}2}=r_{kt}^U-r_{kt}^N \tag{7.2.6}$$

步骤 3：根据式(7.2.3)计算各方案的决策值 $M(S_k)$。在决策值 $M(S_k)$ 中，取特殊值如 $i=0$，$i=0.5$，$i=1$ 分别计算决策值，在不同的 i 取值下分析不确定的情况，根据决策值的大小对方案进行优劣排序。

7.2.4　实例

为便于对比，以文献[9]和文献[10]两个例子分别说明上述联系数模型的使用。

例 7.2.1 设某一软件公司欲从 3 个候选人 S_1、S_2、S_3 中选出一个系统分析员，属性集为交际能力(Q_1)、经验(Q_2)、自信度(Q_3)，都为效益型属性，各方案属性值以四参数区间数给出，见表 7.2.1，各属性权重为 $w_1=0.21$，$w_2=0.44$，$w_3=0.35$。试决策出最优方案并给出 3 个方案的优劣排序[9]。

表 7.2.1 各方案的属性值

方案	Q_1	Q_2	Q_3
S_1	[5,6,7,8.67]	[8.33,9.23,9.67,10]	[3,4,5,7]
S_2	[9,10,10,10]	[9,10,10,10]	[7,7.62,8.67,9.67]
S_3	[7,7.54,8.67,9.67]	[7,7.46,8.67,9.67]	[6.33,7.46,8.33,9.67]

(1) 按照式(7.2.4)对属性决策矩阵进行规范化，得到规范化决策矩阵，见表 7.2.2。

表 7.2.2 各方案的属性值规范化矩阵

方案	Q_1	Q_2	Q_3
S_1	[0.5,0.6,0.7,0.867]	[0.833,0.923,0.967,1]	[0.3102,0.4137,0.5171,0.7239]
S_2	[0.9,1,1,1]	[0.9,1,1,1]	[0.7239,0.7880,0.8966,1]
S_3	[0.7,0.754,0.867,0.967]	[0.7,0.746,0.867,0.967]	[0.6546,0.7715,0.8614,1]

(2) 根据四参数区间数向联系数的转换式(7.2.6)，将规范化矩阵表示为联系数矩阵，见表 7.2.3。

表 7.2.3 由联系数表示的各方案的属性值规范矩阵

方案	Q_1	Q_2	Q_3
S_1	$0.65+0.1i_1+0.167i_2$	$0.945+0.09i_1+0.033i_2$	$0.4654+0.1035i_1+0.2068i_2$
S_2	$1+0.1i_1+0i_2$	$1+0.1i_1+0i_2$	$0.8423+0.0641i_1+0.1034i_2$
S_3	$0.8105+0.054i_1+0.1i_2$	$0.8065+0.046i_1+0.1i_2$	$0.8165+0.1169i_1+0.1386i_2$

(3) 根据联系数决策模型式(7.2.3)计算各方案的决策值 $M(S_k)$，并进行取值计算(选取有代表性的 i 值)，确定排序，见表 7.2.4。

表 7.2.4 各方案的决策值

方案	$M(S_k)$	$i_1=0,i_2=0$ 排序	$i_1=1,i_2=0.5$ 排序	$i_1=0.5,i_2=0.5$ 排序	$i_1=0.5,i_2=1$ 排序
S_1	$0.7152+0.0968i_1+0.1220i_2$	0.7152③	0.8730③	0.8246③	0.8856③
S_2	$0.9448+0.0874i_1+0.0362i_2$	0.9448①	1.9233①	1.0066①	1.0247①
S_3	$0.8108+0.0725i_1+0.1135i_2$	0.8108②	0.9401②	0.9308②	0.9606②

从表7.2.4可以看出，3个方案在同时取相同的特殊值的情况下，其排序顺序都是一样的，即 $S_2 > S_3 > S_1$，此结果与曾三云等[9]的排序结果一致。

例7.2.2　某公司计划进行证券投资，首先制定4项考查指标(属性)：收益率(Q_1)、损失率(Q_2)、证券价格(Q_3)、行业景气度(Q_4)，然后通过对上年统计资料进行分析，初步确定5种证券 $S_k(k=1,2,\cdots,5)$，考虑到各种因素对证券市场的影响，各种属性的属性值以四参数区间数形式给出，见表7.2.5，各属性权重为 $w_1=0.0410$，$w_2=0.3711$，$w_3=0.5370$，$w_4=0.0509$，试对这5种证券进行排序和择优[10]。

表7.2.5　5种证券的4项指标属性值

方案	Q_1(效益型)	Q_2(成本型)	Q_3(成本型)	Q_4(效益型)
S_1	[11,12,12,13]	[4,5,6,7]	[15,20,20,23]	[0.4,0.5,0.6,0.7]
S_2	[10,11,12,13]	[5,6,7,8]	[14,16,18,20]	[0.3,0.5,0.5,0.7]
S_3	[9,9,12,12]	[1.5,1.5,3,3]	[7,9,11,13]	[0.5,0.6,0.7,0.8]
S_4	[6,7,9,11]	[1.5,2,3,3.5]	[10,11,13,14]	[0.2,0.4,0.4,0.6]
S_5	[7,8,9,10]	[2,2.5,3,3.5]	[2,3,3,4]	[0.3,0.4,0.5,0.6]

步骤1：对属性值进行规范化，规范化方法使用文献[10]的方法，规范化矩阵见表7.2.6。

表7.2.6　5种证券的4项指标属性值的规范化矩阵

方案	Q_1	Q_2	Q_3	Q_4
S_1	[0.85,0.92,0.92,1.0]	[0.15,0.31,0.46,0.62]	[0.0,0.14,0.14,0.38]	[0.5,0.63,0.75,0.88]
S_2	[0.77,0.85,0.92,1.0]	[0.0,0.15,0.31,0.46]	[0.14,0.24,0.33,0.43]	[0.38,0.63,0.63,0.88]
S_3	[0.69,0.69,0.92,0.92]	[0.77,0.77,1.0,1.0]	[0.48,0.57,0.67,0.76]	[0.63,0.75,0.88,1.0]
S_4	[0.46,0.54,0.69,0.85]	[0.69,0.77,0.92,1.0]	[0.43,0.48,0.57,0.62]	[0.25,0.5,0.5,0.75]
S_5	[0.54,0.62,0.69,0.77]	[0.69,0.77,0.85,0.92]	[0.90,0.95,0.95,1.0]	[0.38,0.5,0.63,0.75]

对于效益型属性值，使用以下公式进行规范化：

$$\tilde{r}_{kt}=\left[\frac{p_{kt}^L}{\max\limits_k(p_{kt}^U)},\frac{p_{kt}^M}{\max\limits_k(p_{kt}^U)},\frac{p_{kt}^N}{\max\limits_k(p_{kt}^U)},\frac{p_{kt}^U}{\max\limits_k(p_{kt}^U)}\right] \tag{7.2.7}$$

对于成本性属性值，使用以下公式进行规范化

$$\begin{aligned}\tilde{r}_{kt}=&\left[\frac{\max\limits_k(p_{kt}^U-p_{kt}^U)}{\max\limits_k(p_{kt}^U)-\min\limits_k(p_{kt}^L)},\frac{\max\limits_k(p_{kt}^U-p_{kt}^N)}{\max\limits_k(p_{kt}^U)-\min\limits_k(p_{kt}^L)},\right.\\&\left.\frac{\max\limits_k(p_{kt}^U-p_{kt}^M)}{\max\limits_k(p_{kt}^U)-\min\limits_k(p_{kt}^L)},\frac{\max\limits_k(p_{kt}^U-p_{kt}^L)}{\max\limits_k(p_{kt}^U)-\min\limits_k(p_{kt}^L)}\right]\end{aligned} \tag{7.2.8}$$

步骤2：按照式(7.2.6)将表7.2.6的规范化矩阵改为联系数矩阵，见表7.2.7。

表7.2.7　5种证券的4项指标属性值的联系数矩阵

方案	Q_1	Q_2	Q_3	Q_4
S_1	$0.92+0.07i_1+0.08i_2$	$0.385+0.16i_1+0.16i_2$	$0.14+0.14i_1+0.24i_2$	$0.69+0.13i_1+0.13i_2$
S_2	$0.885+0.08i_1+0.08i_2$	$0.23+0.15i_1+0.15i_2$	$0.285+0.1i_1+0.1i_2$	$0.63+0.25i_1+0.25i_2$
S_3	$0.805+0i_1+0i_2$	$0.885+0i_1+0i_2$	$0.62+0.09i_1+0.09i_2$	$0.815+0.12i_1+0.12i_2$
S_4	$0.615+0.08i_1+0.16i_2$	$0.845+0.08i_1+0.08i_2$	$0.525+0.05i_1+0.05i_2$	$0.5+0.25i_1+0.25i_2$
S_5	$0.655+0.08i_1+0.08i_2$	$0.81+0.08i_1+0.08i_2$	$0.95+0.05i_1+0.05i_2$	$0.565+0.12i_1+0.12i_2$

步骤3：根据式(7.2.3)计算决策值$M(S_k)$，依照由大到小进行方案的优劣排序。见表7.2.8。

表7.2.8　各方案的决策值

	$M(S_k)$	$i_1=0, i_2=0$ 排序	$i_1=0.5, i_2=0.5$ 排序	$i_1=1, i_2=1$ 排序
S_1	$0.2909+0.1440i_1+0.1982i_2$	0.2909⑤	0.4620④	0.6331④
S_2	$0.3068+0.1254i_1+0.1254i_2$	0.3068④	0.4322⑤	0.5576⑤
S_3	$0.7359+0.0544i_1+0.0544i_2$	0.7359②	0.7903②	0.8447②
S_4	$0.6462+0.0725i_1+0.0758i_2$	0.6426③	0.7204③	0.7945③
S_5	$0.8664+0.0659i_1+0.0622i_2$	0.8664①	0.9305①	0.9945①

由表7.2.8可以看到，当$i_1=0, i_2=0$时，方案的排序是$S_5>S_3>S_4>S_2>S_1$，与文献[10]的结果相同。但当$i_1=0.5, i_2=0.5$和$i_1=1, i_2=1$时，最后两位排序发生变化，方案S_1排在了S_2的前面，即在不确定因素的影响下，出现了第二种排序方式，前三位排序没有变化，最后两位发生了改变，文献[10]的排序结果是本节结果中的一种。

7.2.5　讨论

从以上实例可以看出，针对四参数区间数的多属性决策问题，利用集对分析理论中的联系数，建立基于联系数的四参数区间数的多属性决策模型进行决策，算理简明，且能充分反映四参数区间数的不确定性，在考虑不确定性因素的影响下，可以全面地反映方案的可能排序，具有实用性。

具有不确定性的四参数区间数决策本身就带有不确定性，当对四参数区间数所表示的区间的子区间有不同的偏重考虑时，结果可能不同，决策的目的就是要找出具体条件约束下的最佳方案，以符合实际。

7.3　四参数区间数多属性决策集对分析(2)

针对属性权重和属性值都是四参数区间数的多属性决策问题，把四参数区间数表示的属性值和属性权重先用其特征函数“均值＋偏差”联系数(特征联系数)表示，再根据联系数运算法则作加权求和运算，从而获得决策结果[11]。

7.3.1　问题

设有 m 个方案 $S_k(k=1,2,\cdots,m)$，每个方案共同有 n 个属性 $Q_t(t=1,2,\cdots,n)$。第 k 个方案第 t 个属性的评价值用四参数区间数表示为 $\widetilde{p}_{kt}=[p_{kt}^L,p_{kt}^M,p_{kt}^N,p_{kt}^U]$，决策矩阵为 $\boldsymbol{P}=(\widetilde{p}_{kt})_{m\times n}(k=1,2,\cdots,m;t=1,2,\cdots,n)$，假定属性评价值 $\widetilde{p}_{kt}$ 已经过规范化处理为越大越好型，规范化处理后的属性决策矩阵记为 $\boldsymbol{R}=[\widetilde{r}_{kt}]_{m\times n}$。每个属性的权重也用四参数区间数 $\widetilde{w}_t(t=1,2,\cdots,n)$ 表示，经处理后各属性权重为 w_t'，满足 $0<w_t'<1$，且 $\sum\limits_{t=1}^{n}w_t'=1$，要在 m 个方案 S_k 中决策出最优方案，并进行优劣排序。

7.3.2　决策原理

1. 四参数区间数的特征函数均值与最大偏差

1）均值函数

定义 7.3.1　设 $\overline{A}(x)$是四参数区间数 $\widetilde{A}(x)=[A^L,A^{ML},A^{MU},A^U]$的均值函数，则

$$\overline{A}(x)=\frac{A^L+A^{ML}+A^{MU}+A^U}{4} \tag{7.3.1}$$

2）最大偏差函数

定义 7.3.2　用 $D\widetilde{A}(x)$表示四参数区间数 $\widetilde{A}(x)$的最大隶属度函数与均值函数 $\overline{A}(x)$的最大偏差，则有

$$D\widetilde{A}(x)=A^U-\overline{A}(x) \tag{7.3.2}$$

2. 四参数区间模糊数的特征联系数

定义 7.3.3　设 $\widetilde{A}(x)$是一个四参数区间数，$\overline{A}(x)$是 $\widetilde{A}(x)$的均值，$D\widetilde{A}(x)$是 $\widetilde{A}(x)$的最大偏差，则称

$$U\widetilde{A}(x)=\overline{A}(x)+(D\widetilde{A}(x))i \tag{7.3.3}$$

是四参数区间数 $\widetilde{A}(x)$的一个特征联系数，其中 $i\in[-1,1]$。

容易看出，四参数区间数$\widetilde{A}(x)$的特征联系数既反映出四参数区间数$\widetilde{A}(x)$的相对稳定的确定程度（由$\overline{A}(x)$承载），又反映出$\widetilde{A}(x)$相对波动的不确定程度（由$D\widetilde{A}(x)$承载），能较好地刻画一个四参数区间数相对确定的信息和相对不确定的信息，因此，是四参数区间数的一个“代表”。

7.3.3 决策模型

1. 基本模型

设方案集S的各方案$S_k(k=1,2,\cdots,m)$的各属性$P_t(t=1,2,\cdots,n)$（假定均为越大越好的效益型属性），经规范化处理后是无量纲的属性值四参数区间数$U\widetilde{A}(x)$的特征联系数U_{kt}，其加权综合结果为$M(S_k)$，则有

$$M(S_k)=\sum_{t=1}^{n}w_tU_{kt} \tag{7.3.4}$$

式中，w_t为第t个属性的权重。$M(S_k)$值大的方案为优。

2. 均值模型

若式(7.3.4)中的联系数U_{kt}由四参数区间数$U\widetilde{A}(x)$的均值函数$\overline{A}(x)$与最大偏差函数$D\widetilde{A}(x)$组成，则当$D\widetilde{A}(x)=0$时，有

$$M(S_k)=\sum_{t=1}^{n}w_t\overline{A}_t(x) \tag{7.3.5}$$

称式(7.3.5)为基于四参数区间数均值的多属性决策模型，简称均值模型。

3. 不确定性分析模型

由于式(7.3.4)中的$U_{kt}=\overline{A}(x)+(D\widetilde{A}(x))i$中含有$i$，所以当考查$i\in[-1,1]$区间中$i$取不同值时$M(S_k)$的变化，其实质是一种不确定性分析，故此时的式(7.3.4)也称为不确定性分析模型。

为方便，实际决策时可以先按式(7.3.5)作均值模型下的初决策，继而通过不确定性分析模型作出最终决策。

7.3.4 实例

例 7.3.1 这里引用文献[12]中的实例说明本节方法的应用。

从企业技术创新能力这个角度对A_1、A_2、A_3、A_4四个企业综合评价，6项评估指标（属性）分别是创新资源投入能力(P_1)、创新管理能力(P_2)、创新倾向(P_3)、研究开发能力(P_4)、制造能力(P_5)、营销能力(P_6)。现由专家对各企业的上述指标评估，各指标下的属性值如表7.3.1所示。各决策者给出的属性权重均由正四参

数区间数来刻画,各属性权重四参数区间数为

$w_1=[0.10,0.15,0.18,0.20]$, $w_2=[0.05,0.07,0.10,0.15]$

$w_3=[0.20,0.21,0.27,0.30]$, $w_4=[0.05,0.08,0.13,0.15]$

$w_5=[0.15,0.17,0.21,0.25]$, $w_6=[0.10,0.12,0.18,0.20]$

试用本节的方法对 4 个备选企业进行排序。

表 7.3.1　各方案在各属性值上的评估值

指标＼企业	A_1	A_2	A_3	A_4
P_1	[0.88,0.90,0.92,0.95]	[0.85,0.87,0.89,0.90]	[0.80,0.82,0.86,0.90]	[0.90,0.94,0.98,1.00]
P_2	[0.84,0.86,0.88,0.90]	[0.91,0.93,0.94,0.95]	[0.90,0.92,0.94,0.95]	[0.89,0.90,0.92,0.93]
P_3	[0.91,0.94,0.96,0.97]	[0.85,0.87,0.89,0.91]	[0.91,0.92,0.94,0.97]	[0.90,0.92,0.94,0.95]
P_4	[0.91,0.93,0.95,0.96]	[0.86,0.88,0.91,0.93]	[0.93,0.95,0.97,0.99]	[0.90,0.92,0.93,0.95]
P_5	[0.86,0.88,0.90,0.92]	[0.87,0.89,0.92,0.94]	[0.90,0.91,0.92,0.93]	[0.94,0.96,0.97,0.98]
P_6	[0.91,0.92,0.93,0.95]	[0.92,0.93,0.95,0.96]	[0.95,0.97,0.98,1.00]	[0.90,0.93,0.94,0.95]

决策过程如下。

步骤 1:对各属性权重四参数区间数求其平均值,得

$\overline{w}_1=0.1575$, $\overline{w}_2=0.0925$, $\overline{w}_3=0.245$, $\overline{w}_4=0.1025$, $\overline{w}_5=0.195$, $\overline{w}_6=0.15$

权重之和为

$$\sum_{j=1}^{6}\overline{w}_j = 0.9425$$

作归一化处理,计算 $\dfrac{\overline{w}_j}{\sum_{j=1}^{6}\overline{w}_j}$ $(j=1,2,3,\cdots,6)$后,得各属性权重为

$\overline{w}'_1=0.167$, $\overline{w}'_2=0.098$, $\overline{w}'_3=0.260$, $\overline{w}'_4=0.109$, $\overline{w}'_5=0.207$, $\overline{w}'_6=0.159$

且满足

$$\sum_{j=1}^{6}\overline{w}'_1 = 1$$

步骤 2:计算表 7.3.1 中的各属性评估值四参数区间数的特征联系数 $U(A_k,P_t)=\overline{A}(x_{kt})+(D\widetilde{A}(x_{kt}))i$,得到表 7.3.2。

表 7.3.2 各评估值四参数区间数的特征(均值+最大偏差)联系数

	$U(A_1,P_t)$	$U(A_2,P_t)$	$U(A_3,P_t)$	$U(A_4,P_t)$
P_1	$0.9125+0.0375i$	$0.8775+0.0225i$	$0.845+0.055i$	$0.955+0.045i$
P_2	$0.87+0.03i$	$0.9325+0.0175i$	$0.9275+0.0225i$	$0.91+0.02i$
P_3	$0.945+0.025i$	$0.88+0.03i$	$0.935+0.035i$	$0.9275+0.0225i$
P_4	$0.9375+0.0225i$	$0.895+0.035i$	$0.96+0.03i$	$0.925+0.025i$
P_5	$0.89+0.03i$	$0.905+0.035i$	$0.915+0.015i$	$0.9625+0.0175i$
P_6	$0.9275+0.0225i$	$0.94+0.02i$	$0.975+0.025i$	$0.93+0.02i$

步骤 3:对表 7.3.2 中的联系数计入各属性权重,并对各评价对象的加权属性联系数求和,得到表 7.3.3。

表 7.3.3 计入各属性权重后的各评估值"均值+最大偏差"联系数

企业 / 指标	A_1	A_2	A_3	A_4
P_1	$0.1524+0.0063i$	$0.1465+0.0038i$	$0.1411+0.0092i$	$0.1596+0.0075i$
P_2	$0.0853+0.0029i$	$0.0914+0.0017i$	$0.0909+0.0022i$	$0.0892+0.0020i$
P_3	$0.2457+0.0065i$	$0.2288+0.0078i$	$0.2431+0.0091i$	$0.2412+0.0059i$
P_4	$0.1022+0.0025i$	$0.0976+0.0038i$	$0.1046+0.0033i$	$0.1008+0.0027i$
P_5	$0.1842+0.0062i$	$0.1873+0.0072i$	$0.1894+0.0031i$	$0.1992+0.0036i$
P_6	$0.1475+0.0036i$	$0.1495+0.0032i$	$0.1550+0.0040i$	$0.1479+0.0032i$
$\sum_{t=1}^{6} P_t$	$0.9191+0.0280i$	$0.9011+0.0275i$	$0.9241+0.0309i$	$0.9379+0.0249i$

步骤 4:对初排序作不确定性分析。具体是对 $M(A_k)$ 中的 i 值作不同取值计算,①为最优,④为最差,结果见表 7.3.4。

表 7.3.4 4 个决策对象在取不同 i 值时的排序变化

	$\sum_{t=1}^{6} P_t$	$i=0$	$i=1$	$i=-1$	$i=-0.8$	$i=-0.5$	$i=-0.3$
$M(A_1)$	$0.9191+0.0280i$	0.9191③	0.9471③	0.8911③	0.8967③	0.9051③	0.9107③
$M(A_2)$	$0.9011+0.0275i$	0.9011④	0.9286④	0.8736④	0.8791④	0.8874④	0.8929④
$M(A_3)$	$0.9241+0.0309i$	0.9241②	0.9550②	0.8932②	0.8994②	0.9087②	0.9148②
$M(A_4)$	$0.9379+0.0249i$	0.9379①	0.9628①	0.9130①	0.9180①	0.9255①	0.9304①

由表 7.3.4 可见,当 $i=0$ 时,其实就是以式(7.3.5)的"均值模型"得到的排序,即 $A_4 > A_3 > A_1 > A_2$,A_4 最优,A_2 最劣,这一排序与文献[12]所得排序结果完全一致。其后的不确定性分析显示,当 $i=1, i=-1, i=-0.8, i=-0.5, i=-0.3$ 时,各方案的排序保持不变;但如果让 $M(A_3)$、$M(A_4)$ 中的 $i=-1$,与此同时让

$M(A_1)$、$M(A_2)$中的 $i=1$,则因为 0.9471>0.9286>0.9130>0.8932,从而使得方案 A_1 最优,方案 A_2 次优,方案 A_4 位居第三;方案 A_3 最劣。可见在不同的不确定性组合条件下,各方案的优劣排序是有变化的。究竟选择哪个方案作为最优决策方案,建议决策者从实际出发考虑;如不考虑上面所说的不确定性组合情况,则选取 A_4 为最优方案。

7.3.5　讨论

从以上解决问题的途径可以看出,用四参数区间数作为决策信息的表达形式,利用集对分析理论及其中的联系数则能较为客观地反映出原始决策信息的确定性和相对不确定性,其决策建模过程以及模型的计算分析既有相对确定性的计算,使运算过程简化,又有关于不确定性的分析,较为客观地反映出决策的灵活性。

四参数区间数也被一些文献称为梯形模糊数,但这种称谓不如"四参数区间数"的称谓形象和直观简洁,因为直观上看,四参数区间数的四个参数是完全清晰的,所以本书采用"四参数区间数"的称谓。

类似三参数区间数对区间内最可能取值点加权的做法,对四参数区间数的每个参数也可以采用加权的方式来突出说明其中的最可能取值点、次可能取值点,也就是把式(7.3.1)看成四参数区间数中的 4 个参数等数时的一种平均数,在计及权重后,式(7.3.1)需改写成

$$\overline{A}(x)=\frac{\alpha A^{L}+\beta A^{ML}+\gamma A^{MU}+\varepsilon A^{U}}{4}$$

式中,$\alpha+\beta+\gamma+\varepsilon=1$,当需要突出 A^{ML} 和 A^{MU} 取值的最可能值时,加注约束条件 $\beta+\gamma>\alpha+\varepsilon$。

7.4　直觉模糊数多属性决策集对分析

7.4.1　预备知识及问题

1. 直觉模糊集

定义 7.4.1　设 P 是一个非空集合,则称 $F=\{\langle x,\mu_F(x),\nu_F(x)\rangle \mid x\in P\}$ 为直觉模糊集,其中,$\mu_F(x)$和 $\nu_F(x)$分别为 P 中元素 x 属于 P 的隶属度和非隶属度,$\mu_F:P\rightarrow[0,1]$,$\nu_F:P\rightarrow[0,1]$,且满足条件 $0\leqslant\mu_F(x)+\nu_F(x)\leqslant1,x\in P$。

此外,称 $\pi_F(x)=1-\mu_F(x)-\nu_F(x)$表示 P 中元素 x 属于 P 的犹豫度。Szmidt 等称 $\pi_F(x)$为 P 中元素 x 属于 P 的直觉指标,且 $0\leqslant\pi_F(x)\leqslant1,x\in P$。特别地,若 $\pi_F(x)=0$,则 F 退化为传统的模糊集。

根据上述定义可知,直觉模糊集的基本组成部分是由 P 中元素 x 属于 P 的隶

属度和非隶属度所组成的有序对，也有人称之为直觉模糊数[13]，一般简记为 $\alpha=\langle\mu_\alpha,\nu_\alpha\rangle$，其中 $0\leqslant\mu_\alpha+\nu_\alpha\leqslant1$。直觉模糊集由保加利亚学者 Atanassov[14]给出。

2. 得分函数

为了实际应用的需要，Chen 等于 1994 年给出了直觉模糊数得分函数的概念[15]。

定义 7.4.2　设直觉模糊数 $\alpha=\langle\mu_\alpha,\nu_\alpha\rangle$，其中 $0\leqslant\mu_\alpha+\nu_\alpha\leqslant1$，令 $S(\alpha)=\mu_\alpha-\nu_\alpha$，称 $S(\alpha)$ 为得分函数，其中 $S(\alpha)\in[-1,1]$。

显然，$S(\alpha)$ 越大，即 μ_α 与 ν_α 之间的差值越大，直觉模糊数 α 的得分值越高。因此，得分值 $S(\alpha)$ 可作为衡量直觉模糊数 α 大小的一个重要指标。

3. 直觉模糊数多属性决策问题

属性权重信息不完全，属性值以直觉模糊数给出的多属性决策问题如下。

设有 $S_1,S_2,\cdots,S_m$ 共 m 个方案，每个方案各有 n 个相同的属性 $Q_1,Q_2,\cdots,Q_n$，属性值用直觉模糊数表示为 $\alpha_{tk}=\langle\mu_{tk},\nu_{tk}\rangle,\mu_{tk},\nu_{tk}\in[0,1](t=1,2,\cdots,m;k=1,2,\cdots,n)$，各属性权重为 $w_1,w_2,\cdots,w_n$，以不完全信息的形式给出，包括下列情况[13]：①弱序 $\{w_i\geqslant w_j\}$；②严格序 $\{w_i-w_j\geqslant\alpha_i\}$；③倍序 $\{w_i\geqslant\alpha_i w_j\}$；④区间序 $\{\alpha_i\leqslant w_i\leqslant\alpha_i+\varepsilon_i\}$；⑤差序 $\{w_i-w_j\geqslant w_k-w_t\}$。上述 α_i、ε_i 是非负常数，$\sum_{k=1}^{n}w_k=1$，且 $0\leqslant w_k\leqslant1$。此外，为简明起见，规定各属性值已通过规范化处理为无量纲的 α_{tk}。要求在 m 个方案中确定最优方案，并进行优劣排序。

7.4.2　决策原理

1. 模糊隶属度的联系数化

在联系数 $u=a+bi$ 中，若满足 $a+b=1$，则可以用于模糊隶属度的联系数化。具体方法是：把 Zadeh 关于 x 属于给定集合 P 的模糊隶属度 $\mu_x(P)\in[0,1]$ 通过与该隶属度的补数 $1-\mu_x(P)$ 联系后改写成联系数。

当 $1-\mu_x(P)$ 是对 $\mu_x(P)$ 的否定时，把 $\mu_x(P)$ 改写成

$$\mu_x(P)'=\mu_x(P)+[1-\mu_x(P)]j \tag{7.4.1}$$

当不能确定 $1-\mu_x(P)$ 是否是对 $\mu_x(P)$ 的否定时，把 $\mu_x(P)$ 改写成

$$\mu_x(P)'=\mu_x(P)+[1-\mu_x(P)]i \tag{7.4.2}$$

类似地，如果仅给出一个元素 x 是否属于集合 P 的不确定性程度为 $\mu_x(P)=b,b\in[0,1]$，则当 $1-b$ 是确定 x 属于 P 时，改写成

$$\mu_x(P)=a+bi,\quad a+b=1 \tag{7.4.3}$$

当 $1-b$ 是确定 x 不属于 P 时，改写成

$$\mu_x(P)=bi+cj,\quad b+c=1 \tag{7.4.4}$$

容易看出，式(7.4.1)和式(7.4.2)还可以进一步分别改写成异部为零和反部为零的联系数，即

$$\mu_x(P)'=\mu_x(P)+0i+[1-\mu_x(P)]j \tag{7.4.5}$$

$$\mu_x(P)'=\mu_x(P)+[1-\mu_x(P)]i+0j \tag{7.4.6}$$

同理，式(7.4.3)和式(7.4.4)也可以进行类似改写，以完整地表示出 $\mu_x(P)$ 所附带的信息。

2. 化直觉模糊数为联系数

考虑到直觉模糊数中的隶属度和非隶属度的对立性特点，将直觉模糊数的隶属度与联系数 $a+bi+cj$ 中的 a 相对应，把直觉模糊数的非隶属度与联系数 $a+bi+cj$ 中的 c 相对应，把直觉模糊数的犹豫度与联系数 $a+bi+cj$ 的 bi 相对应，这样直觉模糊数就转换为联系数。

设有直觉模糊数 $\alpha=\langle\mu_\alpha,\nu_\alpha\rangle$，令 $a=\mu_\alpha$，$c=\mu_\alpha$，$b=1-\mu_\alpha-\upsilon_\alpha$，得联系数

$$\alpha=a+bi+cj,\quad j=-1,\quad i\in[-1,1] \tag{7.4.7}$$

此时，直觉模糊数的得分函数 $S(\alpha)$ 的值为

$$S(\alpha)=\mu_\alpha-\nu_\alpha=a-c \tag{7.4.8}$$

从式(7.4.7)和式(7.4.8)的对比可以看到，得分函数忽略了不确定性的影响，而联系数则全面系统地反映了不确定性的影响。因此，把直觉模糊数转换成联系数后进行决策，可以对其中的不确定性方便地展开分析。

3. 三元联系数的大小比较

在第 3 章介绍了三元联系数的定义及加法、乘法等运算，在此基础上，定义三元联系数的大小比较方法。

定义 7.4.3　设有联系数 $u_1=a_1+b_1i+c_1j$，$u_2=a_2+b_2i+c_2j$，当且仅当 a_1、b_1、c_1、a_2、b_2、c_2、i、j 都有确定的值时，可以比较 u_1 与 u_2 的大小。

例如，设联系数 $u_1=0.5+0.1i+0.4j$，$u_2=0.6+0.1i+0.3j$，当 $i=0.5$，$j=-1$ 时，有 $u_1=0.15$，$u_2=0.35$，则 $u_2>u_1$。

7.4.3　决策步骤

步骤 1：将属性权重联系数化。

转换方法：参考前面把模糊隶属度联系数化的式(7.4.1)～式(7.4.6)，并根据题目给出的各属性权重不完全信息，写出各属性权重的同异反联系数表达式 $\alpha=a+bi+cj$，把不确定部分计入 b，确定部分分成“肯定”或“否定”两部分，肯定部分计入 a，否定部分计入 c。因为当权重偏好信息用不等式给出时，其实质是用一种

区间数表示权重,所以可以根据前述区间数向联系数的转换理论进行转换。

步骤 2:将各直觉模糊数属性值 α_{tk} 改写成联系数 r_{tk}

$$r_{tk}=a_{tk}+b_{tk}i+c_{tk}j \tag{7.4.9}$$

式中,$a_{tk}=\mu_{tk}$,$b_{tk}=1-\mu_{tk}-v_{tk}$,$c_{tk}=v_{tk}$。

步骤 3:建立综合评价模型

$$M(S_t)=\sum_{k=1}^{n}w_k r_{tk} \tag{7.4.10}$$

计算各方案的综合评价值 $M(S_t)$。

步骤 4:依据集对分析的同异反不确定性系统理论,考虑到直觉模糊集的对立性特点,取 $j\in\left[0,\frac{1}{K}\right]$,$\frac{1}{K}=\min(\mu_{tk})$(同一度中的最小值)以及 $i\in[0,1]$内的 i 和 j 的代表值,计算综合评价值 $M(S_t)$,并依据值的大小进行排序。

步骤 5:对排序结果进行不确定性分析,对于可能得到的各种排序,根据其期望排序作出决策,并与其他方法所得排序结果相比较,展开讨论和分析。

7.4.4 实例

例 7.4.1 本例取自文献[13]。一个家庭欲购买 1 台冰箱,有 5 个方案 S_1,S_2,…,S_5 供选择,主要的评价指标(属性)有 6 项:安全性(Q_1)、制冷性能(Q_2)、结构性能(Q_3)、可靠性(Q_4)、经济性(Q_5)、美观性(Q_6)。利用统计方法得到各方案 S_t 对属性 Q_k 的满意程度值 μ_{tk} 和不满意程度值 v_{tk}($t=1,2,\cdots,5$;$k=1,2,\cdots,6$),记直觉模糊数为 $\alpha_{tk}=\langle\mu_{tk},v_{tk}\rangle$,具体见表 7.4.1。

表 7.4.1 直觉模糊数矩阵

	Q_1	Q_2	Q_3	Q_4	Q_5	Q_6
S_1	⟨0.3,0.5⟩	⟨0.6,0.3⟩	⟨0.6,0.4⟩	⟨0.8,0.2⟩	⟨0.4,0.5⟩	⟨0.5,0.3⟩
S_2	⟨0.7,0.3⟩	⟨0.5,0.3⟩	⟨0.7,0.2⟩	⟨0.7,0.1⟩	⟨0.5,0.4⟩	⟨0.4,0.1⟩
S_3	⟨0.4,0.3⟩	⟨0.7,0.2⟩	⟨0.5,0.4⟩	⟨0.6,0.3⟩	⟨0.4,0.3⟩	⟨0.3,0.2⟩
S_4	⟨0.6,0.2⟩	⟨0.5,0.4⟩	⟨0.7,0.2⟩	⟨0.3,0.2⟩	⟨0.5,0.4⟩	⟨0.7,0.3⟩
S_5	⟨0.5,0.3⟩	⟨0.3,0.5⟩	⟨0.6,0.3⟩	⟨0.6,0.2⟩	⟨0.6,0.2⟩	⟨0.5,0.2⟩

各项指标权重信息为 $w_1\leqslant0.3$,$w_2\leqslant0.2$,$0.2\leqslant w_3\leqslant0.5$,$w_3-w_2\geqslant w_5-w_4$,$0.1\leqslant w_5\leqslant0.4$,$w_4\leqslant w_1$,$w_4\leqslant0.1$,$w_6\geqslant0.2$。试对可供选择的 5 种冰箱进行优劣排序。

决策过程如下。

步骤 1:把由不等式表示的权重信息转化为联系数的形式。

转化依据:用不等式给出的权重偏好信息,实质上是同时给出了权重 w_t($t=$

1,2,…,6)在[0,1]区间的位置和权重 w_t 的允许变动范围,据此可以根据题给权重偏好信息用联系数表示这个权重;其中权重变动范围的大小用联系数中的 b 表示,用 $i\in[0,1]$表示在该范围中取值的不确定;而这个范围所处的位置还要同时根据不等式中不等号的个数及不等号方向而定。当不等式中只有 1 个不等号时,说明这时的 b 位于[0,1]区间紧靠某一端点的一侧,这时 $1-b=a+c$ 中的 a 或 c 等于 0,是 a 还是 c 等于 0,判别规则是:当且仅当 $w_t\leqslant p$, $p\in[0,1]$时,$a=0$,例如,$w_1\leqslant 0.3$,其 w_1 的允许变动范围是[0,0.3],所以 $b=0.3$,同时也得知这时的 $a=0$,于是知 $c=0.7$。类似地,当且仅当 $w_t\geqslant p$, $p\in[0,1]$时,$c=0$;例如,$w_6\geqslant 0.2$,w_6 的变化范围是[0.2,1],所以 $b=0.8$,同时也得知这时的 $c=0$。当不等式中有 2 个不等号时,说明这时的 b 位于[0,1]区间的某个中间位置,两端都不靠,这时 $1-b=a+c$ 中的 a 和 c 都不等于 0,各自的值可以根据题给条件直接写出,例如,$0.2\leqslant w_3\leqslant 0.5$,其 w_3 的变化范围是[0.2,0.5],所以 $b=0.3$,$1-b=a+c=0.7$,由于这时的 $a=0.2$,所以 $c=0.5$。

根据题给条件,运用上述方法写出各权重的联系数形式为

$$w_1=0+0.3i+0.7j,\quad w_2=0+0.2i+0.8j,\quad w_3=0.2+0.3i+0.5j$$

$$w_4=0+0.1i+0.9j,\quad w_5=0.1+0.3i+0.6j,\quad w_6=0.2+0.8i+0j$$

式中,$j=0$。

步骤 2:把模糊属性值矩阵改为联系数表示的决策矩阵,得到表 7.4.2。

表 7.4.2　用联系数表示的模糊数决策矩阵

	Q_1	Q_2	Q_3	Q_4	Q_5	Q_6
S_1	$0.3+0.2i+0.5j$	$0.6+0.1i+0.3j$	$0.6+0i+0.4j$	$0.8+0i+0.2j$	$0.4+0.1i+0.5j$	$0.5+0.2i+0.3j$
S_2	$0.7+0i+0.3j$	$0.5+0.2i+0.3j$	$0.7+0.1i+0.2j$	$0.7+0.2i+0.1j$	$0.5+0.1i+0.4j$	$0.4+0.5i+0.1j$
S_3	$0.4+0.3i+0.3j$	$0.7+0.1i+0.2j$	$0.5+0.1i+0.4j$	$0.6+0.1i+0.3j$	$0.4+0.3i+0.3j$	$0.3+0.5i+0.2j$
S_4	$0.6+0.2i+0.2j$	$0.5+0.1i+0.4j$	$0.7+0.1i+0.2j$	$0.3+0.5i+0.2j$	$0.5+0.1i+0.4j$	$0.7+0i+0.3j$
S_5	$0.5+0.2i+0.3j$	$0.3+0.2i+0.5j$	$0.6+0.1i+0.3j$	$0.6+0.2i+0.2j$	$0.6+0.2i+0.2j$	$0.5+0.3i+0.2j$

步骤 3:据综合评价模型计算 $M(S_t)$

$$M(S_1)=\sum_{k=1}^{n}w_k r_{1k}=0.26+1.04i+0.27i^2+1.02ij+2.14j+1.27j^2$$

类似可得

$$M(S_2)=0.27+1.19i+0.52i^2+0.87ij+2.27j+0.88j^2$$

$$M(S_3)=0.20+0.98i+0.64i^2+1.14ij+2.02j+1.02j^2$$

$$M(S_4)=0.33+1.26i+0.19i^2+1.36ij+1.88j+0.98j^2$$

$$M(S_5)=0.28+1.13i+0.45i^2+1.17ij+1.91j+1.06j^2$$

步骤 4:由表 7.4.1 得 $\min(\mu_{tk})=0.3$,此时 $j\in[0,0.3]$,分别取 i 和 j 的代表值进行计算,见表 7.4.3。

表 7.4.3　5 个方案在不确定条件下的排序

$M(S_t)$	$i=0,j=0$ 排序	$i=0,j=0.3$ 排序	$i=0.7,j=0.3$ 排序	$i=1,j=0$ 排序	期望排序
$M(S_1)$	0.26④	1.02②	2.09⑤	1.57⑤	1.2887⑤
$M(S_2)$	0.27③	1.03①	2.30①	1.98①	1.4469①
$M(S_3)$	0.20⑤	0.90⑤	2.14④	1.82③	1.3142④
$M(S_4)$	0.33①	0.98③	2.24②	1.78④	1.3829②
$M(S_5)$	0.28②	0.94④	2.21③	1.86②	1.3728③

步骤 5:确定排序。

由表 7.4.3 可以看出,在不确定条件下,分别让 i 和 j 取不同的值,5 个方案有着不同的排序,从数学期望的意义上取综合评价值的平均值,得到期望排序(表 7.4.3的最右列)$S_2>S_4>S_5>S_3>S_1$,这个排序结果与文献[13]的结果一致,也与表 7.4.3 中 $i=0.7,j=0.3$ 时的排序结果相同,最优方案是 S_2。

7.4.5　讨论

直觉模糊集从提出到现在并没有一个与之相对应的代数表达式,本节依据集对分析的理论,把联系数与直觉模糊集概念相对照,联系数的 a 对应直觉模糊数的隶属度,c 对应直觉模糊数的非隶属度,b 对应直觉模糊数的犹豫度,因而可以建立基于集对分析联系数 $a+bi+cj$ 的直觉模糊多属性决策模型,再依据对联系数 $a+bi+cj$ 中不确定数 i 的分析,使得直觉模糊多属性决策问题中的不确定性分析有了着眼点和可操作性。利用联系数 $a+bi+cj$ 的同异反辩证关系和相互作用来刻画直觉模糊性是一个较好的途径,与直觉模糊数理论比较具有较大的优势。

在集对分析中,联系数是一个家族,最基本的联系数是 $a+bi$ 型联系数,把 bi 型联系数中的 i 展开成 i_1 和 i_2,b 展开成 b_1 和 b_2,则由 $a+bi$ 型联系数导出联系数 $a+b_1i_1+b_2i_2$。特别情况下,$i_2=-1$,则令 $i_2=j$,$b_2=c$,导得 $a+b_1i_1+cj$ 型联系数,此联系数即是 $a+bi+cj$ 型联系数;再把 $a+bi+cj$ 中的 i 展开为 i_1 和 i_2,b 展开成 b_1 和 b_2,于是由 $a+bi+cj$ 型联系数导得 $a+b_1i_1+b_2i_2+cj$ 型联系数,此即四元联系数。重复以上展开,可得五元联系数、六元联系数等。从中可以看出,所谓直觉模糊集(数),其实与联系数家族中的 $a+bi+cj$ 型联系数有一定的对应关系。

从实际应用的角度看,不论 $a+bi$ 型联系数,还是 $a+bi+cj$ 三元联系数或是 $a+bi+cj+dk$ 四元联系数,无论在概念判定还是建模计算和不确定性分析方面,都显得直观、简洁。直觉模糊集把对研究对象的肯定的测度、否定的测度,及其犹豫度放在同一个集合中,从集合论关于集合建构的角度看,是一种不能"自洽"的集合，一种不规范、不规则的集合，在实际应用时，仅在表达研究对象的不确定性时有一定的实用价值，在进一步的数学建构和计算过程中都显得极其烦琐和不便，建议实际决策工作者在同时获得决策属性的肯定测度、否定测度条件下，改用 $a+bi+cj$ 型联系数表示属性的测度，这样可以大大简化建模和计算过程，也便于进行不确定性分析。

7.5　区间直觉模糊数多属性决策集对分析

针对属性权重为实数且属性值为区间直觉模糊数的多属性决策问题，施丽娟等[16]运用直觉模糊集思想与集对分析思想的兼容性，将区间直觉模糊决策矩阵转化为联系度矩阵，然后计算出各方案的综合联系度，再结合区间数排序方法最终实现方案排序。下面介绍施丽娟等的研究工作。

7.5.1　预备知识及问题

1. 有关概念

定义 7.5.1　设 X 是一个非空集合，则称 $\bar{A}=\{\langle x,\bar{\mu}_{\bar{A}}(x),\bar{\nu}_{\bar{A}}(x)\rangle\mid x\in X\}$ 为区间直觉模糊集，其中 $\bar{\mu}_{\bar{A}}(x)\subset[0,1]$，$\bar{\nu}_{\bar{A}}(x)\subset[0,1]$，且满足条件 $\sup\bar{\mu}_{\bar{A}}(x)+\sup\bar{\nu}_{\bar{A}}(x)\leqslant 1,\forall x\in X$。

定义 7.5.2　由区间直觉模糊集的基本组成部分 $\bar{\mu}_{\bar{A}}(x)$ 和 $\bar{\nu}_{\bar{A}}(x)$ 所组成的有序对称为区间直觉模糊数，记为 $(\bar{\mu}_{\bar{A}}(x),\bar{\nu}_{\bar{A}}(x))$。区间直觉模糊数的一般形式简记为 $([a,b],[c,d])$，其中 $[a,b]\subset[0,1]$，$[c,d]\subset[0,1]$，$b+d\leqslant 1$。$[a,b]$ 是集合 X 中元素 x 属于 X 的隶属度区间，$[c,d]$ 是集合 X 中元素 x 属于 X 的非隶属度区间。

2. 区间直觉模糊数多属性决策问题

区间直觉模糊数多属性决策问题描述如下：设 $A=\{A_1,A_2,\cdots,A_n\}$ 为方案集，$G=\{G_1,G_2,\cdots,G_m\}$ 为属性集，$\boldsymbol{w}=[w_1,w_2,\cdots,w_m]$ 为属性权重向量用点实数表示，其中 $w_k\in[0,1](k=1,2,\cdots,m)$，$\sum\limits_{k=1}^{m}w_k=1$。假设有关方案 A_t 关于属性 G_j 的特征信息用区间直觉模糊数形式给出，所有给出的区间直觉模糊数组成一个决策矩阵 $\bar{\boldsymbol{A}}=(\bar{\alpha}_{kt})_{mn}$，其中 $\bar{\alpha}_{kt}=([a_{kt},b_{kt}],[c_{kt},d_{kt}])$，$0\leqslant a_{kt}\leqslant b_{kt}\leqslant 1$，$0\leqslant c_{kt}\leqslant d_{kt}\leqslant 1$，$b_{kt}+d_{kt}\leqslant 1(k=1,2,\cdots,m;t=1,2,\cdots,n)$。试决策出最优方案。

7.5.2　决策方法

依上节论述可知，直觉模糊数 $A=\{\langle x,\mu_A(x),\nu_A(x)\rangle\mid x\in X\}$ 可转化为以下

联系度:

$$\eta=a+bi+cj \tag{7.5.1}$$

式中,$a=\mu_A(x)$,$b=1-\mu_A(x)-\nu_A(x)$,$c=\nu_A(x)$。

区间直觉模糊数 $\bar{\alpha}_{kt}=([a_{kt},b_{kt}],[c_{kt},d_{kt}])$ 也可以进行相应转化,转化为区间型联系数为

$$\eta_{kt}=m_{kt}+n_{kt}i+p_{kt}j \tag{7.5.2}$$

式中,$m_{kt}=[a_{kt},b_{kt}]$,$n_{kt}=[1-b_{kt}-d_{kt},1-a_{kt}-c_{kt}]$,$p_{kt}=[c_{kt},d_{kt}]$。

决策步骤如下。

步骤 1:根据式(7.5.2)将区间直觉模糊数决策矩阵 $\bar{\mathbf{A}}=(\bar{\alpha}_{kt})_{mn}$ 转化为联系度矩阵,并计入权重,即 $(\eta_{kt})_{mn}=(w_k m_{kt},w_k n_{kt},w_k p_{kt})_{mn}$。

步骤 2:计算每个方案的综合联系度 η_t

$$\eta_t=m_t+n_t i+p_t j=\sum_{k=1}^{m}w_k(m_{kt}+n_{kt}i+p_{kt}j),\quad t=1,2,\cdots,n \tag{7.5.3}$$

式中

$$m_t=\sum_{k=1}^{m}w_k m_{kt}=\sum_{k=1}^{m}w_k[a_{kt},b_{kt}]$$

$$n_t=\sum_{k=1}^{m}w_k n_{kt}=\sum_{k=1}^{m}w_k[1-b_{kt}-d_{kt},1-a_{kt}-c_{kt}]$$

$$p_t=\sum_{k=1}^{m}w_k p_{kt}=\sum_{k=1}^{m}w_k[c_{kt},d_{kt}]$$

式中,数 λ 与区间数 $[x^-,x^+]$ 的乘法按照 $\lambda[x^-,x^+]=[\lambda x^-,\lambda x^+]$ 规则进行运算。

步骤 3:根据集对分析理论对方案 $A_t(t=1,2,\cdots,n)$ 的排序式为

$$e_t=\frac{m_t}{m_t+p_t},\quad t=1,2,\cdots,n \tag{7.5.4}$$

式中,e_t 为区间数,e_t 越大,方案 A_t 越优。

注意:这里区间数的比较方法运用文献[17]中的区间数大小比较方法 $\tilde{a}\leqslant\tilde{b}\Leftrightarrow a^-\leqslant b^-,a^+\leqslant b^+$。

7.5.3 实例

例 7.5.1 某单位在对干部进行考核选拔时,首先制定了 6 项考核指标(属性):思想品德(G_1)、工作态度(G_2)、工作作风(G_3)、文化水平和知识结构(G_4)、领导能力(G_5)、开拓能力(G_6),指标的权重向量为 $\boldsymbol{w}=[0.20,0.10,0.25,0.10,0.15,0.20]$,然后由群众推荐评议,对各候选人按上述 6 项指标进行评估,再进行统计处理,并从中确定 5 位候选人 $A_t(t=1,2,\cdots,5)$。假设每位候选人在各指标下的评估信息经过统计处理后,可表示为区间直觉模糊数,如表 7.5.1 所示[18]。

表 7.5.1　决策矩阵 $\bar{A}$

指标＼候选人	A_1	A_2	A_3	A_4	A_5
G_1	([0.2,0.3],[0.4,0.5])	([0.6,0.7],[0.2,0.3])	([0.4,0.5],[0.3,0.4])	([0.6,0.7],[0.2,0.3])	([0.5,0.6],[0.3,0.4])
G_2	([0.6,0.7],[0.2,0.3])	([0.5,0.6],[0.1,0.3])	([0.7,0.8],[0.1,0.2])	([0.5,0.7],[0.1,0.3])	([0.3,0.4],[0.3,0.5])
G_3	([0.4,0.5],[0.2,0.4])	([0.6,0.7],[0.2,0.3])	([0.5,0.6],[0.3,0.4])	([0.7,0.8],[0.1,0.2])	([0.6,0.7],[0.1,0.3])
G_4	([0.7,0.8],[0.1,0.2])	([0.6,0.7],[0.1,0.2])	([0.6,0.7],[0.1,0.3])	([0.3,0.4],[0.1,0.2])	([0.6,0.8],[0.1,0.2])
G_5	([0.1,0.3],[0.5,0.6])	([0.3,0.4],[0.5,0.6])	([0.4,0.5],[0.3,0.4])	([0.5,0.6],[0.1,0.3])	([0.6,0.7],[0.2,0.3])
G_6	([0.5,0.7],[0.2,0.3])	([0.4,0.7],[0.1,0.2])	([0.3,0.5],[0.1,0.3])	([0.7,0.8],[0.1,0.2])	([0.5,0.6],[0.2,0.4])

下面用上述方法确定最佳候选人。

步骤 1：根据式(7.5.1)将决策矩阵转化为联系度矩阵，如表 7.5.2 所示。

表 7.5.2　联系度矩阵

指标＼候选人	A_1	A_2
G_1	([0.04,0.06],[0.04,0.08],[0.08,0.1])	([0.12,0.14],[0,0.04],[0.04,0.06])
G_2	([0.06,0.07],[0,0.02],[0.02,0.03])	([0.5,0.6],[0.01,0.04],[0.01,0.03])
G_3	([0.1,0.125],[0.025,0.1],[0.05,0.1])	([0.15,0.175],[0,0.05],[0.05,0.075])
G_4	([0.07,0.08],[0,0.02],[0.01,0.02])	([0.06,0.07],[0.01,0.03],[0.01,0.02])
G_5	([0.015,0.045],[0.015,0.06],[0.075,0.09])	([0.045,0.06],[0,0.03],[0.075,0.09])
G_6	([0.1,0.14],[0,0.06],[0.04,0.06])	([0.08,0.14],[0.02,0.1],[0.02,0.04])

指标＼候选人	A_3	A_4	A_5
G_1	([0.08,0.1],[0.02,0.06],[0.06,0.08])	([0.12,0.14],[0,0.04],[0.04,0.06])	([0.1,0.12],[0,0.04][0.06,0.08])
G_2	([0.07,0.08],[0,0.02],[0.01,0.02])	([0.05,0.07],[0,0.04],[0.01,0.03])	([0.03,0.04],[0.01,0.04],[0.03,0.05])
G_3	([0.125,0.15],[0,0.05],[0.075,0.1])	([0.175,0.2],[0,0.05],[0.025,0.05])	([0.15,0.175],[0,0.075],[0.025,0.075])
G_4	([0.06,0.07],[0,0.03],[0.01,0.03])	([0.03,0.04],[0.04,0.06],[0.01,0.02])	([0.06,0.08],[0,0.03],[0.01,0.02])

续表

指标＼候选人	A_3	A_4	A_5
G_5	([0.06,0.075],[0.015,0.045],[0.045,0.06])	([0.075,0.09],[0.015,0.075],[0,0.045])	([0.09,0.105],[0,0.03],[0.03,0.045])
G_6	([0.06,0.1],[0.04,0.12],[0.02,0.06])	([0.14,0.16],[0,0.04],[0.02,0.04])	([0.1,0.12],[0,0.06],[0.04,0.08])

步骤 2:根据式(7.5.3)计算每个方案的综合联系度为

$$\eta_1=[0.385,0.52]+[0.08,0.34]i+[0.275,0.4]j$$
$$\eta_2=[0.505,0.645]+[0.04,0.29]i+[0.205,0.315]j$$
$$\eta_3=[0.455,0.575]+[0.075,0.325]i+[0.22,0.35]j$$
$$\eta_4=[0.59,0.7]+[0.055,0.305]i+[0.105,0.245]j$$
$$\eta_5=[0.53,0.64]+[0.01,0.275]i+[0.195,0.35]j$$

步骤 3:根据式(7.5.4)计算 $e_t(t=1,2,\cdots,n)$,得

$$e_1=[0.4185,0.7879],\quad e_2=[0.526,0.9085],\quad e_3=[0.4919,0.8519]$$
$$e_4=[0.6243,1.0072],\quad e_5=[0.5354,0.8828]$$

利用文献[17]的区间数排序方法,得到 $e_4 \succ e_2 \succ e_5 \succ e_3 \succ e_1$,因此,最优方案为 A_4,与文献[18]和文献[19]排序结果一致。

7.5.4 讨论

7.4 节已指出,利用直觉模糊数进行建模和计算,比起联系数要显得烦琐和不便,本节中的例题则用区间数表示直觉模糊数中的肯定测度、否定测度和犹豫度,无论在表达的书写形式上,还是处理过程中都显得更为复杂。用联系数简化区间直觉模糊数,用联系度(一阶联系数)矩阵代替区间直觉模糊数决策矩阵,从而使后续处理过程得到简化,显示出联系数的综合优良性能,不仅保留了原区间直觉模糊数的全部信息,而且显化了原区间直觉模糊数的潜在不确定性,方便了建模和运算操作。

数学的一大特点是应用。数学之所以能被广泛应用,原因在于数学是简明的,把一个决策问题抽象为一个数学建模的过程,是决策科学工作者应用已有数学知识的过程。能否把一个复杂的决策问题抽象为简化的数学模型,是决策科学工作者应当思考的问题。在区间数多属性决策问题中,提倡用联系数建模,就在于利用联系数的优越性达到建模简明、运算方便、分析方便的目的。

基于上述思想,表 7.5.1 中决策矩阵中的元素不妨先行简化。例如,([0.2,0.3],[0.4,0.5])可以简化为(0.25,0.45);([0.6,0.7],[0.2,0.3])可以简化为(0.65,0.25),以此类推。进一步,还可以把(0.25,0.45)转换成 $0.25+0.3i$,

$i\in[0,1]$;把(0.65,0.25)转换成 $0.65+0.1i, i\in[0,1]$,据此再作后续建模计算和分析。

以上讨论也从一个侧面说明了针对一个具体的决策问题,如何应用联系数是有方法的,联系数在应用上具有灵活性和适应性,这是联系数的一个特点。但目前从理论上对联系数应用的灵活性和适应性还研究得不够。有兴趣的读者在这方面可以做一些工作。

7.6　直觉三参数区间数多属性决策集对分析

针对属性权重信息完全已知且属性值以直觉三参数区间数形式给出的多属性决策问题,基于集对分析联系数的不确定性分析方法,给出直觉三参数区间数和区间型联系数的转换方法,建立直觉三参数区间数的多属性决策问题的决策步骤[20],本节介绍如下。

7.6.1　预备知识及问题

1. 直觉三参数区间数的定义

定义 7.6.1　设 U 是一个非空有限集合,称 $G=\{(x,\langle\tilde{f}_G(x),\tilde{g}_G(x)\rangle)\mid x\in U\}$ 为 U 上的直觉三参数模糊集,其中 $\tilde{f}_G(x)=[a^L,a^M,a^N]\in[0,1]$,$\tilde{g}_G(x)=[b^L,b^M,b^N]\in[0,1]$,$\forall x\in U$,分别表示 $x\in U$ 的隶属度和非隶属度,并且满足 $0\leqslant a^N+b^N\leqslant 1$,称三参数区间数数对 $\langle\tilde{f}_G(x),\tilde{g}_G(x)\rangle$ 为直觉三参数区间数,简记为 $\tilde{\tilde{c}}=\langle[a^L,a^M,a^N],[b^L,b^M,b^N]\rangle$。

2. 直觉三参数区间数多属性决策问题

直觉三参数区间数表示的多属性决策问题描述如下。

设 $A=\{A_k\mid k=1,2,\cdots,m\}$ 为决策方案集,$C=\{C_t\mid t=1,2,\cdots,n\}$ 为决策属性集,每个属性 C_t 用直觉三参数区间数表示,方案 A_k 关于属性 C_t 的属性值为 $\tilde{\tilde{c}}_{kt}=\langle[a_{kt}^L,a_{kt}^M,a_{kt}^N],[b_{kt}^L,b_{kt}^M,b_{kt}^N]\rangle(k=1,2,\cdots,m;t=1,2,\cdots,n)$,其中 $\tilde{a}_{kt}=[a_{kt}^L,a_{kt}^M,a_{kt}^N]$ 刻画属性特征信息的隶属度,$\tilde{b}_{kt}-[b_{kt}^L,b_{kt}^M,b_{kt}^N]$ 刻画属性特征信息的非隶属度,$0\leqslant a_{kt}^L\leqslant a_{kt}^M\leqslant a_{kt}^N\leqslant 1$,$0\leqslant b_{kt}^L\leqslant b_{kt}^M\leqslant b_{kt}^N\leqslant 1$,$a_{kt}^N+b_{kt}^N\leqslant 1$,所有的属性值组成的直觉三参数区间数决策矩阵为 $\tilde{\tilde{\boldsymbol{C}}}_{m\times n}=(\tilde{\tilde{c}}_{kt})_{m\times n}$。$\boldsymbol{w}=(w_1,w_2,\cdots,w_n)^{\mathrm{T}}$ 为属性的权重向量,$w_t\in[0,1]$ 用点实数表示,$t=1,2,\cdots,n$,且 $\sum_{t=1}^{n}w_t=1$。现要求从方案集 $A_k(k=1,2,\cdots,m)$ 中选出最佳方案。

7.6.2 决策原理

从直觉三参数区间数的定义及含有直觉三参数区间数的多属性决策问题看，直觉三参数区间数的多属性决策问题具有复杂性，但直觉模糊集中的隶属度、非隶属度、犹豫度与联系数 $a+bi+cj$ 中的 a、c、b 有相通性[21]，借助这种相通性，把直觉三参数区间数 $\langle \widetilde{f}_G(x), \widetilde{g}_G(x)\rangle$ 转化为区间型联系数 $\eta=\widetilde{d}+\tilde{e}i+\tilde{s}j$，其中同一度 $\widetilde{d}$ 是对隶属度的刻画，对立度 $\tilde{s}$ 是对非隶属度的刻画，差异度 $\tilde{e}$ 是对犹豫度的刻画，$\widetilde{d}$、$\tilde{e}$、$\tilde{s}$ 都是三参数区间数，即有

$$\widetilde{d}=\widetilde{f}_G(x), \quad \tilde{s}=\widetilde{g}_G(x) \tag{7.6.1}$$

并且定义

$$\tilde{e}=1-\widetilde{f}_G(x)-\widetilde{g}_G(x) \tag{7.6.2}$$

i 是差异度的标记，在适当的情况下，限定 $i\in[0,1]$，表示差异度中含有隶属度的程度，当 $i=1$ 时，表示差异度转化为隶属度的程度最大，为 $\tilde{e}$；当 $i=0$ 时，表示差异度转化为隶属度的程度最小，为 0。j 是对立度的标记，需要的情况下取 $j=-1$。

决策的基本思想是依据属性值信息的隶属度、非隶属度和犹豫度转化为同一度、差异度和对立度的思想，根据三参数区间数和区间型联系数的运算规则，集成每个方案的综合区间型联系数，通过对综合区间型联系数的不确定性分析，给出待选方案的决策排序。

7.6.3 决策步骤

步骤 1：根据上述决策原理，将直觉三参数区间数决策矩阵 $\widetilde{\widetilde{C}}=(\widetilde{\widetilde{c}}_{kt})_{m\times n}=(\langle[a_{kt}^L, a_{kt}^M, a_{kt}^N],[b_{kt}^L, b_{kt}^M, b_{kt}^N]\rangle)_{m\times n}$ 转换为区间型联系数决策矩阵 $\boldsymbol{Q}_{m\times n}=(\eta_{kt})_{m\times n}$，其中

$$\eta_{kt}=\widetilde{d}_{kt}+\tilde{e}_{kt}i+\tilde{s}_{kt}j \tag{7.6.3}$$

式中

$$\widetilde{d}_{kt}=[a_{kt}^L, a_{kt}^M, a_{kt}^N]$$
$$\tilde{s}_{kt}=[b_{kt}^L, b_{kt}^M, b_{kt}^N]$$
$$\tilde{e}_{kt}=[1-a_{kt}^N-b_{kt}^N, 1-a_{kt}^M-b_{kt}^M, 1-a_{kt}^L-b_{kt}^L]$$

步骤 2：计算每个方案的区间型联系数的和，得到综合区间型联系数 η_k

$$\eta_k=\widetilde{d}_k+\tilde{e}_k i+\tilde{s}_k j=\sum_{t=1}^{m} w_t(\widetilde{d}_{kt}+\tilde{e}_{kt}i+\tilde{s}_{kt}j), \quad k=1,2,\cdots,m \tag{7.6.4}$$

式中

$$\widetilde{d}_k=\sum_{t=1}^{n} w_t\widetilde{d}_{kt}=\sum_{t=1}^{n} w_t[a_{kt}^L, a_{kt}^M, a_{kt}^N]$$

$$\tilde{e}_k = \sum_{t=1}^{n} w_t \tilde{e}_{kt} = \sum_{t=1}^{n} w_t [1 - a_{kt}^N - b_{kt}^N, 1 - a_{kt}^M - b_{kt}^M, 1 - a_{kt}^L - b_{kt}^L]$$

$$\tilde{s}_k = \sum_{t=1}^{n} w_t \tilde{s}_{kt} = \sum_{t=1}^{n} w_t [b_{kt}^L, b_{kt}^M, b_{kt}^N]$$

式中,数 λ 与三参数区间数$[x^L,x^M,x^N]$的乘法按照 $\lambda[x^L,x^M,x^N]=[\lambda x^L,\lambda x^M,\lambda x^N]$规则进行运算。

步骤 3:基于决策思想对综合区间型联系数作不确定性分析。运用文献[22]中对三参数区间数的大小比较方法,分别就仅考虑同一度、考虑同一度及对立度和考虑同一度及差异度中含有同一度的比例来进行方案排序的分析。

7.6.4 实例

例 7.6.1 某军方欲组建火炮装配部队,主要考虑 3 项指标:反应能力(C_1)、火炮突击能力(C_2)、机动性及战场环境适应能力(C_3),这 3 种属性均为效益型属性,属性权重向量为 $\boldsymbol{w}=(0.2,0.5,0.3)^{\mathrm{T}}$。现有 3 种系列的火炮(方案)$A_k(k=1,2,3)$可供选择,每种火炮属性信息用直觉三参数区间数表示,如表 7.6.1 所示,试决策出最佳方案[23]。

表 7.6.1　用直觉三参数区间数表示的 3 种系列火炮的属性信息

方案＼指标	C_1	C_2	C_3
A_1	$\langle[0.5,0.6,0.7],[0.1,0.2,0.3]\rangle$	$\langle[0.6,0.7,0.8],[0.1,0.1,0.2]\rangle$	$\langle[0.5,0.6,0.6],[0.2,0.3,0.4]\rangle$
A_2	$\langle[0.4,0.5,0.6],[0.1,0.2,0.3]\rangle$	$\langle[0.5,0.6,0.6],[0.1,0.2,0.3]\rangle$	$\langle[0.5,0.6,0.7],[0.1,0.2,0.3]\rangle$
A_3	$\langle[0.7,0.7,0.8],[0.1,0.1,0.2]\rangle$	$\langle[0.5,0.6,0.7],[0.1,0.1,0.2]\rangle$	$\langle[0.5,0.5,0.6],[0.2,0.3,0.3]\rangle$

决策步骤如下。

步骤 1:根据式(7.6.3),将表 7.6.1 改写为用联系数表示,见表 7.6.2。

表 7.6.2　用区间型联系数表示的 3 种系列火炮的属性信息

方案＼指标	C_1	C_2	C_3
A_1	$[0.5,0.6,0.7]+[0,0.2,0.4]i+[0.1,0.2,0.3]j$	$[0.6,0.7,0.8]+[0,0.2,0.3]i+[0.1,0.1,0.2]j$	$[0.5,0.6,0.6]+[0,0.1,0.3]i+[0.2,0.3,0.4]j$
A_2	$[0.4,0.5,0.6]+[0.1,0.3,0.5]i+[0.1,0.2,0.3]j$	$[0.5,0.6,0.6]+[0.1,0.2,0.4]i+[0.1,0.2,0.3]j$	$[0.5,0.6,0.7]+[0,0.2,0.4]i+[0.1,0.2,0.3]j$
A_3	$[0.7,0.7,0.8]+[0,0.2,0.2]i+[0.1,0.1,0.2]j$	$[0.5,0.6,0.7]+[0.1,0.3,0.4]i+[0.1,0.1,0.2]j$	$[0.5,0.5,0.6]+[0.1,0.2,0.3]i+[0.2,0.3,0.3]j$

步骤 2:将属性权重计入表 7.6.2,根据式(7.6.3)、式(7.6.4)、第 3 章式(3.5.2)和式(3.5.4),计算每个方案的综合区间型联系数的和

$$\eta_1=[0.55,0.65,0.72]+[0,0.08,0.32]i+[0.13,0.18,0.28]j$$

$$\eta_2=[0.48,0.58,0.63]+[0.07,0.22,0.42]i+[0.1,0.2,0.3]j$$

$$\eta_3=[0.54,0.59,0.69]+[0.08,0.25,0.33]i+[0.13,0.16,0.23]j$$

步骤 3:对综合区间型联系数作不确定性分析,选择最佳方案。

(1) 在综合区间型联系数 η_k 中,如果从仅考虑同一度的角度来看,可以对 3 个方案的同一度 $\eta_1=[0.55,0.65,0.72]$, $\eta_2=[0.48,0.58,0.63]$, $\eta_3=[0.54,0.59,0.69]$进行大小比较。这里借鉴文献[22]中对三参数区间数的大小比较方法,有 $\eta_1>\eta_3>\eta_2$,即方案排序为 $A_1>A_3>A_2$,即 A_1 是最佳方案。这与文献[23]的排序结果一致。

(2) 在综合区间型联系数 η_k 中,如果不考虑差异度,而计入对立度时,取 $j=-1$,则各方案的综合区间型联系数为

$$\eta_1=[0.55,0.65,0.72]+[0.13,0.18,0.28]j=[0.27,0.47,0.59]$$

$$\eta_2=[0.48,0.58,0.63]+[0.1,0.2,0.3]j=[0.18,0.38,0.53]$$

$$\eta_3=[0.54,0.59,0.69]+[0.13,0.16,0.23]j=[0.31,0.43,0.56]$$

综上,有 $\eta_3>\eta_1>\eta_2$,即方案排序为 $A_3>A_1>A_2$,即 A_3 是最佳方案。

(3) 在综合区间型联系数 η_k 中,如果不考虑对立度,而仅考虑差异度时,取 i 的一些值后,则各方案的综合区间型联系数的值如表 7.6.3 所示。

表 7.6.3　不考虑对立度、差异度变化时综合区间型联系数的取值情况

方案	评价值	$i=0.3$	$i=0.5$	$i=0.7$
η_1	[0.55,0.65,0.72]+[0,0.08,0.32]i	[0.55,0.67,0.82]	[0.55,0.69,0.88]	[0.55,0.71,0.94]
η_2	[0.48,0.58,0.63]+[0.07,0.22,0.42]i	[0.50,0.65,0.76]	[0.52,0.69,0.84]	[0.53,0.73,0.92]
η_3	[0.54,0.59,0.69]+[0.08,0.25,0.33]i	[0.56,0.67,0.79]	[0.58,0.72,0.86]	[0.60,0.77,0.92]

由表中数据再根据文献[22]的排序方法得知,在 $i=0.3$ 时,评价值排序不好比较,此处不计排序;当 $i=0.5$ 时,评价值排序为 $\eta_3>\eta_1>\eta_2$,即方案排序为 $A_3>A_1>A_2$;当 $i=0.7$ 时,评价值排序为 $\eta_3>\eta_1>\eta_2$,即方案排序为 $A_3>A_1>A_2$。其他情况讨论略。

从以上结论可以看出,如果仅从考虑隶属度的角度来看方案的排序,方案 A_1 最佳;但如果加入考虑非隶属度情况,方案 A_3 最佳;当考虑犹豫度中的隶属度所占比例时,如果比例低,方案 A_1 最佳,如果比例高,方案 A_3 最佳。此结果与表 7.6.1 中 3 种火炮决策数据显示相符,当以火炮突击能力为主要考虑因素时,方案 A_1 占优势,当以反应能力为主要考虑因素时,方案 A_3 占优势。

7.6.5 讨论

本节中的实例有一定的代表性，其代表性就是把直觉模糊数中的肯定测度、否定测度和犹豫度表示进一步“复杂化”，每个测度都用三参数区间数表示，沿着这种变化的思路，还可以有四参数直觉模糊数、五参数直觉模糊数、六参数直觉模糊数等，这不仅给建模计算带来极大的不便，而且在原始数据表达上也带来了不便，面对这种“复杂化”趋势，人们会提出这样的问题：能把这种“复杂化”简化吗？当然，前提是要保证原始信息能得到如实的反映，作出的最后决策结论应当符合实际。事实上，当一种观测量有 $n(n\geqslant 2)$ 个观测值时，经典的概率论与数理统计已经为人们提供了成熟的处理手段，这就是，同时取这 $n(n\geqslant 2)$ 个观测值的平均值以及这 n 个观测值的方差来同时刻划这 n 个观测值的稳定性和波动性，从而达到“以简驭繁”地把握这 n 个观测值的信息内涵的目的。

7.7 语言型区间数多属性决策集对分析

针对语言型多属性决策问题，基于集对分析的思想与直觉模糊集思想的相通性，把语言信息转换为直觉模糊值，再转换为联系数，基于此可以建立决策步骤。

7.7.1 预备知识及问题

1. 用于定性评价的自然语言

在决策时，有时很难用精确数表示决策者的意见，这时决策者会使用定性的自然语言对事物进行评价，如事物的好与坏、效率的高与低等。评价的级别不同，有的采用二级语言等级评价，如好与坏；有的采用三级语言等级评价，如好、中、差；有的采用四级语言等级评价，如优、良、中、差；有的使用五级语言等级评价，如非常满意、很满意、满意、不满意、极不满意；有的使用更多等级的语言评价，如七级语言等级评价：极差、很差、差、一般、好、很好、极好；或用非常重要、很重要、重要、一般、差、很差、非常差或用 11 级语言等级评价绝对好、很好、好、较好、中好、中等、中差、较差、差、很差、绝对差等。

一般地，用集合 $X=\{X_k\mid k=1,2,\cdots,t\}$ 表示 t 级自然语言等级评价集，$X_k(k=1,2,\cdots,t)$ 表示自然语言评价等级，也称为自然语言等级评价变量，其中 t 常取为奇数，使中间状态接近 0.5，左右两边大致对称分布。

自然语言评价等级的给出一般遵循以下原则[24]。

(1) 如果 $k_1\geqslant k_2$，则 $X_{k_1}\geqslant X_{k_2}$，表示等级程度一级比一级高，这里的符号“$\geqslant$”表示优于或等于。

(2) 语言评价等级一般从高级别经过中间状态向低级别过渡，或从低级别经过中间状态向高级别过渡。

(3) 存在逆运算算子 Neg，使 $\mathrm{Neg}(X_k)=(X_{t-k+1})$，$k=1,2,\cdots,t$。

(4) 当 $X_{k_1}\geqslant X_{k_2}$ 时，有 $\max\limits_{k_1,k_2}(X_{k_1},X_{k_2})=X_{k_1}$，$\min\limits_{k_1,k_2}(X_{k_1},X_{k_2})=X_{k_2}$。

在决策问题中，语言评价等级太少，得到的语言信息会不完整，语言等级太多，会增加决策难度，一般采用五级或七级语言等级评价。另外，定性的自然语言评价没有代数表达式，也不易参与计算，为此需要把自然语言评价标度转换成可以定量表示的实数或区间数。

2. 语言型多属性群决策问题描述

已知方案集 $S=\{S_1,S_2,\cdots,S_n\}$，属性集 $Q=\{Q_1,Q_2,\cdots,Q_m\}$，决策群体集 $D=\{D_1,D_2,\cdots,D_l\}$ $(l\geqslant 2)$，D_k 为第 k 个决策者。l 个决策者的权重为 $\boldsymbol{\lambda}=(\lambda_1,\lambda_2,\cdots,\lambda_l)^{\mathrm{T}}$，其中 $\lambda_k\geqslant 0$，$\sum\limits_{k=1}^{l}\lambda_k=1$。决策者 D_k 给出方案 $S_t(t=1,2,\cdots,n)$ 在属性 $Q_s(s=1,2,\cdots,m)$ 下的语言变量决策矩阵 $\boldsymbol{X}^k=[x_{ts}^k]_{n\times m}$。决策者 D_k 给出属性 Q_s 的权重分别为 $w_s^k(s=1,2,\cdots,m)$，且 $\sum\limits_{s=1}^{m}w_s^k=1$。试决策出最佳方案，并给出排序结果。

7.7.2 决策原理

1. 语言变量转换为模糊数

参考文献[25]，自然语言评价变量可用直觉模糊数表示，令 $X_k=\langle\mu_k,\nu_k\rangle$，遵循以下原则。

(1) 语言变量对应的弃权部分 $1-\mu_k-\nu_k$ 由两端向中间逐渐增加，但在中间为 0。

(2) 设 $S_k=\langle\mu_k,\nu_k\rangle$，$S_t=\langle\mu_t,\nu_t\rangle$，若 $\mu_k>\mu_t$，则 $S_k>S_t$。

含 7 个等级评价的自然语言评价集 S 与直觉模糊值的对应关系见表 7.7.1。

表 7.7.1　七级自然语言等级变量与直觉模糊数转换

等级	一级	二级	三级	四级	五级	六级	七级
语言评价变量	极差	很差	差	一般	好	很好	极好
直觉模糊数表示	$\langle 0.1,0.85\rangle$	$\langle 0.2,0.7\rangle$	$\langle 0.4,0.4\rangle$	$\langle 0.5,0.5\rangle$	$\langle 0.6,0.2\rangle$	$\langle 0.8,0.1\rangle$	$\langle 0.9,0.05\rangle$

2. 直觉模糊数向联系数转换

依据 7.4.2 节论述的联系数 $a+bi+cj$ 与直觉模糊集思想的兼容性，决策者

D_k 给出方案 S_t 下的语言等级变量 x_{ts}^k 转换为直觉模糊值 $\langle \mu_{ts}^k, \nu_{ts}^k \rangle$ 后，可用联系数 $a+bi+cj$ 表示各语言等级变量的属性值 x_{ts}^k，联系数记为 u_{ts}^k，得

$$u_{ts}^k = a_{ts}^k + b_{ts}^k i + c_{ts}^k j \tag{7.7.1}$$

式中，$a_{ts}^k = \mu_{ts}^k$，$b_{ts}^k = 1 - \mu_{ts}^k - \nu_{ts}^k$，$c_{ts}^k = \nu_{ts}^k$。

7.7.3　决策步骤

步骤 1：将语言变量表示的属性矩阵 $\boldsymbol{X}^k = (x_{ts}^k)_{n\times m}$ 转换为直觉模糊数表示的属性矩阵 $\boldsymbol{X}^k = \langle \mu_{ts}^k, \nu_{ts}^k \rangle_{n\times m}$。

步骤 2：根据式(7.7.1)将直觉模糊数表示的属性矩阵 $\boldsymbol{X}^k = \langle \mu_{ts}^k, \nu_{ts}^k \rangle_{n\times m}$ 表示为联系数属性矩阵 $(u_{ts}^k)_{n\times m} = (a_{ts}^k + b_{ts}^k i + c_{ts}^k j)_{n\times m}$。

步骤 3：计算单个决策者关于每个方案的综合联系数

$$u_t^{(k)} = a_t^{(k)} + b_t^{(k)} i + c_t^{(k)} j = \sum_{s=1}^{m} w_s^{(k)} (a_{ts}^{(k)} + b_{ts}^{(k)} i + c_{ts}^{(k)} j), \quad t = 1,2,\cdots,n \tag{7.7.2}$$

式中

$$a_t^{(k)} = \sum_{s=1}^{m} w_s^{(k)} a_{ts}^{(k)} = \sum_{s=1}^{m} w_s^{(k)} \mu_{ts}^{(k)}$$

$$b_t^{(k)} = \sum_{s=1}^{m} w_s^{(k)} b_{ts}^{(k)} = \sum_{s=1}^{m} w_s^{(k)} (1 - \mu_{ts}^{(k)} - \nu_{ts}^{(k)})$$

$$c_t^{(k)} = \sum_{s=1}^{m} w_s^{(k)} c_{ts}^{(k)} = \sum_{s=1}^{m} w_s^{(k)} \nu_{ts}^{(k)}$$

步骤 4：计算决策群体关于每个方案的综合联系数 u_t

$$u_t = a_t + b_t i + c_t j = \sum_{k=1}^{l} \lambda_k u_t^{(k)} = \sum_{k=1}^{l} \lambda_k (a_t^{(k)} + b_t^{(k)} i + c_t^{(k)} j) \tag{7.7.3}$$

步骤 5：对方案进行排序，排序式为

$$e_t = \frac{a_t}{a_t + c_t}, \quad t = 1,2,\cdots,n \tag{7.7.4}$$

e_t 越大，则方案 S_t 越优。

7.7.4　实例

例 7.7.1　已知作战仿真系统中生成了 4 套指挥方案 $S=\{S_1, S_2, S_3, S_4\}$，考虑指挥决策的时效性(Q_1)、准确性(Q_2)及可靠性(Q_3)三个属性。3 名决策者($D_1 \sim D_3$)给出语言形式决策矩阵，转换为直觉模糊决策矩阵如表 7.7.2 所示，且 3 名决策者权重为 $\boldsymbol{\lambda} = (0.3, 0.4, 0.3)^{\mathrm{T}}$，给出的属性权重分别为 $\boldsymbol{w}_1 = (0.328, 0.329, 0.343)^{\mathrm{T}}$，$\boldsymbol{w}_2 = (0.278, 0.401, 0.321)^{\mathrm{T}}$，$\boldsymbol{w}_3 = (0.339, 0.332, 0.329)^{\mathrm{T}}$。现需要对这 4 套方案的指挥效能进行评估，选出最优方案[21]。

表 7.7.2 3 名决策者给出的语言变量决策矩阵

决策者	方案	Q_1	Q_2	Q_3
D_1	S_1	极差	极好	很好
	S_2	很差	一般	极好
	S_3	差	很好	一般
	S_4	差	好	很好
D_2	S_1	一般	很好	好
	S_2	好	差	很差
	S_3	很差	极好	一般
	S_4	很好	极差	很好
D_3	S_1	很好	很好	差
	S_2	极差	很差	一般
	S_3	好	差	好
	S_4	一般	差	极好

决策过程如下。

步骤 1:将语言变量表示的属性矩阵 $\boldsymbol{X}^k=(x_{ts}^k)_{n\times m}$ 转换为直觉模糊数表示的属性矩阵 $\boldsymbol{X}^k=\langle\mu_{ts}^k,\nu_{ts}^k\rangle_{n\times m}$,见表 7.7.3。

表 7.7.3 转换为直觉模糊数的决策矩阵

决策者	方案	Q_1	Q_2	Q_3
D_1	S_1	⟨0.1,0.85⟩	⟨0.9,0.05⟩	⟨0.8,0.1⟩
	S_2	⟨0.2,0.7⟩	⟨0.5,0.5⟩	⟨0.9,0.05⟩
	S_3	⟨0.4,0.4⟩	⟨0.8,0.1⟩	⟨0.5,0.5⟩
	S_4	⟨0.4,0.4⟩	⟨0.6,0.2⟩	⟨0.8,0.1⟩
D_2	S_1	⟨0.5,0.5⟩	⟨0.8,0.1⟩	⟨0.6,0.2⟩
	S_2	⟨0.6,0.2⟩	⟨0.4,0.4⟩	⟨0.2,0.7⟩
	S_3	⟨0.2,0.7⟩	⟨0.9,0.05⟩	⟨0.5,0.5⟩
	S_4	⟨0.8,0.1⟩	⟨0.1,0.85⟩	⟨0.8,0.1⟩
D_3	S_1	⟨0.8,0.1⟩	⟨0.8,0.1⟩	⟨0.4,0.4⟩
	S_2	⟨0.1,0.85⟩	⟨0.2,0.7⟩	⟨0.5,0.5⟩
	S_3	⟨0.6,0.2⟩	⟨0.4,0.4⟩	⟨0.6,0.2⟩
	S_4	⟨0.5,0.5⟩	⟨0.4,0.4⟩	⟨0.9,0.05⟩

步骤 2:将直觉模糊数表示的属性矩阵 $\boldsymbol{X}^k=\langle\mu_{ts}^k,\nu_{ts}^k\rangle_{n\times m}$ 表示为联系数属性矩阵 $(u_{ts}^k)_{n\times m}=(a_{ts}^k+b_{ts}^k i+c_{ts}^k j)_{n\times m}$,见表 7.7.4。

表 7.7.4 转换为直觉模糊数的决策矩阵

决策者	方案	Q_1	Q_2	Q_3
D_1	S_1	$0.1+0.05i+0.85j$	$0.9+0.05i+0.05j$	$0.8+0.1i+0.1j$
	S_2	$0.2+0.1i+0.7j$	$0.5+0i+0.5j$	$0.9+0.05i+0.05j$
	S_3	$0.4+0.2i+0.4j$	$0.8+0.1i+0.1j$	$0.5+0i+0.5j$
	S_4	$0.4+0.2i+0.4j$	$0.6+0.2i+0.2j$	$0.8+0.1i+0.1j$
D_2	S_1	$0.5+0i+0.5j$	$0.8+0.1i+0.1j$	$0.6+0.2i+0.2j$
	S_2	$0.6+0.2i+0.2j$	$0.4+0.2i+0.4j$	$0.2+0.1i+0.7j$
	S_3	$0.2+0.1i+0.7j$	$0.9+0.05i+0.05j$	$0.5+0i+0.5j$
	S_4	$0.8+0.1i+0.1j$	$0.1+0.05i+0.85j$	$0.8+0.1i+0.1j$
D_3	S_1	$0.8+0.1i+0.1j$	$0.8+0.1i+0.1j$	$0.4+0.2i+0.4j$
	S_2	$0.1+0.05i+0.85j$	$0.2+0.1i+0.7j$	$0.5+0i+0.5j$
	S_3	$0.6+0.2i+0.2j$	$0.4+0.2i+0.4j$	$0.6+0.2i+0.2j$
	S_4	$0.5+0i+0.5j$	$0.4+0.2i+0.4j$	$0.9+0.05i+0.05j$

步骤 3:计算每一个决策者关于方案的综合联系数,得

$$u_1^{(1)}=0.6033+0.06715i+0.32955j$$
$$u_2^{(1)}=0.5388+0.04995i+0.41125j$$
$$u_3^{(1)}=0.5659+0.0985i+0.3356j$$
$$u_4^{(1)}=0.603+0.1657i+0.2313j$$
$$u_1^{(2)}=0.6524+0.1043i+0.2433j$$
$$u_2^{(2)}=0.3914+0.1679i+0.4407j$$
$$u_3^{(2)}=0.577+0.0479i+0.37511j$$
$$u_4^{(2)}=0.5193+0.0799i+0.4008j$$
$$u_1^{(3)}=0.6684+0.1329i+0.1978j$$
$$u_2^{(3)}=0.2648+0.05015i+0.68505j$$
$$u_3^{(3)}=0.5336+0.2i+0.2664j$$
$$u_4^{(3)}=0.5984+0.08285i+0.31875j$$

步骤 4:计算决策群体关于每个方案的综合联系数 u_t,得

$$u_1=0.6425+0.1017i+0.2558j$$
$$u_2=0.3976+0.0973i+0.5051j$$
$$u_3=0.5607+0.1087i+0.3306j$$
$$u_4=0.5681+0.1065i+0.3254j$$

步骤 5:计算排序式值,对方案进行排序,各方案排序值分别为

$$e_1=0.7152,\quad e_2=0.4405,\quad e_3=0.6291,\quad e_4=0.6358$$

由此可知,方案的排序结果为 $S_1 \succ S_4 \succ S_3 \succ S_2$。

7.7.5　讨论

语言变量在决策中较为常用,原因是语言变量能客观地反映决策者的真实思想。但是语言变量是一种非定量化的变量,尤其是在有语言变量存在的决策问题中,往往也存在量化了的其他属性变量,非量化的语言变量和量化了的语言变量同时存在增加了决策建模和计算分析的难度。因此,把语言变量量化是该类决策问题的首要任务,如何量化语言变量也因此成为决策工作者经常思考的一个问题。本节中的例子是先把语言变量转换为直觉模糊数,又把直觉模糊数转换成联系数。其实,也可以一开始就把语言变量转变为联系数,从而使决策过程得以简化。

对语言变量量化的常用数学工具无疑是区间数,例如,把七级用自然语言表达的语言等级变量与[0,1]区间的各个子区间相对应,各个子区间可用区间数表示,见表 7.7.5。

表 7.7.5　七级自然语言与区间数[0,1]对照表

等级	一级	二级	三级	四级	五级	六级	七级
语言变量	极差	很差	差	一般	好	很好	极好
区间数表示	$\left[0,\frac{1}{7}\right]$	$\left[\frac{1}{7},\frac{2}{7}\right]$	$\left[\frac{2}{7},\frac{3}{7}\right]$	$\left[\frac{3}{7},\frac{4}{7}\right]$	$\left[\frac{4}{7},\frac{5}{7}\right]$	$\left[\frac{5}{7},\frac{6}{7}\right]$	$\left[\frac{6}{7},1\right]$

其中,各个子区间应当是在[0,1]中连续的子区间,既可以是[0,1]区间均分的子区间,也可以是非均分的子区间,表 7.7.5 给出的子区间是均分子区间。在一个决策问题中,语言变量在形式上是相互离散的,如极差、很差、差……但实际对象所存在的好差程度可能是离散的,也可能是连续的,因此面对一个实际决策问题,究竟制定何种语言变量量化表,也是一个耗费心思的问题,当然,原则是从决策问题的实际存在出发加以考虑和制定。

集对分析还就语言变量与 $a+bi+cj$ 型联系数的对应给出一张表,见表 7.7.6。

表 7.7.6　语言变量与同异反态势表

语言变量	程度用词	态势名	a、b、c 大小关系
非常好	非常	准同势	$a>c, b=0$
极好	极	强同势	$a>c, c>b$
很好	很	弱同势	$a>c, a>b>c$
有些好	有些	微同势	$a>c, b>a$

续表

语言变量	程度用词	态势名	a、b、c 大小关系
有点好	有点	微均势	$a=c,b>a$
稍有点好	稍有点	弱均势	$a=c,b=a$
差一点好	差一点	强均势	$a=c,b<a$
几乎不好	几乎不	准均势	$a=c,b=0$
有点不好	有点不	微反势	$a<c,b>c$
有些不好	有些不	弱反势	$a<c,b>a,b<c$
很不好	很不	强反势	$a<c,a>b$
非常不好	非常不	准反势	$a<c,b=0$
可能是好	可能是	不确定同一势	$c=0,a>b$
说不清楚是好还是不好	说不清楚	不确定-不确定势	$c=0,a\leqslant b$

此表主要把语言变量与联系数 $a+bi+cj$ 的态势相对应，决策时可参考选用。

7.8　基于集对分析的多属性决策通用模型

7.8.1　问题

前面分别讨论了狭义区间数决策集对分析与广义区间数决策集对分析，所谓广义区间数就是诸如三参数区间数、四参数区间数、直觉模糊数以及区间直觉模糊数、三参数直觉模糊数、四参数直觉模糊数等，它们都可以转换为联系数，采用联系数决策模型来计算决策，通过对方案的初排序作不确定性分析来得出最终决策，并给出各方案在不确定性影响下的不同排序。人们自然会问：是否能够为以上所述的狭义区间数和广义区间数多属性决策问题提供一个统一的集对分析模型？本节回答这个问题，为此，首先介绍区间数和广义区间数的特征参数。

7.8.2　区间数和扩展的区间数的特征参数

1. 区间数的特征参数

定义 7.8.1　对于区间数$[x^-,x^+](0<x^-\leqslant x^+,x^-,x^+\in\mathbf{R})$，若把 x^-、x^+ 看成对象 X 的两个观测值(忽略不计 x^-、x^+ 出现的先后)，那么把这两个观测值的平均值

$$\bar{x}=\frac{1}{n}\sum_{r=1}^{n}x_r=\frac{1}{2}(x^-+x^+)\tag{7.8.1}$$

与方差

$$s=\sqrt{\frac{\sum_{r=1}^{n}(x_r-\overline{x})^2}{n-1}}=\sqrt{\sum_{r=1}^{2}(x_r-\overline{x})^2}=\sqrt{(x^- -\overline{x})^2+(x^+ -\overline{x})^2} \tag{7.8.2}$$

称为区间数的特征参数。式中,x_r 代表观测值,$r=1,2,\cdots,n$,n 为观测值的个数。

从概率统计学样本意义上来讲,平均值和方差代表了观测数据的集中性与离散性,所以区间数的特征参数代表了区间数的集中性(确定性)与离散性(不确定性)。

2. 三参数区间数的特征参数

定义 7.8.2 对于三参数区间数$[x^L,x^M,x^N](0<x^L<x^M<x^N\in\mathbf{R})$,若把 x^L、x^M、x^N 看成对象 X 的 3 个观测值(忽略不计 x^L、x^M、x^N 出现的先后),那么把这 3 个观测值的平均值

$$\overline{x}=\frac{1}{n}\sum_{r=1}^{n}x_r=\frac{1}{3}(x^L+x^M+x^N) \tag{7.8.3}$$

与方差

$$s=\sqrt{\frac{\sum_{r=1}^{n}(x_r-\overline{x})^2}{n-1}}=\sqrt{\frac{\sum_{r=1}^{3}(x_r-\overline{x})^2}{2}}=\sqrt{\frac{(x^L-\overline{x})^2+(x^M-\overline{x})^2+(x^N-\overline{x})^2}{2}} \tag{7.8.4}$$

称为三参数区间数的特征参数。

同样从概率统计学样本意义上来讲,三参数区间数的特征参数也代表了三参数区间数的集中性(确定性)与离散性(不确定性)。

3. 四参数区间数的特征参数

定义 7.8.3 对于四参数区间数$[x^L,x^M,x^N,x^U](0<x^L<x^M<x^N<x^U\in\mathbf{R})$,若把 x^L、x^M、x^N、x^U 看成对象 X 的 4 个观测值(忽略不计 x^L、x^M、x^N、x^U 出现的先后),那么把这 4 个观测值的平均值

$$\overline{x}=\frac{1}{n}\sum_{r=1}^{n}x_r=\frac{1}{4}(x^L+x^M+x^N+x^U) \tag{7.8.5}$$

与方差

$$s=\sqrt{\frac{\sum_{r=1}^{n}(x_r-\overline{x})^2}{n-1}}=\sqrt{\frac{\sum_{r=1}^{4}(x_r-\overline{x})^2}{3}}$$

$$=\sqrt{\frac{(x^L-\bar{x})^2+(x^M-\bar{x})^2+(x^N-\bar{x})^2+(x^U-\bar{x})^2}{3}} \quad (7.8.6)$$

称为四参数区间数的特征参数。

同样从概率统计学样本意义上来讲，四参数区间数的特征参数也代表了四参数区间数的集中性(确定性)与离散性(不确定性)。

7.8.3　均值-方差联系数

1. 基本概念和定义

根据集对理论，均值 $\bar{x}$ 和方差 s 既然是反映同一对象 X 的 $n(n\geqslant 2)$个观察值的两个特征参数，显然，可以看成关于对象 X 的有联系的两个集合的元素，并组成集对 $H=(\bar{x},s)$，其中的均值 $\bar{x}$ 又可以看做关于对象 X 的 $n(n\geqslant 2)$个观察值的相对确定性(严格说是集中性)的测度，方差 s 是关于对象 X 的 $n(n\geqslant 2)$个观察值的相对不确定性(严格说是离散性)的测度。集对 $H=(\bar{x},s)$因此是一个确定-不确定集对，可以用集对分析中的联系数 $A+Bi$ 表示均值 $\bar{x}$ 和方差 s 的相互关系。

定义 7.8.4　设 $\bar{x}$ 和 s 分别是统一对象 X 的 $n(n\geqslant 2)$个观察值的平均值和方差，则称

$$u(\bar{x},s)=A+Bi,\quad A=\bar{x},\quad B=s,\quad i\in[-1,1] \quad (7.8.7)$$

或

$$u(\bar{x},s)=\bar{x}+si,\quad i\in[-1,1] \quad (7.8.8)$$

中的 $u(\bar{x},s)$为对象 X 的 $n(n\geqslant 2)$个观察值的均值-方差联系数，简称均值-方差联系数或联系数。

均值-方差联系数 $u(\bar{x},s)$中的均值 $\bar{x}$ 和方差 s 的相互作用可以在集对分析二维确定-不确定空间中体现出来，见图 7.8.1。

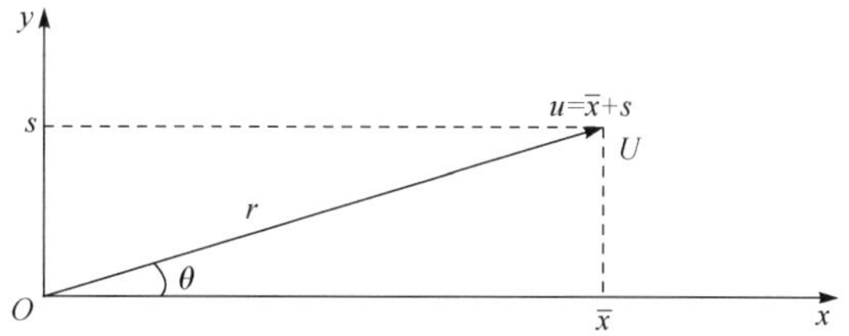

图 7.8.1　在 D-U 空间上的映射

其相互作用的映像是从原点 O 指向点 U 的向量$\overrightarrow{OU}$，该映像的大小即均值与方差相互作用的大小，也就是向量$\overrightarrow{OU}$的模，记为 r

$$r=|\overrightarrow{OU}|=\sqrt{\bar{x}^2+s^2} \quad (7.8.9)$$

用 θ 表示均值-方差联系数 $u(\bar{x},s)$经映射后得到的向量$\overrightarrow{OU}$与 x 轴正向的夹

角，由图 7.8.1 知

$$x = r\cos\theta \tag{7.8.10}$$

$$y = r\sin\theta \tag{7.8.11}$$

于是有

$$u(\bar{x}, s) = r(\cos\theta + i\sin\theta) \tag{7.8.12}$$

式(7.8.12)称为均值-方差联系数 $u(\bar{x}, s)$ 在集对分析二维 D-U 空间中的三角函数表达式。

下面给出均值-方差联系数 $u(\bar{x}, s)$ 的模及幅角的定义。

定义 7.8.5　设有均值-方差联系数 $u(\bar{x}, s)$，则称

$$r = \sqrt{\bar{x}^2 + s^2} \tag{7.8.13}$$

为均值-方差联系数 $u(\bar{x}, s)$ 在集对分析二维 D-U 空间中的模。称式(7.8.13)为 $u(\bar{x}, s)$ 的求模公式，记为

$$r = |u(\bar{x}, s)| \tag{7.8.14}$$

定义 7.8.6　设有均值-方差联系数 $u(\bar{x}, s)$，则称

$$\theta = \arctan \frac{s}{\bar{x}} \tag{7.8.15}$$

为均值-方差联系数 $u(\bar{x}, s)$ 在集对分析二维 D-U 空间中的幅角。称式(7.8.15)为 $u(\bar{x}, s)$ 的幅角公式，记为 $\arg|u(\bar{x}, s)|$。

2. 均值-方差联系数的运算

1) 普通运算

由于均值-方差联系数 $u(\bar{x}, s)$ 在形式上就是集对分析中的二元联系数 $A + Bi$，所以其普通运算就是二元联系数的 $A + Bi$ 的普通运算，为此，可以在不计不确定层次的条件下，对 i 的运算遵循以下原则：

$$i = ii = iii = \cdots = i^n, \quad n = 1, 2, \cdots, k \tag{7.8.16}$$

据此可以使运算结果仍然为形如 $A + Bi$ 或 $\bar{x} + si$ 的联系数。

2) 加法运算

若 $u_1(\bar{x}_1, s_1) = \bar{x}_1 + s_1 i$，$u_2(\bar{x}_2, s_2) = \bar{x}_2 + s_2 i$，则有

$$u_1(\bar{x}_1, s_1) + u_2(\bar{x}_2, s_2) = \bar{x}_1 + s_1 i + \bar{x}_2 + s_2 i = (\bar{x}_1 + \bar{x}_2) + (s_1 + s_2) i \tag{7.8.17}$$

由式(7.8.17)易知，两个均值-方差联系数 $u(\bar{x}, s)$ 的加法运算满足交换律，即

$$u_1(\bar{x}_1, s_1) + u_2(\bar{x}_2, s_2) = u_2(\bar{x}_2, s_2) + u_1(\bar{x}_1, s_1) \tag{7.8.18}$$

3 个或更多个均值-方差联系数相加的运算还满足加法结合律，即

$$u_1(\bar{x}_1, s_1) + u_2(\bar{x}_2, s_2) + u_3(\bar{x}_3, s_3) = u_1(\bar{x}_1, s_1) + [u_2(\bar{x}_2, s_2) + u_3(\bar{x}_3, s_3)] \tag{7.8.19}$$

证明略。

3) n 个均值-方差联系数的平均

记 n 个均值-方差联系数 $u_1(\bar{x}_1,s_1),u_2(\bar{x}_2,s_2),\cdots,u_n(\bar{x}_n,s_n)$ 的平均均值-方差联系数为 $\overline{u(\bar{x},s)}=\bar{\bar{x}}+\bar{s}i$，则有

$$\overline{u(\bar{x},s)}=\frac{1}{n}\sum_{k=1}^{n}u_k(\bar{x}_k,s_k)=\frac{1}{n}\sum_{k=1}^{n}(\bar{x}_k+s_ki)=\frac{1}{n}\sum_{k=1}^{n}\bar{x}_k+\frac{1}{n}\sum_{k=1}^{n}s_ki=\bar{\bar{x}}+\bar{s}i \tag{7.8.20}$$

4) 乘法运算

设有均值-方差联系数 $u_1(\bar{x}_1,s_1)=\bar{x}_1+s_1i,u_2(\bar{x}_2,s_2)=\bar{x}_2+s_2i,u_1(\bar{x}_1,s_1)$ 与 $u_2(\bar{x}_2,s_2)$ 的乘积为 $u(\bar{x},s)$，则

$$\begin{aligned}u(\bar{x},s)&=[u_1(\bar{x}_1,s_1)][u_2(\bar{x}_2,s_2)]=(\bar{x}_1+s_1i)(\bar{x}_2+s_2i)\\&=\bar{x}_1\bar{x}_2+\bar{x}_1s_2i+\bar{x}_2s_1i+s_1is_2i\end{aligned} \tag{7.8.21}$$

根据式(7.8.16)简化式(7.8.21)得

$$[u_1(\bar{x}_1,s_1)][u_2(\bar{x}_2,s_2)]=\bar{x}_1\bar{x}_2+(\bar{x}_1s_2+\bar{x}_2s_1+s_1s_2)i \tag{7.8.22}$$

均值-方差联系数乘法与加法的混合运算满足以下定律：

交换律

$$[u_1(\bar{x}_1,s_1)][u_2(\bar{x}_2,s_2)]=[u_2(\bar{x}_2,s_2)][u_1(\bar{x}_1,s_1)] \tag{7.8.23}$$

结合律

$$[u_1(\bar{x}_1,s_1)][u_2(\bar{x}_2,s_2)][u_3(\bar{x}_3,s_3)]=[u_1(\bar{x}_1,s_1)]\{[u_2(\bar{x}_2,s_2)][u_3(\bar{x}_3,s_3)]\} \tag{7.8.24}$$

分配律

$$\begin{aligned}&[u_1(\bar{x}_1,s_1)][u_2(\bar{x}_2,s_2)+u_3(\bar{x}_3,s_3)]\\&=[u_1(\bar{x}_1,s_1)][u_2(\bar{x}_2,s_2)]+[u_1(\bar{x}_1,s_1)][u_3(\bar{x}_3,s_3)]\end{aligned} \tag{7.8.25}$$

证明略。

5) 均值-方差联系数三角函数式的运算

设

$$[u_1(\bar{x}_1,s_1)]=r_1(\cos\theta_1+i\sin\theta_1)$$
$$[u_2(\bar{x}_2,s_2)]=r_2(\cos\theta_2+i\sin\theta_2)$$

这时两个均值-方差联系数的乘法运算公式为

$$\begin{aligned}[u_1(\bar{x}_1,s_1)][u_2(\bar{x}_2,s_2)]&=r_1(\cos\theta_1+i\sin\theta_1)r_2(\cos\theta_2+i\sin\theta_2)\\&=r_1r_2[\cos(\theta_1+\theta_2)+i\sin(\theta_1+\theta_2)]\end{aligned} \tag{7.8.26}$$

从而两个联系数乘积的模有

$$|[u_1(\bar{x}_1,s_1)][u_2(\bar{x}_2,s_2)]|=|[u_1(\bar{x}_1,s_1)]||[u_2(\bar{x}_2,s_2)]|=r_1r_2 \tag{7.8.27}$$

$$\arg[u_1(\bar{x}_1,s_1)u_2(\bar{x}_2,s_2)]=\arg[u_1(\bar{x}_1,s_1)]+\arg[u_2(\bar{x}_2,s_2)] \tag{7.8.28}$$

也就是说，两个用三角函数表示的均值-方差联系数 $u(\bar{x},s)$ 相乘，结果仍是形

如 $\bar{x}+si$ 的均值-方差联系数，且乘积的模等于这两个联系数模的乘积，乘积的幅角等于它们幅角的和。

7.8.4　决策模型

1. 问题描述

设有 m 个方案 $S_1,S_2,\cdots,S_m$，每个方案各有 n 个属性 $Q_1,Q_2,\cdots,Q_n$，每个属性的权重为 $w_t(t=1,2,\cdots,n)$，且 $\sum_{t=1}^{n} w_t = 1$。第 k 个方案第 t 个属性的评价值为 $p_{kt}(k=1,2,\cdots,m)$，权重 w_t 与评价值 p_{kt} 各为模糊数（区间数、三参数区间数、四参数区间数）或“均值+方差”的特征参数，决策矩阵为 $\boldsymbol{P}=(p_{kt})_{m\times n}(k=1,2,\cdots,m;t=1,2,\cdots,n)$，假定属性 p_{kt} 已经过规范化处理为越大越好型，规范化处理后的属性决策矩阵为 $\boldsymbol{R}=(r_{kt})_{m\times n}$。要求对 m 个方案中决策出最优方案，并对这些方案进行从优到劣的排序。

2. 决策模型

1）基本模型

设方案 $S_k(k=1,2,\cdots,m)$ 的各属性权重为 $w_t(t=1,2,\cdots,n)$，属性值为 $p_{kt}(t=1,2,\cdots,n)$，其综合评价结果为 $M(S_k)$，则有

$$M(S_k) = \sum_{t=1}^{n} w_t p_{kt} \tag{7.8.29}$$

式(7.8.29)称为不确定性多属性决策加权综合基本模型，其值称为加权综合值，简称基本值。

由基本值 $M(S_k)(k=1,2,\cdots,m)$ 构成的矩阵

$$\overline{\boldsymbol{M}(S_k)}=[M(S_1),M(S_2),\cdots,M(S_k)]^{\mathrm{T}}$$

称为方案的加权综合基本值决策矩阵，有时也不加区分地用 $M(S_k)$ 表示，以下类同。

2）一般综合模型

把式(7.8.29)中的权重 w_t 与属性值 p_{kt} 各自转换成均值-方差联系数 $u(\bar{x},s)$ 的三角函数表达式

$$w_t=r_{w_t}(\cos\theta_{w_t}+i\sin\theta_{w_t})$$
$$p_{kt}=r_{p_{kt}}(\cos\theta_{p_{kt}}+i\sin\theta_{p_{kt}})$$

式中，均值-方差联系数 $u(\bar{x},s)$ 的模和幅角由式(7.8.14)和式(7.8.15)确定，则有

$$M(S_k) = \sum_{t=1}^{n} r_{w_t} r_{p_{kt}}[\cos(\theta_{w_t}+\theta_{p_{kt}})+i\sin(\theta_{w_t}+\theta_{p_{kt}})] \tag{7.8.30}$$

式(7.8.30)称为基于集对分析的不确定性多属性决策一般综合模型，其值称

为 SPA 综合决策值,简称一般综合值。称式

$$r_{w_t} r_{p_{kt}} [\cos(\theta_{w_t} + \theta_{p_{kt}}) + i\sin(\theta_{w_t} + \theta_{p_{kt}})] \tag{7.8.31}$$

为一般综合值的分量,$\overline{\boldsymbol{M}(S_k)}$为方案的综合一般值决策矩阵。

3) 主值模型

当式(7.8.30)中的 $\cos(\theta_{w_t} + \theta_{p_{kt}}) + i\sin(\theta_{w_t} + \theta_{p_{kt}}) = 1$ 时,得

$$M(S_k) = \sum_{t=1}^{n} r_{w_t} r_{p_{kt}} \tag{7.8.32}$$

称式(7.8.32)为基于集对分析的不确定性多属性决策综合主值模型,简称综合主值决策模型或主值模型,也称为“模”模型;其值称为综合决策主值,简称主值或模值;称 $r_{w_t} r_{p_{kt}}$ 为综合主值的分量;$\overline{\boldsymbol{M}(S_k)}$为方案的综合主值决策矩阵,简称模矩阵。

4) 决策步骤

步骤 1:先把决策问题中给出的属性值做规范化处理。

当属性值 p_{kt} 表示第 k 个方案在第 t 个属性上的评价值是区间数,即 $p_{kt} = [p_{kt}^-, p_{kt}^+](k=1,2,\cdots,m;t=1,2,\cdots,n)$时,规范化公式如下。

对于效益型属性,规范化后的区间数为

$$x_{p_{kt}} = \left[\frac{p_{kt}^-}{\max\limits_k(p_{kt}^+)}, \frac{p_{kt}^+}{\max\limits_k(p_{kt}^+)}\right] = [x_{p_{kt}}^-, x_{p_{kt}}^+], \quad k=1,2,\cdots,m \tag{7.8.33}$$

对于成本型属性,规范化后的区间数为

$$x_{p_{kt}} = \left[\frac{\min\limits_k(p_{kt}^-)}{p_{kt}^+}, \frac{\min\limits_k(p_{kt}^-)}{p_{kt}^-}\right] = [x_{p_{kt}}^-, x_{p_{kt}}^+], \quad k=1,2,\cdots,m, \quad p_{kt}^- \neq 0 \tag{7.8.34}$$

当属性值 p_{kt} 表示第 k 个方案在第 t 个属性上的评价值是三参数区间数,即 $p_{kt} = [p_{kt}^L, p_{kt}^M, p_{kt}^N](k=1,2,\cdots,m;t=1,2,\cdots,n)$时,规范化公式如下。

对于效益型属性值,规范化后的三参数区间数为

$$x_{p_{kt}} = \left[\frac{p_{kt}^L}{\max\limits_k(p_{kt}^N)}, \frac{p_{kt}^M}{\max\limits_k(p_{kt}^N)}, \frac{p_{kt}^N}{\max\limits_k(p_{kt}^N)}\right] = [x_{kt}^L, x_{kt}^M, x_{kt}^N], \quad k=1,2,\cdots,m \tag{7.8.35}$$

对于成本型属性值,经规范化后的三参数区间数为

$$x_{p_{kt}} = \left[\frac{\min\limits_k(p_{kt}^L)}{p_{kt}^N}, \frac{\min\limits_k(p_{kt}^L)}{p_{kt}^M)}, \frac{\min\limits_k(p_{kt}^L)}{p_{kt}^L}\right] = [x_{kt}^L, x_{kt}^M, x_{kt}^N], \quad k=1,2,\cdots,m, \quad p_{kt}^L \neq 0 \tag{7.8.36}$$

当属性值 p_{kt} 表示第 k 个方案在第 t 个属性上的评价值是四参数区间数,即 $p_{kt} = [p_{kt}^L, p_{kt}^M, p_{kt}^N, p_{kt}^U](k=1,2,\cdots,m;t=1,2,\cdots,n)$时,规范化公式如下。

对于效益型属性值,规范化后的四参数区间数为

$$x_{p_{kt}}=\left[\frac{p_{kt}^L}{\max\limits_k(p_{kt}^U)},\frac{p_{kt}^M}{\max\limits_k(p_{kt}^U)},\frac{p_{kt}^N}{\max\limits_k(p_{kt}^U)},\frac{p_{kt}^U}{\max\limits_k(p_{kt}^U)}\right]$$
$$=[x_{kt}^L,x_{kt}^M,x_{kt}^N,x_{kt}^U],\quad k=1,2,\cdots,m \tag{7.8.37}$$

对于成本型属性值，规范化后的四参数区间数为

$$x_{p_{kt}}=\left[\frac{\min\limits_k(p_{kt}^L)}{p_{kt}^U},\frac{\min\limits_k(p_{kt}^L)}{p_{kt}^N},\frac{\min\limits_k(p_{kt}^L)}{p_{kt}^M},\frac{\min\limits_k(p_{kt}^L)}{p_{kt}^L}\right]$$
$$=[x_{kt}^L,x_{kt}^M,x_{kt}^N,x_{kt}^U],\quad k=1,2,\cdots,m,\quad p_{kt}^L\neq 0 \tag{7.8.38}$$

步骤 2：计算规范化后的各属性权重和属性值的特征参数均值 $\bar{x}$ 和方差 s，写成均值-方差联系数 $u(\bar{x},s)$ 的形式。

步骤 3：利用均值-方差联系数模及幅角的计算公式把决策问题中的各属性权重与属性值改写成三角函数表达式。

步骤 4：根据基于集对分析的综合主值决策模型式(7.8.32)，计算各方案的综合主值，主值大的方案优于主值小的方案。

步骤 5：如果同一决策问题已有采用其他方法所得结果，则把上面所得结果与其他方法所得结果相比较，完全一致时，可作出决策结论；不完全一致时，或者需要考虑属性权重和属性值的不确定性对方案排序稳定性的影响，再进入下一步。

步骤 6：根据一般综合决策模型式(7.8.30)计算各决策方案的一般综合值时，建议其中的 i 按比例取值原理取值，计算公式为

$$i=\frac{\cos(\theta_{w_t}+\theta_{p_{kt}})}{\cos(\theta_{w_t}+\theta_{p_{kt}})+i\sin(\theta_{w_t}+\theta_{p_{kt}})} \tag{7.8.39}$$

有时也可以分别取 $i=-0.5$，$i=0$，$i=0.5$ 等这些特殊值，以考察由不确定性引起的一般综合值的变化及对决策方案排序的影响。

7.8.5　实例

1. 在区间数多属性决策中的应用

例 7.8.1　考虑某所大学的 5 个学院 $S_1,S_2,\cdots,S_5$ 的综合评估，假定采用教学(Q_1)、科研(Q_2)和服务(Q_3)这 3 个属性作为评估指标，各属性的权重和决策矩阵见表 7.8.1，试进行综合评估和排序[26]。

表 7.8.1　5 个学院的区间数决策矩阵和属性权重

学院	Q_1 $w_1=[0.3350,0.3755]$	Q_2 $w_2=[0.3009,0.3138]$	Q_3 $w_3=[0.3194,0.3363]$
S_1	[0.214,0.220]	[0.166,0.178]	[0.184,0.190]
S_2	[0.206,0.225]	[0.220,0.229]	[0.182,0.191]

续表

学院	Q_1 $w_1=[0.3350,0.3755]$	Q_2 $w_2=[0.3009,0.3138]$	Q_3 $w_3=[0.3194,0.3363]$
S_3	[0.195,0.204]	[0.192,0.198]	[0.220,0.231]
S_4	[0.181,0.190]	[0.195,0.205]	[0.185,0.195]
S_5	[0.175,0.184]	[0.193,0.201]	[0.201,0.211]

决策过程如下。

步骤 1:先按综合主值决策模型式(7.8.32)处理如下:由于教学、科研和服务这 3 个属性都是越大越好的效益型属性,且题给出的各属性值已作无量纲的规范化处理,所以可以直接应用式(7.8.1)和式(7.8.2)计算权重区间数和决策矩阵中的各属性值区间数的均值-方差联系数得到表 7.8.2。

表 7.8.2　基于均值-方差联系数的 5 个学院决策矩阵和属性权重

学院	Q_1 $w_1=0.35525+0.02862i$	Q_2 $w_2=0.30735+0.00912i$	Q_3 $w_3=0.32785+0.01196i$
S_1	$0.2170+0.00300i$	$0.1720+0.00849i$	$0.1870+0.00424i$
S_2	$0.2155+0.01344i$	$0.2245+0.00636i$	$0.1865+0.00636i$
S_3	$0.1995+0.00636i$	$0.1950+0.00424i$	$0.2255+0.00778i$
S_4	$0.1855+0.00636i$	$0.2000+0.00707i$	$0.1900+0.00707i$
S_5	$0.1795+0.00636i$	$0.1970+0.00566i$	$0.2060+0.00707i$

根据式(7.8.14)计算表 7.8.2 中各均值-方差联系数的模,得到表 7.8.3。

表 7.8.3　各均值-方差联系数的模

学院	Q_1 $\lvert u_{w_1}\rvert=0.3561$	Q_2 $\lvert u_{w_2}\rvert=0.3075$	Q_3 $\lvert u_{w_3}\rvert=0.3290$
S_1	0.2170	0.1722	0.1870
S_2	0.2159	0.2246	0.1866
S_3	0.1996	0.1950	0.2256
S_4	0.1856	0.2001	0.1901
S_5	0.1796	0.1971	0.2061

根据式(7.8.32)得到各方案的加权计算结果,如表 7.8.4 所示。

表 7.8.4 基于均值-方差联系数的模决策矩阵

学院	Q_1 $r_{w_1}r_{p_1}$	Q_2 $r_{w_2}r_{p_2}$	Q_3 $r_{w_3}r_{p_3}$	$M(S_k)$
S_1	0.0773	0.0530	0.0615	0.1918
S_2	0.0769	0.0691	0.0614	0.2074
S_3	0.0711	0.0600	0.0742	0.2053
S_4	0.0661	0.0615	0.0625	0.1901
S_5	0.0640	0.0606	0.0678	0.1924

由于 0.2074＞0.2053＞0.1924＞0.1918＞0.1901，所以 $S_2>S_3>S_5>S_1>S_4$。

步骤 2：按一般综合模型式(7.8.32)处理如下。

由于步骤 1 中已给出各区间数的均值-方差联系数的模，所以在这里先按式(7.8.15)计算表 7.8.2 中各均值-方差联系数的幅角，以属性权重 w_1 为例：因为 $\arctan\dfrac{0.2862}{0.35525}\approx 0.08056$，所以 $\theta_{w_1}\approx 4.6060$。其他计算结果见表 7.8.5。

表 7.8.5 各区间数的均值-方差联系数的幅角

θ_{kt}	Q_1 $\theta_{w_1}\approx 4.6060$	Q_2 $\theta_{w_2}\approx 1.6996$	Q_3 $\theta_{w_3}\approx 2.0892$
θ_{1t}	0.7921	2.8259	1.2989
θ_{2t}	3.5687	1.6227	1.9531
θ_{3t}	1.8260	1.2456	2.0014
θ_{4t}	1.9637	2.0246	2.1310
θ_{5t}	2.0292	1.6457	1.9656

按式(7.8.30)计算各学院的一般综合值，其中学院 S_1 第一个一般综合值分量计算如下：

$$
\begin{aligned}
& r_{w_1}r_{p_{11}}[\cos(\theta_{w_1}+\theta_{p_{11}})+i\sin(\theta_{w_1}+\theta_{p_{11}})] \\
&=0.3561\times 0.2170\times[\cos(4.6060+0.7921)+i\sin(4.6060+0.7921)] \\
&=0.0737\times(\cos 5.3981+i\sin 5.3981) \\
&=0.0737\times(0.9956+0.0941i)
\end{aligned}
$$

当 $i=0$ 时得 0.0769；当 $i=0.5$ 时得 0.0806；当 $i=-0.5$ 时得 0.0733。同理计算其他一般综合值分量，并按式(7.8.31)计算各学院的一般综合值，得到表 7.8.6。

表 7.8.6　5 个学院的一般综合值排序

学院	$i=-0.5$(排序)	$i=0$(排序)	$i=0.5$(排序)
S_1	0.1836④	0.1991④	0.2107③
S_2	0.1966①	0.2062①	0.2158①
S_3	0.1963②	0.2045②	0.2126②
S_4	0.1814⑤	0.1895⑤	0.1975⑤
S_5	0.1837③	0.1916③	0.1995④

由表 7.8.6 可以看出，在 $i=-0.5$ 与 $i=0$ 这两种情况下，由一般综合值得到的 5 个学院综合排序与按主值模型得到的排序相同；但当 $i=0.5$ 时，一般综合值排序显示学院 S_1 由排序④变成排序③，与此同时 S_5 由排序③变成排序④，其余 3 个学院的排序不变。这说明该题中的区间数取值不确定性对 5 个学院的排序有一定影响。

2. 在三参数区间数决策中的应用

例 7.8.2　设影响舰载机选型的主要参数有最大航速(u_1)、越海自由航程(u_2)、最大净载荷(u_3)、购置费(u_4)、可靠性(u_5)、机动灵活性(u_6)6 项指标，现有 4 种机型(v_1、v_2、v_3、v_4)可供选择，专家给出的各指标权重 $w_t(t=1,2,3,\cdots,6)$和各指标的评价值矩阵 $\boldsymbol{R}$ 用三参数区间数形式表示如下：

$w_1=[0.15,0.17,0.19]$，　$w_2=[0.10,0.125,0.15]$，　$w_3=[0.10,0.125,0.15]$

$w_4=[0.10,0.125,0.15]$，　$w_5=[0.19,0.21,0.23]$，　$w_6=[0.23,0.24,0.25]$

决策矩阵如下：

$$\boldsymbol{R}=\begin{bmatrix} [0.78,0.80,0.85] & [0.92,0.95,1.00] & [0.70,0.72,0.78] & [0.85,0.88,0.90] \\ [0.50,0.55,0.58] & [0.95,0.97,1.00] & [0.72,0.74,0.75] & [0.65,0.67,0.70] \\ [0.90,0.95,0.95] & [0.85,0.86,0.88] & [0.95,0.98,1.00] & [0.90,0.95,0.96] \\ [0.80,0.82,0.85] & [0.65,0.69,0.71] & [0.94,0.97,1.00] & [0.85,0.90,0.93] \\ [0.45,0.50,0.57] & [0.17,0.20,0.23] & [0.80,0.83,0.85] & [0.46,0.50,0.52] \\ [0.90,0.95,0.97] & [0.47,0.51,0.55] & [0.80,0.82,0.85] & [0.48,0.50,0.52] \end{bmatrix}$$

试进行综合排序[27]。

决策过程如下。

步骤 1：根据式(7.8.3)和式(7.8.4)计算各属性权重三参数区间数和决策矩阵中的三参数区间数的特征参数均值和方差，写出相应的均值-方差联系数，即

$$w_1=0.17+0.0141i,\quad w_2=0.1250+0.0177i,\quad w_3=0.1250+0.0177i$$
$$w_4=0.1250+0.0177i,\quad w_5=0.21+0.0141i,\quad w_6=0.24+0.0071i$$

$$\boldsymbol{R}'=\begin{bmatrix} 0.8100+0.0255i & 0.9567+0.0286i & 0.7333+0.0294i & 0.8767+0.0178i \\ 0.5433+0.0286i & 0.9733+0.0178i & 0.7367+0.0108i & 0.6733+0.0218i \\ 0.9333+0.0240i & 0.8633+0.0108i & 0.9767+0.0178i & 0.9367+0.0227i \\ 0.8233+0.0000i & 0.6833+0.0432i & 0.9700+0.0212i & 0.8933+0.0286i \\ 0.5067+0.0426i & 0.2000+0.0212i & 0.8267i+0.0178i & 0.4933+0.0216i \\ 0.9400+0.0255i & 0.5100+0.0283i & 0.8233+0.0178i & 0.5000+0.0141i \end{bmatrix}$$

步骤 2:根据式(7.8.13)和式(7.8.14)计算各属性权重均值-方差联系数和$\boldsymbol{R}'$中各均值-方差联系数的模,得

$$|u_{w_1}|=0.1706,\quad |u_{w_2}|=0.1262,\quad |u_{w_3}|=0.1262$$
$$|u_{w_4}|=0.1262,\quad |u_{w_5}|=0.2105,\quad |u_{w_6}|=0.2401$$

$$\boldsymbol{R}''=\begin{bmatrix} 0.8104 & 0.9571 & 0.7339 & 0.8769 \\ 0.5440 & 0.9735 & 0.7367 & 0.6737 \\ 0.9335 & 0.8634 & 0.9769 & 0.9370 \\ 0.8233 & 0.6847 & 0.9702 & 0.8938 \\ 0.5085 & 0.2011 & 0.8269 & 0.4938 \\ 0.9403 & 0.5108 & 0.8235 & 0.5002 \end{bmatrix}$$

步骤 3:根据式(7.8.32)得各方案的加权计算结果为

$$M(S_{v_1})=0.7614,\quad M(S_{v_2})=0.6465,\quad M(S_{v_3})=0.8357,\quad M(S_{v_4})=0.6879$$

也就是 $v_3 \succ v_1 \succ v_4 \succ v_2$。这一结果与文献[27]所得结果完全一致。

3. 在四参数区间数决策中的应用

例 7.8.3　已知 5 个方案 A_1、A_2、A_3、A_4、A_5,经群决策综合后的评价结果用四参数区间数表示为 $A_1=[0.8409,0.8699,0.9043,0.9398]$,$A_2=[0.8891,0.9154,0.9492,0.9772]$,$A_3=[0.8647,0.8945,0.9231,0.9537]$,$A_4=[0.8650,0.8986,0.9392,0.9707]$,$A_5=[0.8517,0.8885,0.9220,0.9560]$。试从四参数区间数越大越好的角度进行综合排序[28]。

决策过程如下。

先根据式(7.8.5)和式(7.8.6)计算各方案的四参数区间数的均值 $\bar{x}_k$ 和方差 $s_k(k=1,2,3,4,5)$,并写成均值-方差联系数 $u_k(\bar{x}_k,s_k)(k=1,2,3,4,5)$,再按式(7.8.13)、式(7.8.14)计算各均值-方差联系数的模 $r_k=|u_k(\bar{x}_k,s_k)|$,根据模的大小得到各方案的优劣排序结果(表 7.8.7)为 $A_2 \succ A_4 \succ A_3 \succ A_5 \succ A_1$。所得各方案的排序结果与文献[28]完全一致。

表 7.8.7　5 个方案的均值-方差联系数的模及其排序

方案	$u_k(\bar{x}_k, s_k)$	r_k	排序
A_1	$0.8887+0.0371i$	0.8895	⑤
A_2	$0.9327+0.0338i$	0.9333	①
A_3	$0.9090+0.0332i$	0.9096	③
A_4	$0.9184+0.0400i$	0.9193	②
A_5	$0.9046+0.0387i$	0.9054	④

4. 在蒙特卡罗随机模拟决策中的应用

例 7.8.4　某水利工程拟定了 5 个投资方案，各方案的属性权重和属性值如表 7.8.8 所示。

表 7.8.8　决策方案属性区间和属性权重区间数

属性	方案 1	方案 2	方案 3	方案 4	方案 5	权重
投资额	[5,7]	[10,11]	[5,6]	[9,11]	[6,8]	[0.20,0.30]
期望净现值	[4,5]	[6,7]	[4,5]	[5,6]	[3,5]	[0.10,0.20]
风险盈利率	[4,6]	[5,6]	[3,4]	[5,7]	[3,4]	[0.15,0.25]
风险损失值	[0.4,0.6]	[1.5,2.0]	[0.4,0.7]	[1.3,1.5]	[0.8,1.0]	[0.35,0.45]

表 7.8.8 中的投资额和风险损失值为成本型属性，期望净现值和风险盈利值为效益型属性[29]。

根据文献[29]，5 个方案采用蒙特卡罗随机模拟方法并且模拟次数大于 1000 次时的最优贴近度概率分布均值与方差如表 7.8.9 所示。

表 7.8.9　5 个方案的均值、方差、模及其排序

属性	方案 1	方案 2	方案 3	方案 4	方案 5
均值	0.0680	0.8778	0.1396	0.7403	0.3815
方差	0.0317	0.0374	0.0462	0.0824	0.0933
模	0.0750	0.8776	0.1470	0.7449	0.3927
排序	①	⑤	②	④	③

借助该题在文献[29]中已把各属性统一规范化为越小越好的成本型属性，并通过综合加权计算和蒙特卡罗随机模拟方法给出各方案综合值的均值与方差，因此直接应用式(7.8.13)和式(7.8.14)计算各方案均值与方差的模，并按模由小到大排序，得到 5 个方案的优劣排序为方案 1>方案 3>方案 5>方案 4>方案 2。这

一排序结果与文献[29]完全一致。

7.8.6　讨论

虽然以上 4 个例题在应用均值和方差的模进行决策后，都取得了同一问题与其他决策方法相同的结果，但不能忽视仅应用均值和方差的模进行决策的不足。例如，有均值-方差联系数 $u_1(\bar{x}_1, s_1)=1+9i$ 与 $u_2(\bar{x}_2, s_2)=9+1i$，显然，这两个均值-方差联系数的模相同，都是 $|u_1|=|u_2|=\sqrt{1^2+9^2}=\sqrt{9^2+1^2}=9.0554$，但是这两个均值-方差联系数的幅角不同，其中 $\theta_1=\arctan\dfrac{s}{\bar{x}}=\arctan\dfrac{9}{1}=83.66°$，$\theta_2=\arctan\dfrac{s}{\bar{x}}=\arctan\dfrac{1}{9}=6.34°$。所以在一般情况下，如没有其他方法可以作决策对照，建议采用式(7.8.30)的一般综合模型作为不确定性多属性决策的首选模型。

根据集对分析的不确定性系统理论，赵克勤提出概率统计学中的样本特征参数均值和方差也是区间数(三参数区间数、四参数区间数、五参数区间数等)特征参数的理论[30]。在把均值作为它们的相对确定性测度，把方差作为它们的不确定性测度之后，进而把“均值＋方差”改为集对分析中的联系数 $A+Bi$，根据集对分析关于不确定性系统中确定性与不确定性的相互作用原理，计算联系数 $A+Bi$ 的模，把区间数(和多参数区间数)转化成 SPA 意义下的普通实数，不仅可以简化基于区间数(和多参数区间数)的模糊不确定性多属性决策算法，还给出了统一的决策模型，实例证明给出的模型和算法有效。从理论上说，这种有效性一方面来自统计学中关于均值和方差是样本特征参数的理论[30]，无非是把区间数和扩展区间数分别看成统计学中样本容量 $n=2,3,4$ 时的微小样本。客观上说，概率统计的理论研究和无数统计实践早已证明把均值和方差作为大样本特征参数是合理的，据此不难认可把均值和方差作为样本容量 $n=2,3,4$ 这些微小样本的特征参数也同样是合理的，因为这些微小样本的均值和方差两个特征参数能比大样本的均值和方差更真实地反映样本自身的统计特征。另一方面则来自集对分析的不确定性系统理论，因为该理论认为，在一个不确定性系统中，确定性与不确定性存在相互作用，这种相互作用的大小可以在集对分析的 D-U 空间中得到定量刻画。该理论所依据的相互作用原理其实也是被物理学等众多学科早已证实的一个科学原理。应用实例已说明这种确定性与不确定性在集对分析 D-U 空间中合成的合理性和在不确定性多属性决策中的有效性[30]。

参 考 文 献

[1] 刘秀梅. 基于联系数的三角模糊数多指标评价方法[J]. 淮阴工学院学报，2008，17(5)：

30-33.
[2] 刘秀梅，赵克勤，王传斌. 基于联系数的三角模糊数多属性决策模型[J]. 系统工程与电子技术，2009，31(10)：2399-2403.
[3] 戴勇，范明，姚胜. 引入三参数区间数的多属性项目决策方法研究[J]. 扬州大学学报(自然科学版)，2006，8(3)：20-23.
[4] 许叶军，达庆利. 基于理想点的三角模糊数多指标决策法[J]. 系统工程与电子技术，2007，29(9)：1469-1471.
[5] 徐泽水. 对方案有偏好的三角模糊数型多属性决策方法研究[J]. 系统工程与电子技术，2002，24(8)：9-12.
[6] 曾三云，曾玲，龙君. 部分权重信息下的三角模糊数型多属性决策方法[J]. 桂林电子工业学院学报，2006，26(1)：64-67.
[7] 陈晓红，阳熹. 一种基于三角模糊数的多属性群决策方法[J]. 系统工程与电子技术，2008，30(2)：278-282.
[8] 刘秀梅. 基于联系数的梯形模糊数多属性决策模型及应用[C]//中国人工智能进展. 北京：北京邮电大学出版社，2009：83-89.
[9] 曾三云，龙君. 基于信息熵的模糊多属性决策方法[J]. 广西科学，2008，15(2)：135-137.
[10] 王中兴，徐玲. 多属性决策中一种属性权重的确定方法[J]. 统计与决策，2007(5)：140-141.
[11] 吴维煊. 联系数在梯形模糊数多属性决策中的应用[J]. 数学的实践与认识，2013，43(1)：160-166.
[12] 兰蓉，范九伦. 梯形模糊数上的完备度量及其在多属性决策中的应用[J]. 工程数学学报，2010，27(6)：1001-1008.
[13] 徐泽水. 直觉模糊偏好信息下的多属性决策途径[J]. 系统工程理论与实践，2007，27(11)：62-71.
[14] Atanassov K T. Intuitionistic fuzzy sets[J]. Fuzzy Sets and Systems，1986，20(1)：87-96.
[15] Chen S M，Tan J M. Handling multicriteria fuzzy decision：Making problems based on vague set theory[J]. Fuzzy Sets and Systems，1994，67(2)：163-172.
[16] 施丽娟，黄天民，翟秀枝. 基于集对分析的区间直觉模糊多属性决策方法[J]. 西南民族大学学报(自然科学版)，2009，35(3)：468-471.
[17] 郭春香，郭耀煌. 具有区间数的多目标格序决策方法研究[J]. 预测，2004，23(5)：71-73.
[18] 胡辉，徐泽水. 基于 TOPSIS 的区间直觉模糊多属性决策方法[J]. 模糊系统与数学，2007，21(5)：108-112.
[19] 夏梅梅，李鹏，宋现高. 一种区间直觉模糊信息集成的新方法[J]. 泰山学院学报，2008：512-515.
[20] 刘秀梅，赵克勤. 基于区间型联系数的直觉三角模糊数 MADM 方法[C]//决策科学与系统分析. 北京：知识产权出版社，2013：175-180.
[21] 张肃. 基于集对分析和直觉模糊集的语言型多属性群决策方法[J]. 科技导报，2008，26(12)：67-69.

[22] 夏国恩,金宏,金炜东. 具有三角模糊数的多属性格序决策方法[J]. 统计与决策,2006,(1):22-23.

[23] 王安,周存宝. 基于直觉三角模糊数向量投影的多属性决策方法[J]. 兵工自动化,2012,31(1):23-25.

[24] 徐泽水. 不确定多属性决策方法及应用[M]. 北京:清华大学出版社,2004.

[25] 周晓光,张强,胡望斌. 基于 Vague 集的 TOPSIS 方法及其应用[J]. 系统工程理论方法应用,2005,14(6):537-541.

[26] Bryson N,Mobolurin A. An action learning evaluation procedure for multiple criteria decision making problems [J]. European Journal of Operational Research,1996,6:379-386.

[27] 卜广志,张宇文. 基于三参数区间数的灰色模糊综合评判[J]. 系统工程与电子技术,2001,23(9):43-45,62.

[28] 王坚强. 信息不完全的 Fuzzy 群体多准则决策的规划方法[J]. 系统工程与电子技术,2004,26(11):1604-1608.

[29] 王恕,张亦飞,郝春玲,等. 一种区间数多属性决策新方法及其工程应用[J]. 水利水运工程学报,2006(3):54-58.

[30] 赵克勤. 基于集对分析的不确定性多属性决策模型与算法[J]. 智能系统学报,2010,5(1):41-50.

第 8 章　基于多元联系数的区间数决策

多元联系数是联系数的一种展开式。由于区间数可以转换为联系数，所以也可以把多元联系数看做区间数的一种展开，从而一定程度上刻画区间数的内部结构和取值分布；偏联系数是对多元联系数的一种“压缩”，也是对多元联系数中各联系分量相互关系的一种刻画。按照集对分析的层次分析思想，把多元联系数用于区间数决策研究，便于在一些细微结构展开分析，但需要一定的技巧。本章主要介绍多元联系数及其偏联系数应用于区间数决策的实例，其中有的是其他学者的工作，介绍时或加以点评，或进行增删，或修改，或提出需要进一步思考的问题。另外，由于点实数可以看成特定的区间数，以点实数形式出现的决策问题也因此可以看做特定的区间数决策问题，本章的最后两节就属于这种情况，这是需要说明的。

8.1　基于三元联系数和完美点的区间数决策

叶跃祥等[1]针对属性权重和决策矩阵均为区间数的多属性决策问题，提出了一种基于三元联系数和“完美点”的区间数决策。

8.1.1　原理与方法

1. 问题描述

设 m 个方案的集合为 $S=\{S_k \mid k=1,2,\cdots,m\}$，每个方案具有 n 个属性，n 个属性的属性集为 $Q=\{Q_1,Q_2,\cdots,Q_n\}$；每个属性的权重区间向量为 $\boldsymbol{W}=(\widehat{\boldsymbol{w}}_1,\widehat{\boldsymbol{w}}_2,\cdots,\widehat{\boldsymbol{w}}_n)^{\mathrm{T}}$，第 r 个权重区间向量为 $\widehat{\boldsymbol{w}}_r=[w_r^-,w_r^+](r=1,2,\cdots,n)$，其中 $\sum\limits_{r=1}^{n} w_r^- \leqslant 1$，$\sum\limits_{r=1}^{n} w_r^+ \geqslant 1$，$0 \leqslant w_r^- \leqslant w_r^+ \leqslant 1$。$\widetilde{\boldsymbol{P}}=(\widetilde{p}_{kr})_{mn}$ 表示区间数决策矩阵，其中 $\widetilde{p}_{kr}$ 表示第 k 个方案在第 r 个属性下的评价值，假定 $\widetilde{p}_{kr}$ 已经被规范化为效益型属性，且 $\widetilde{p}_{kr} \subseteq [0,1](k=1,2,\cdots,m;r=1,2,\cdots,n)$。要求在 m 个方案中找出最优方案并对这些方案进行排序。

2. 区间数的三划分与“完美点”

设区间数 $[x_1,x_2] \subseteq [0,1]$，且区间数 $[x_1,x_2]$ 所表达的评价值是越大越好的效益型属性。设 1 为完美点，并把区间 $[0,1]$ 分成 a、b 和 c 共 3 个子区间，其中 a 表示区间$[0,x_1]$,b表示区间$[x_1,x_2]$,c表示区间$[x_2,1]$,见图 8.1.1。

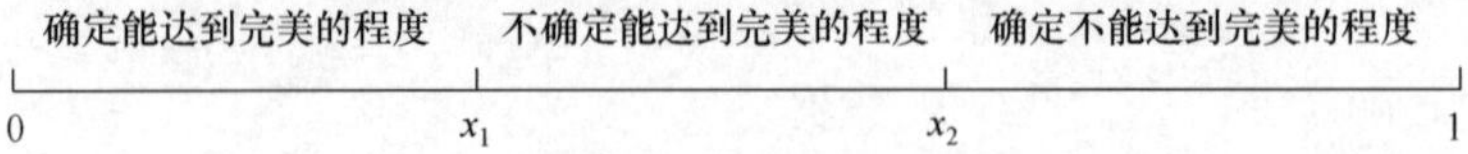

图 8.1.1　基于效益型的区间数[0,1]三划分示意图

根据集对分析的同异反理论可知,a表示“确定能达到完美的程度”;b表示“不确定能达到完美的程度”;c表示“确定不能达到完美的程度”。把“确定达到完美”对应于“同一”,“确定不能达到”对应于“对立”,那么区间数评价值$[x_1,x_2]$和完美值 1 的关系就可以用集对联系数表示。记$\tilde{x}=[x_1,x_2]$,用a、b、c表示区间数$\tilde{a}=[0,x_1]$,$\tilde{b}=[x_1,x_2]$,$\tilde{c}=[x_2,1]$的长度,即$a=x_1$,$b=x_2-x_1$,$c=1-x_2$,则得联系数为

$$\mu=\mu(\tilde{x},1)=a+bi+cj \tag{8.1.1}$$

式中,i表示“不确定”,j表示“不接近”。

3. 属性权重的处理

为简化计算,在区间数属性权重处理中,采用将属性权重区间向量转化为目标权重向量的方法,记目标权重向量为$\boldsymbol{W}^*=(w_1^*,w_2^*,\cdots,w_n^*)^{\mathrm{T}}$,易知$\sum\limits_{r=1}^{n}w_r^*=1$。目标权重确定方法如下。

(1)将属性权重区间数依式(4.1.4)转换为二元联系数

$$w_r^*=w_r^-+(w_r^+-w_r^-)i,\quad 0\leqslant i\leqslant 1 \tag{8.1.2}$$

(2) 对式(8.1.2)中的i赋值。

记$\tilde{w}_r$的下界和上界对w_r^*的偏差为$d_r^-=w_r^*-w_r^-$,$d_r^+=w_r^+-w_r^*$。由于所有的区间属性权重是由同一系统(同一决策人或者决策群)给出的,所以可以假定同一系统给出的每个区间权重上下界对其目标权重的偏差比例是一个恒定值h,即

$$\frac{d_r^-}{d_r^+}=h,\quad \forall r\in\{1,2,\cdots,n\} \tag{8.1.3}$$

式中,h为常数。于是得到

$$h=\frac{d_r^-}{d_r^+}=\frac{nd_r^-}{nd_r^+}=\frac{\sum\limits_{r=1}^{n}d_r^-}{\sum\limits_{r=1}^{n}d_r^+}=\frac{1-\sum\limits_{r=1}^{n}w_r^-}{\sum\limits_{r=1}^{n}w_r^+-1} \tag{8.1.4}$$

取

$$i=\frac{h}{h+1} \tag{8.1.5}$$

显然$0\leqslant i\leqslant 1$。

(3) 将式(8.1.5)代入式(8.1.2),即有

$$w_r^* = w_r^- + \frac{h}{h+1}(w_r^+ - w_r^-) = w_r^- + \frac{1-\sum_{r=1}^{n} w_r^-}{\sum_{r=1}^{n} w_r^+ - \sum_{r=1}^{n} w_r^-}(w_r^+ - w_r^-) \tag{8.1.6}$$

4. 决策步骤

步骤 1:根据式(8.1.1)把区间决策矩阵 $\widetilde{\boldsymbol{P}}=(\widetilde{p}_{kr})_{m\times n}$ 转化成联系数决策矩阵 $\boldsymbol{\mu}=(\mu(\widetilde{p}_{kr},1))_{m\times n}$。

步骤 2:根据式(8.1.4)~式(8.1.6)把区间权重向量 $\boldsymbol{W}=(\widetilde{w}_1,\widetilde{w}_2,\cdots,\widetilde{w}_n)^{\mathrm{T}}$ 转化成目标权重向量 $\boldsymbol{W}^*=(w_1^*,w_2^*,\cdots,w_n^*)^{\mathrm{T}}$。

步骤 3:对于每个方案 S_k,计算其加权联系数

$$\mu(S_k,U)=a_k+b_k i+c_k j \tag{8.1.7}$$

式中,$a_k=\sum_{r=1}^{n} w_r^* a_{kr}$,$b_k=\sum_{r=1}^{n} w_r^* b_{kr}$,$c_k=\sum_{r=1}^{n} w_r^* c_{kr}$,$U \overset{\text{def}}{=} (1,1,\cdots,1)_{1\times n}$ 为每个属性值都为 1 的完美方案。

这样,a_k 就反映了方案 S_k 确定能达到完美的加权平均程度,c_k 反映了方案 S_k 确定不能达到完美的加权平均程度,b_k 反映了方案 S_k 不确定能达到完美的加权平均程度。

步骤 4:根据如下准则进行排序。

(1) 势序准则:根据集对分析中的集对势来排序。a_k 越大,c_k 越小,$\mathrm{Shi}(S_k,U)=\frac{a_k}{c_k}$ 就越大,说明方案 S_k 就越接近完美。

(2) γ_k 准则:定义 $\gamma_k=\frac{a_k}{a_k+c_k}$,$\gamma_k$ 越大,则方案 S_k 越接近完美。

需要说明的是,根据势和 γ_k 的定义得到

$$\gamma_k=\frac{1}{\frac{1}{\mathrm{Shi}(S_k,U)}+1}$$

那么 γ_k 是 $\mathrm{Shi}(S_k,U)$ 的增函数,这样两个排序准则的排序结果是一样的。

(3) 惩罚准则:将联系数中的 j 取 -1,惩罚结果大的为最接近完美,以此类推。

8.1.2 实例

设有 5 个学院 S_1、S_2、S_3、S_4、S_5 将被评估。表 8.1.1 和表 8.1.2 分别给出了

用区间数表示的属性权重向量和决策矩阵。

表 8.1.1 属性权重向量

Q_1(教学)	Q_2(科研)	Q_3(服务)
[0.3350,0.3755]	[0.3009,0.3138]	[0.3194,0.3363]

表 8.1.2 区间数决策矩阵

学院 \ 属性	Q_1	Q_2	Q_3
S_1	[0.214,0.220]	[0.166,0.178]	[0.184,0.190]
S_2	[0.206,0.225]	[0.220,0.229]	[0.182,0.191]
S_3	[0.195,0.204]	[0.192,0.198]	[0.220,0.231]
S_4	[0.181,0.190]	[0.195,0.205]	[0.185,0.195]
S_5	[0.175,0.184]	[0.193,0.201]	[0.201,0.211]

步骤 1:根据式(8.1.1)把区间决策矩阵 $\widetilde{\boldsymbol{P}}=(\widetilde{p}_{kr})_{m\times n}$转化成联系数决策矩阵 $\boldsymbol{\mu}=(\mu(\widetilde{p}_{kr},1))_{5\times 3}$

$$=\begin{bmatrix} 0.214+0.006i+0.780j & 0.166+0.012i+0.822j & 0.184+0.006i+0.810j \\ 0.206+0.019i+0.775j & 0.220+0.009i+0.771j & 0.182+0.009i+0.809j \\ 0.195+0.009i+0.796j & 0.192+0.006i+0.802j & 0.220+0.011i+0.769j \\ 0.181+0.009i+0.810j & 0.195+0.010i+0.795j & 0.185+0.010i+0.805j \\ 0.175+0.009i+0.816j & 0.193+0.008i+0.799j & 0.201+0.010i+0.789j \end{bmatrix}$$

步骤 2:根据式(8.1.4)～式(8.1.6)计算出目标权重向量为

$$\boldsymbol{W}^*=(w_1^*,w_2^*,\cdots,w_n^*)^{\mathrm{T}}=(0.3608,0.3091,0.3301)^{\mathrm{T}}$$

步骤 3:根据式(8.1.7)计算每个方案的加权联系数为

$$\boldsymbol{\mu}=(\mu(S_1,U),\mu(S_2,U),\cdots,\mu(S_5,U))^{\mathrm{T}}=\begin{bmatrix} 0.189+0.008i+0.803j \\ 0.202+0.013i+0.785j \\ 0.202+0.009i+0.789j \\ 0.187+0.010i+0.804j \\ 0.189+0.009i+0.802j \end{bmatrix}$$

步骤 4:计算 $\mathrm{Shi}(S_k,U)=\dfrac{a_k}{c_k}$及 γ_k 并排序,结果如表 8.1.3 所示。

表 8.1.3 计算结果

方案	$\mathrm{Shi}(S_k,U)$	γ_k	位次	惩罚结果及排序
S_1	0.2357	0.1908	④	−0.614④
S_2	0.2578	0.2050	①	−0.583①

续表

方案	$\mathrm{Shi}(S_k,U)$	γ_k	位次	惩罚结果及排序
S_3	0.2565	0.2041	②	−0.587②
S_4	0.2322	0.1885	⑤	−0.617⑤
S_5	0.2359	0.1909	③	−0.613③

由表 8.1.3 各数据可知，排序结果均为 $S_2 > S_3 > S_5 > S_1 > S_4$。

由表 8.1.3 可见，利用“惩罚”准则所得结果及次序与 $\mathrm{Shi}(S_k,U)$ 的排序结果一致。另一方面，从表 8.1.3 还可以看到 S_1 与 S_5 的 γ_k 相当接近，仅相差 0.02%，说明利用联系数的势函数求方案排序有较高精度。

需要思考的问题有：①如果决策中的部分属性或全部属性是成本型属性时，那么完美点在哪里？②能否用三元联系数表示以区间形式给出的属性权重？③本节给出的思路能否应用于其他区间数决策？

8.2　基于四元联系数和等级取值的区间数决策

8.2.1　原理与方法

1. 四元联系数

四元联系数 $u=A+Bi+Cj+Dk$ 中，$A,B,C,D\in\mathbf{R}$，联系分量 $A,B,C,D\in\mathbf{R}$ 的系数分别为 1、i、j、k，其中 i、j、k 在 $[-1,1]$ 中的某个子区间取值。例如，$i\in[0,1]$，$j=0$，$k\in[-1,0]$；也可以让 i、j、k 在 $[-1,1]$ 的三等分区间中取值，如令 $i\in\left[0,\frac{2}{3}\right]$，$j\in\left[-\frac{1}{3},\frac{1}{3}\right]$，$k\in\left[-1,-\frac{1}{3}\right]$等；可以根据需要作不同的约定，并视不同情况在给定的区域取不同数值[2]。

四元联系数比三元联系数更细致有序地刻画了系统的对立统一状态。例如，当各项系数分别为 1，$i=0.5$，$j=-0.5$，$k=-1$ 时，构成了一种有序对称的正负型对立统一关系；又如，当各项系数依次为 1，$i=0.9$，$j=0.7$，$k=0.3$ 时，则构成了基于百分制成绩的有序的优(100 分)、良(81～99 分)、中(60～80 分)、差(0～59 分)(取值为整数)对立统一关系。

2. 两个实数的同一度

定义 8.2.1　设有 $r_1,r_2\in\mathbf{R}^+$，定义 r_1、r_2 的同一度 $a(r_1,r_2)$ 为

$$a(r_1,r_2)=\frac{\min(r_1,r_2)}{\max(r_1,r_2)} \tag{8.2.1}$$

由定义知，$0<a(r_1,r_2)<1$，这个同一度刻画了两个正数 r_1、r_2 的接近程度。

3. 等级类决策问题

设有待决策方案 $E_v(v=1,2,\cdots,m)$个，共 s 个属性 $P_q(q=1,2,\cdots,s)$，属性权重为 $w_{p_q}(q=1,2,\cdots,s)$；每个属性又分为优，良，…，差共 n 个等级，每个等级标准都为非负区间数 $\tilde{x}_{qt}=[x_{qt}^-,x_{qt}^+](t=1,2,\cdots,n)$，方案 $E_v(v=1,2,\cdots,m)$对于各属性的属性值也都是区间数，记为 $\widetilde{X}_{vt}=[x_{vt}^-,x_{vt}^+]$。一般地，对于效益型属性，以大为优；对于成本型属性，以小为优。试决策出最优方案并排序。

4. 决策步骤

步骤 1：分别把各属性的等级标准区间数 $\tilde{x}_{qt}=[x_{qt}^-,x_{qt}^+]$和各方案在各属性上的属性值区间数 $\widetilde{X}_{vt}=[x_{vt}^-,x_{vt}^+]$按式(4.1.10)“均值＋最大偏差”定义转换成 $A+Bi$ 型联系数。

步骤 2：据第 3 章式(3.3.31)计算各属性各等级联系数的模 $r_{qt}=|\tilde{x}_{qt}|$和各方案属性值的联系数的模 $R_{vt}=|\widetilde{X}_{vt}|$。

步骤 3：计算各属性各等级的模 $r_{qt}=|\tilde{x}_{qt}|$与各方案属性值的模 $R_{vt}=|\widetilde{X}_{vt}|$的同一度

$$a_{vt}=a(r_{qt},R_{vt})=\frac{\min(r_{qt},R_{vt})}{\max(r_{qt},R_{vt})},\quad t=1,2,\cdots,n \tag{8.2.2}$$

步骤 4：找出 n 个同一度 $a(r_{qt},R_{vt})$中的最大同一度 $A_{vt}=\max\limits_{1\leqslant t\leqslant n}(a_{vt})=\max\limits_{1\leqslant t\leqslant n}[a(r_{qt},R_{vt})]$，并根据同一度从大到小的次序定性评价属性值(优，良，…，差)。

步骤 5：计入各属性权重 w_{p_q}，计算 $w_{p_q}A_{vt}$(当属性权重未知时，采用文献[3]中的离差最大法确定)。

步骤 6：依次把定性为优，良，…，差的 n 个等级的 $w_{p_q}A_{vt}$记入 n 元联系数

$$u=A+Bi+Cj+\cdots+Dk \tag{8.2.3}$$

步骤 7：分别按集对分析理论给出的 $i,j,\cdots,k$ 的取值方法(如中点取值、比例值法等)，计算各 n 元联系数的综合值，综合值大的方案优于综合值小的方案。

步骤 8：对决策结果进行不确定性分析，对 $i,j,\cdots,k$ 作不同条件下的取值分析。

8.2.2 实例

为便于对照分析，这里取文献[4]中的公路网模糊综合水平评价例子说明本节模型的实际应用。属性等级以及方案在对应属性上的属性值见表 8.2.1 和表 8.2.2。

表 8.2.1　属性及属性等级标准

属性	属性名	单位	权重 w_{p_q}	优类 $\tilde{x}_{q1}$	良类 $\tilde{x}_{q2}$	中类 $\tilde{x}_{q3}$	差类 $\tilde{x}_{q4}$
P_1	公路网平均车速	km/h	0.350	[43,45]	[33,35]	[25,27]	[15,17]
P_2	净现值	万元	0.273	[345,365]	[270,290]	[210,230]	[135,155]
P_3	公路网密度	/	0.168	[0.68,0.72]	[0.53,0.56]	[0.38,0.42]	[0.22,0.27]
P_4	环境污染程度	/	0.209	[11,19]	[36,44]	[56,64]	[81,89]

注：表中数据 $\tilde{x}_{qt}=[x_{qt}^-,x_{qt}^+]$。

表 8.2.2　4 地市在 2006 年的干线公路网属性值

地市	公路网车速/(km/h) P_1	净现值/万元 P_2	公路网密度 P_3	环境污染程度 P_4
E_1	[35,40]	[210,230]	[0.37,0.41]	[46,52]
E_2	[29,32]	[250,270]	[0.68,0.72]	[70,76]
E_3	[31,34]	[240,260]	[0.58,0.62]	[48,54]
E_4	[26,29]	[310,330]	[0.55,0.57]	[78,84]

决策过程如下。

步骤 1：计算表 8.2.1 和表 8.2.2 中各区间数的模 $r_{qt}=|\tilde{x}_{qt}|$ 和 $R_{vt}=|\widetilde{X}_{vt}|$，得到表 8.2.3 和表 8.2.4。

表 8.2.3　属性及属性等级标准区间数的模

属性	权重 w_{p_q}	优类 r_{q1}	良类 r_{q2}	中类 r_{q3}	差类 r_{q4}
P_1	0.350	44.0114	34.0147	26.0192	16.0312
P_2	0.273	355.1408	280.1785	220.2272	145.3444
P_3	0.168	0.7003	0.5452	0.4005	0.2463
P_4	0.209	15.5242	40.1995	60.1332	85.0941

表 8.2.4　4 地市在 2006 年的干线公路网属性值的模

地市	路网车速的模 R_{v1}	净现值的模 R_{v2}	公路网密度的模 R_{v3}	环境污染程度的模 R_{v4}
E_1	37.5832	220.2272	0.3905	49.0918
E_2	30.5369	260.1922	0.7003	73.0616
E_3	32.5346	250.1999	0.6003	51.0882
E_4	27.5409	320.1562	0.5600	81.0555

步骤 2：计算表 8.2.4 中各地市每个属性的属性值的模 $R_{vt}=|\widetilde{X}_{vt}|$ 与表 8.2.3 中的同一属性等级标准的模 $r_{qt}=|\tilde{x}_{qt}|$ 的同一度 $a_{vt}=a(r_{qt},R_{vt})(t=1,2,3,4;v=1,2,3,4)$，并找出每个地市在每个属性上的最大同一度 $A_{vt}=\max\limits_{1\leqslant t\leqslant n}[a(r_{qt},R_{vt})]$

(v=1,2,3,4)及所属等级,列于最右侧,见表 8.2.5～表 8.2.8,将最右侧数据汇总成表 8.2.9。

表 8.2.5　各地市 P_1 属性与属性优良中差的同一度、最大同一度及所属等级

地市	公路网车速的模 R_{v1}	优类 r_{11} 44.0114	良类 r_{12} 34.0147	中类 r_{13} 26.0192	差类 r_{14} 16.0312	最大同一度及所属等级 A_{v1}
E_1	37.5832	0.8539	**0.9051**	0.6923	0.4265	0.9051(良)
E_2	30.5369	0.6938	**0.8978**	0.8521	0.5250	0.8978(良)
E_3	32.5346	0.7392	**0.9565**	0.7997	0.4927	0.9565(良)
E_4	27.5409	0.6258	0.9097	**0.9447**	0.5821	0.9447(中)

表 8.2.6　各地市 P_2 属性与属性优良中差的同一度、最大同一度及所属等级

地市	净现值的模 R_{v2}	优类 r_{21} 355.1408	良类 r_{22} 280.1785	中类 r_{23} 220.2272	差类 r_{24} 145.3444	最大同一度及所属等级 A_{v2}
E_1	220.2272	0.6201	0.7860	**1.000**	0.6600	1.0000(中)
E_2	260.1922	0.7326	**0.9287**	0.8464	0.5586	0.9287(良)
E_3	250.1999	0.7045	**0.8930**	0.8802	0.5809	0.8930(良)
E_4	320.1562	**0.9015**	0.8751	0.6879	0.4540	0.9015(优)

表 8.2.7　各地市 P_3 属性与属性优良中差的同一度、最大同一度及所属等级

地市	公路网密度的模 R_{v3}	优类 r_{31} 0.7003	良类 r_{32} 0.5452	中类 r_{33} 0.4005	差类 r_{34} 0.2463	最大同一度及所属等级 A_{v3}
E_1	0.3905	0.5576	0.7163	**0.9750**	0.6307	0.9750(中)
E_2	0.7003	**1.000**	0.7785	0.5719	0.3517	1.0000(优)
E_3	0.6003	0.8572	**0.9082**	0.6672	0.4103	0.9082(良)
E_4	0.5600	0.7997	**0.9736**	0.7152	0.4398	0.9736(良)

表 8.2.8　各地市 P_4 属性与属性优良中差的同一度、最大同一度及所属等级

地市	环境污染程度的模 R_{v4}	优类 r_{41} 15.5242	良类 r_{42} 40.1995	中类 r_{43} 60.1332	差类 r_{44} 85.0941	最大同一度及所属等级 A_{v4}
E_1	49.0918	0.3162	**0.8187**	0.8164	0.5769	0.8187(良)
E_2	73.0616	0.2125	0.5502	0.8230	**0.8586**	0.8586(差)
E_3	51.0882	0.3039	0.7869	**0.8496**	0.6004	0.8496(中)
E_4	81.0555	0.1915	0.4960	0.7419	**0.9525**	0.9525(差)

表 8.2.9　4 地市在 2006 年的干线公路网决策数据属性值的模与属性等级模的最大同一度及所属等级

地市	P_1 属性最大同一度及所属等级 A_{v1}	P_2 属性最大同一度及所属等级 A_{v2}	P_3 属性最大同一度及所属等级 A_{v3}	P_4 属性最大同一度及所属等级 A_{v4}
E_1	0.9051(良)	1.0000(中)	0.9750(中)	0.8187(良)
E_2	0.8978(良)	0.9287(良)	1.0000(优)	0.8586(差)
E_3	0.9565(良)	0.8930(良)	0.9082(良)	0.8496(中)
E_4	0.9447(中)	0.9015(优)	0.9736(良)	0.9525(差)

步骤 3：根据各属性等级的 4 个同一度中的最大同一度判定评价数据的模 $R_{vt}=|\widetilde{X}_{vt}|$ 的优良中差，将结果填入表 8.2.10 中。

表 8.2.10　4 地市在 2006 年的干线公路网属性值的模

地市	P_1 路网车速 R_{v1}	P_2 净现值 R_{v2}	P_3 公路网密度 R_{v3}	P_4 环境污染程度 R_{v4}
E_1	37.5832(良)	220.2272(中)	0.3905(中)	49.0918(良)
E_2	30.5369(良)	260.1922(良)	0.7003(优)	73.0616(差)
E_3	32.5346(良)	250.1999(良)	0.6003(良)	51.0882(中)
E_4	27.5409(中)	320.1562(优)	0.5600(良)	81.0555(差)

步骤 4：对表 8.2.10 中的各数据计入属性权重 $w_{p_q}A_{vt}$，得到表 8.2.11。

表 8.2.11　计入属性权重后的数据

地市	$w_{p_1}A_{v1}$	$w_{p_2}A_{v2}$	$w_{p_3}A_{v3}$	$w_{p_4}A_{v4}$
E_1	0.3168(良)	0.2730(中)	0.1638(中)	0.1711(良)
E_2	0.3142(良)	0.2535(良)	0.1680(优)	0.1794(差)
E_3	0.3348(良)	0.2438(良)	0.1526(良)	0.1776(中)
E_4	0.3306(中)	0.2461(优)	0.1636(良)	0.1991(差)

步骤 5：根据表 8.2.11，按照优良中差等级得到各评价地市 2006 年干线网络综合评价四元联系数

$$u(E_1)=0+0.4879i+0.4368j+0k$$
$$u(E_2)=0.1680+0.5677i+0j+0.1794k$$
$$u(E_3)=0+0.7312i+0.1776j+0k$$
$$u(E_4)=0.2461+0.1636i+0.3306j+0.1991k$$

步骤 6：计算当 i、j、k 取不同值时，各四元联系数的 $u(E_k)$ 的值，得到表 8.2.12，其中 $i=0.5, j=0, k=-1$ 是假设四元联系数 $u(E_k)$ 中的各项系数是基于正负型不确定性而取的值；$i=0.9, j=0.7, k=0.3$ 是假设四元联系数 $u(E_k)$ 中

的各项系数按百分制中的优（100 分）、良（81～99 分）、中（60～80 分）、差（0～59 分）这种划分各取中间值而得到的一种值。

表 8.2.12 i、j、k 取不同值时 $u(E_k)$ 的值及排序

地市	$i=0.5,j=0,k=-1$	$i=0.9,j=0.7,k=0.3$	文献[4]的排序	3 种排序法平均及排序
E_1	0.2440③	0.7449②	③	2.67②
E_2	0.2725②	0.7328③	④	3③
E_3	0.3656①	0.7824①	①	1①
E_4	0.1243④	0.6184④	②	3.33④

步骤 7：与其他方法比较。

与文献[4]中得到的排序结果相比较，可以看出，除了地市 E_3 都评为第一外，其余 3 个地市的优劣排序各不相同，其中 E_1 在文献[4]中排序第三，与本节中 $i=0.5,j=0,k=-1$ 时的排序相同，而文献[4]中 E_2 和 E_4 的排序与本节 $i=0.5,j=0,k=-1$ 时的排序正好相反，哪种排序更为合理？从表 8.2.9 中看到，仅从定性角度看，E_2 是 1 个“优”，2 个“良”，1 个“差”；E_4 是 1 个“优”，1 个“良”，1 个“中”，1 个“差”，由于“良”优于“中”，所以 E_2 优于 E_4 是有道理的；再从属性权重的大小看，公路网车速 P_1 的权重为 0.350，是 4 个属性中权重最大的一个属性，而恰恰在这个最大权重的属性上，E_2 为良，E_4 为中，所以综合定性分析，也得出 E_2 优于 E_4 的结论。

对步骤 5 中得到的 4 个四元联系数也可以采用 8.1 节给出的完美点法，思路是：在“优”这个等级上如果评价值为 1，也就是 $a=1$，显然这个方案是完美的，据此，可以把 $a\leqslant 1$ 看成接近完美的程度，但 4 个式子中，$u(E_1)$ 中的 $a(E_1)=0$，$u(E_3)$ 中的 $a(E_3)=0$，不能区分，但 $u(E_2)$ 中的 $a(E_2)=0.1680$，$u(E_4)$ 中 $a(E_4)=0.2461$；为此，采用“次完美点”捆绑“完美点”法，也就是把每个 $u(E_t)(t=1,2,3,4)$ 中的 a_t 与 b_t 相加，得到

$$u'(E_1)=0.4879i+0.4368j+0k$$
$$u'(E_2)=0.7357i+0j+0.1794k$$
$$u'(E_3)=0.7312i+0.1776j+0k$$
$$u'(E_4)=0.4097i+0.3306j+0.1991k$$

观察带有 i 的次完美点接近程度知 $0.7357>0.7312>0.4879>0.4097$，所以 $E_2>E_3>E_1>E_4$，这与前面的 $E_3>E_1>E_2>E_4$ 不同，究竟哪种排序更为合理？

如果仅从“完美”接近度 a_t 与“次完美”接近度 b_t 的角度来说，因 E_2 有 0.1680 的接近完美程度，而 E_3 接近完美的程度是 0，所以 $E_2>E_3$ 是合理的。

如果采用“惩罚”准则，则有

$$u''(E_2)=0.7357-0.1794=0.5563$$

$$u''(E_3)=0.7312-0=0.7312$$

所以 $E_3 > E_2$，综合以上讨论，应当有 $E_3 > E_2 > E_1 > E_4$。

从以上讨论可知，同一个区间数决策问题在不同的决策条件下有不同的排序结果。通常说来，应该全面考虑各种条件下的各种结果，综合后得出结论，才是较为可靠的结论。因为理论上的各种可能结果也是事实上的各种情况的“映像”。另一方面，抽象后的模型会有自身的局限性，克服这种局限性的最好办法就是就各种情况展开分析和讨论。8.3 节介绍的五元联系数在区间数决策中的应用，就是一种比四元联系数更细致刻画区间数决策属性等级的方法。当然，随着刻画细致程度的加大，在表述、建模、计算、分析等各个步骤上的工作量随之加大。但本节和 8.1 节所介绍的完美点法、势值法、惩罚准则等综合法可能仍然有效，有兴趣的读者不妨试试。另外，从方法论来看，判定一个属性的评价值应当属于何等级，可以有多种方法，选用何种方法本身也是一个决策问题，也需要深入研究。

8.3　基于五元联系数的区间数决策

8.3.1　原理与方法

在涉及多等级多指标的模糊多属性决策问题中，多因素的作用使得决策变得复杂，下面介绍五元联系数在这类问题中的应用。

多元联系数是在三元联系数即同异反的联系数表达式 $\mu=a+bi+cj$ 中，将差异度 bi 展开为 $bi=b_1i_1+b_2i_2+\cdots+b_ki_k$，得到

$$\mu=a+b_1i_1+b_2i_2+\cdots+b_ki_k+cj$$

当 $k=3$ 时，可得五元联系数表达式

$$\mu=a+b_1i_1+b_2i_2+b_3i_3+cj \tag{8.3.1}$$

式中，a、b_1、b_2、b_3、c 称为联系分量，满足 $a+b_1+b_2+b_3+c=1$；i_1、i_2、i_3、j 称为联系分量的系数，i_1、i_2、i_3 是差异不确定系数 i 的分量形式。

在五元联系数中，a 表示同一度；b_1、b_2、b_3 表示差异度，并细分为偏同差异度、中差异度、偏反差异度；c 表示对立度；i_1、i_2、i_3、j 分别为偏同差异度系数、中差异度系数、偏反差异度系数和对立度系数。

五元联系数可以表征系统中 5 种不同等级的状态，例如，在社会调查中将问卷分为满意、较满意、一般、不满意、很不满意 5 个指标等级，在安全工程评价中将有关因素划分为很安全、较安全、临界安全、不太安全、很不安全 5 个级别。如果某调查有 50 人参加，满意的有 10 人，较满意的有 15 人，一般满意的有 15 人，不满意的有 8 人，很不满意的有 2 人，用联系度表示为

$$\mu=\frac{1}{5}+\frac{3}{10}i_1+\frac{3}{10}i_2+\frac{4}{25}i_3+\frac{1}{25}j$$

8.3.2 问题与决策

设有一个多属性决策问题，待决策样本集为 $S=\{S_s|s=1,2,\cdots,m\}$，每个样本的指标集为 $Q=\{Q_t|t=1,2,\cdots,n\}$，样本指标的实际观测值构成的评价矩阵为 $\boldsymbol{X}=(x_{st})_{m\times n}$。各项指标分为 $P=\{P_k|k=1,2,\cdots,l\}$ 个等级，记为 $P_1,P_2,\cdots,P_l$。本节取 $l=5$，各等级记为Ⅰ级、Ⅱ级、Ⅲ级、Ⅳ级、Ⅴ级，每个指标的等级标准值构成的矩阵为 $\boldsymbol{R}=(r_{tk})_{n\times 5}$。试根据指标等级标准确定样本集中各样本的级别。

在上述问题中，可以将各样本的样本指标实测值 x_{st} 与等级标准值构成集对，从而利用五元联系数来表示。由题意知，各指标 Q_t 的等级 $P_k(k=1,2,\cdots,5)$ 的标准值分别为 r_{tk}，即 $r_{t1},r_{t2},r_{t3},\cdots,r_{t5}$，称为评价指标 Q_t 的等级门限值。若 $r_{t1},r_{t2},r_{t3},\cdots,r_{t5}$ 为效益型指标，即指标值越大，等级越高，记其从小到大的门限值为 $R_1^{(t)}<R_2^{(t)}<R_3^{(t)}<R_4^{(t)}<R_5^{(t)}$，级别区间分别为 1 级区间 $[0,R_1^{(t)}]$（低等级区间）、2 级区间 $[R_1^{(t)},R_2^{(t)}]$、3 级区间 $[R_2^{(t)},R_3^{(t)}]$、4 级区间 $[R_3^{(t)},R_4^{(t)}]$、5 级区间 $[R_4^{(t)},R_5^{(t)}]$ 和 6 级区间 $[R_5^{(t)},+\infty)$（高等级区间）。若 $r_{t1},r_{t2},r_{t3},\cdots,r_{t5}$ 为成本型指标，即指标值越大，等级越低；指标值越小，等级越高，记其从小到大的门限值为 $R_1^{(t)}<R_2^{(t)}<R_3^{(t)}<R_4^{(t)}<R_5^{(t)}$，级别区间分别为 1 级区间 $[0,R_1^{(t)}]$（高等级区间）、2 级区间 $[R_1^{(t)},R_2^{(t)}]$、3 级区间 $[R_2^{(t)},R_3^{(t)}]$、4 级区间 $[R_3^{(t)},R_4^{(t)}]$、5 级区间 $[R_4^{(t)},R_5^{(t)}]$ 和 6 级区间 $[R_5^{(t)},+\infty)$（低等级区间）。也称 $R_1^{(t)}$、$R_2^{(t)}$、$R_3^{(t)}$、$R_4^{(t)}$、$R_5^{(t)}$ 为评价指标 Q_t 的等级门限值。

对于效益型指标（指标值越大，等级越高），评价指标 Q_t 的实测值 x_{st} 的五元联系数 μ_{st} 为

$$\mu_{st}=\begin{cases}1+0i_1+0i_2+0i_3+0j, & x_{st}\in[R_5^{(t)},+\infty)\\ \dfrac{x_{st}-R_4^{(t)}}{R_5^{(t)}-R_4^{(t)}}+\dfrac{R_5^{(t)}-x_{st}}{R_5^{(t)}-R_4^{(t)}}i_1+0i_2+0i_3+0j, & x_{st}\in[R_4^{(t)},R_5^{(t)}]\\ 0+\dfrac{x_{st}-R_3^{(t)}}{R_4^{(t)}-R_3^{(t)}}i_1+\dfrac{R_4^{(t)}-x_{st}}{R_4^{(t)}-R_3^{(t)}}i_2+0i_3+0j, & x_{st}\in[R_3^{(t)},R_4^{(t)}]\\ 0+0i_1+\dfrac{x_{st}-R_2^{(t)}}{R_3^{(t)}-R_2^{(t)}}i_2+\dfrac{R_3^{(t)}-x_{st}}{R_3^{(t)}-R_2^{(t)}}i_3+0j, & x_{st}\in[R_2^{(t)},R_3^{(t)}]\\ 0+0i_1+0i_2+\dfrac{x_{st}-R_1^{(t)}}{R_2^{(t)}-R_1^{(t)}}i_3+\dfrac{R_2^{(t)}-x_{st}}{R_2^{(t)}-R_1^{(t)}}j, & x_{st}\in[R_1^{(t)},R_2^{(t)}]\\ 0+0i_1+0i_2+0i_3+1j, & x_{st}\in[0,R_1^{(t)}]\end{cases} \tag{8.3.2}$$

$$t=1,2,\cdots,n;s=1,2,\cdots,m$$

对于成本型指标（指标值越大，等级越低），有

$$\mu_{st}=\begin{cases}1+0i_1+0i_2+0i_3+0j, & x_{st}\in[0,R_1^{(t)}]\\ \dfrac{R_2^{(t)}-x_{st}}{R_2^{(t)}-R_1^{(t)}}+\dfrac{x_{st}-R_1^{(t)}}{R_2^{(t)}-R_1^{(t)}}i_1+0i_2+0i_3+0j, & x_{st}\in[R_1^{(t)},R_2^{(t)}]\\ 0+\dfrac{R_3^{(t)}-x_{st}}{R_3^{(t)}-R_2^{(t)}}i_1+\dfrac{x_{st}-R_2^{(t)}}{R_3^{(t)}-R_2^{(t)}}i_2+0i_3+0j, & x_{st}\in[R_2^{(t)},R_3^{(t)}]\\ 0+0i_1+\dfrac{R_4^{(t)}-x_{st}}{R_4^{(t)}-R_3^{(t)}}i_2+\dfrac{x_{st}-R_3^{(t)}}{R_4^{(t)}-R_3^{(t)}}i_3+0j, & x_{st}\in[R_3^{(t)},R_4^{(t)}]\\ 0+0i_1+0i_2+\dfrac{R_5^{(t)}-x_{st}}{R_5^{(t)}-R_4^{(t)}}i_3+\dfrac{x_{st}-R_4^{(t)}}{R_5^{(t)}-R_4^{(t)}}j, & x_{st}\in[R_4^{(t)},R_5^{(t)}]\\ 0+0i_1+0i_2+0i_3+1j, & x_{st}\in[R_5^{(t)},+\infty)\end{cases} \tag{8.3.3}$$

$$t=1,2,\cdots,n;s=1,2,\cdots,m$$

以上得出的五元联系数即是指标的实测值联系数。在此基础上，建立综合评估模型。若各指标具有权重 $w_1,w_2,\cdots,w_n$（实数），则可根据

$$\bar{\mu}_s=\sum_{t=1}^{n}w_t\mu_{st} \tag{8.3.4}$$

得到各样本的综合实测值联系数。

这里数与联系数的乘法采用 $\lambda\mu=\lambda a+\lambda b_1 i_1+\lambda b_2 i_2+\lambda b_3 i_3+\lambda c j$ 规则进行。

若各指标的权重相同，则取样本的各指标联系数的平均值为

$$\bar{\mu}_s=\frac{1}{n}\sum_{t=1}^{n}\mu_{st} \tag{8.3.5}$$

作为监测样本的综合实测值联系数。

另外，对样本点的实际观测值进行考察，把样本点监测数据中符合质量标准中的Ⅰ类标准的监测值作为同一度，符合Ⅴ类标准作为对立度，符合Ⅱ类、Ⅲ类、Ⅳ类标准作为差异度。汇总符合Ⅰ类、Ⅱ类、Ⅲ类、Ⅳ类和Ⅴ类的数值的个数，分别记为 q_1、q_2、q_3、q_4 和 q_5（$q_l\leqslant 5,l=1,2,\cdots,5$），构建样本点的标准联系度为

$$\mu=\frac{q_1}{5}+\frac{q_2}{5}i_1+\frac{q_3}{5}i_2+\frac{q_4}{5}i_3+\frac{q_5}{5}j \tag{8.3.6}$$

式中，i_1、i_2、i_3、j 分别为差异偏同度（Ⅱ类）、差异度（Ⅲ类）、差异偏反度（Ⅳ类）和对立度的标记。

在此基础上，将得到的监测样本的绝对综合实测值联系数 $\bar{\mu}_s$ 按照构建式(8.3.6)的方法进行归一化处理，公式如下：

$$\mu'=\frac{1}{aq_1+b_1q_2+b_2q_3+b_3q_4+cq_5}\bar{\mu}_s \tag{8.3.7}$$

得到相对评价标准的联系度 μ'，再通过对五元联系数 μ' 的同异反态势对照进行

排序[5]。

联系数中的联系分量 a、b_1、b_2、b_3、c 分别代表了样本的同一度、偏同差异度、中差异度、偏反差异度、对立度的程度，也可以通过联系分量 a、b_1、b_2、b_3、c 的最大值情况作出排序，即

若 $\max\{a,b_1,b_2,b_3,c\}=a$，且 $a\geqslant 0.7$，则判为Ⅰ类，否则为Ⅱ类。

若 $\max\{a,b_1,b_2,b_3,c\}=b_1$，且 $b_1\geqslant 0.7$，则判为Ⅱ类，否则为Ⅲ类。

若 $\max\{a,b_1,b_2,b_3,c\}=b_2$，且 $b_2\geqslant 0.7$，则判为Ⅲ类，否则为Ⅳ类。

若 $\max\{a,b_1,b_2,b_3,c\}=b_3$，且 $b_3\geqslant 0.7$，则判为Ⅳ类，否则为Ⅴ类。

若 $\max\{a,b_1,b_2,b_3,c\}=c$，则判为Ⅴ类。

8.3.3　实例

以苏州市大运河 5 个监测点位的监测数据[6]为例。5 个监测点位的主要污染物监测数据见表 8.3.1。依据国家地表水环境质量标准 GB 3838—2002 进行该河段环境质量评价，评价标准见表 8.3.2。

表 8.3.1　主要污染物监测数据

点位	污染指标				
	溶解氧	化学需氧量	氨态氮	挥发酚	氰化物
横塘	7.07	4.78	0.611	0.008	0.007
大庆桥	4.61	8.77	1.073	0.023	0.005
化工厂	3.29	9.27	2.218	0.089	0.003
宝带桥	3.26	9.67	2.195	0.070	0.003
尹山	6.95	4.53	1.091	0.009	0.002

表 8.3.2　地表水环境质量标准

分类	污染指标				
	溶解氧	化学需氧量	氨态氮	挥发酚	氰化物
Ⅰ类	7.5	15	0.15	0.002	0.005
Ⅱ类	6	15	0.5	0.002	0.05
Ⅲ类	5	20	1	0.005	0.2
Ⅳ类	3	30	1.5	0.01	0.2
Ⅴ类	2	40	2	0.1	0.2

计算某一样本点(如横塘)各指标相对于评价标准的联系数。

(1) 溶解氧的联系数。溶解氧为效益型指标，$R_1^{(1)}=2$，$R_2^{(1)}=3$，$R_3^{(1)}=5$，$R_4^{(1)}=6$，$R_5^{(1)}=7.5$。横塘的实测值 7.07 介于Ⅱ类溶解氧值 6 与Ⅰ类溶解氧值 7.5 之间，

得联系数如下：

$$\mu_{11}=\frac{7.07-6}{7.5-6}+\frac{7.5-7.07}{7.5-6}i_1+0i_2+0i_3+0j=0.713+0.287i_1+0i_2+0i_3+0j$$

（2）化学需氧量的联系数。化学需氧量为成本型指标，$R_1^{(2)}=40$，$R_2^{(2)}=30$，$R_3^{(2)}=20$，$R_4^{(2)}=15$，$R_5^{(2)}=15$。横塘的实测值 4.78 远小于Ⅰ类化学需氧量值 15，得联系数如下：

$$\mu_{12}=1$$

（3）氨态氮的联系数。氨氮为成本型指标，$R_1^{(3)}=2$，$R_2^{(3)}=1.5$，$R_3^{(3)}=1$，$R_4^{(3)}=0.5$，$R_5^{(3)}=0.15$。横塘的实测值 0.611 介于Ⅱ类值 0.5 和Ⅲ类值 1 之间，得联系数为

$$\mu_{13}=0+\frac{1-0.611}{1-0.5}i_1+\frac{0.611-0.5}{1-0.5}i_2+0i_3+0j=0+0.778i_1+0.222i_2+0i_3+0j$$

（4）挥发酚的联系数。挥发酚为成本型指标，$R_1^{(4)}=0.1$，$R_2^{(4)}=0.01$，$R_3^{(4)}=0.005$，$R_4^{(4)}=0.002$，$R_5^{(4)}=0.002$。横塘的实测值 0.008 介于Ⅲ类值 0.005 和Ⅳ类值 0.01 之间，得联系数为

$$\mu_{14}=0+0i_1+\frac{0.01-0.008}{0.01-0.005}i_2+\frac{0.008-0.005}{0.01-0.005}i_3+0j=0+0i_1+0.4i_2+0.6i_3+0j$$

（5）氰化物的联系数。氰化物为成本型指标，$R_1^{(5)}=0.2$，$R_2^{(5)}=0.2$，$R_3^{(5)}=0.2$，$R_4^{(5)}=0.05$，$R_5^{(5)}=0.005$。横塘的实测值 0.007 介于Ⅰ类 0.005 和Ⅱ类 0.05 之间，得联系数为

$$\begin{aligned}\mu_{15}&=\frac{0.05-0.007}{0.05-0.005}+\frac{0.007-0.005}{0.05-0.005}i_1+0i_2+0i_3+0j\\&=0.956+0.044i_1+0i_2+0i_3+0j\end{aligned}$$

取上述联系数的平均值，得到横塘的综合联系数为

$$\bar{\mu}_1=\frac{1}{5}\sum_{t=1}^{5}\mu_{1t}=0.534+0.222i_1+0.124i_2+0.12i_3+0j$$

归一化后有

$$\bar{\mu}_1'=0.437+0.363i_1+0.101i_2+0.098i_3+0j$$

类似地，可以计算出大庆桥、化工厂、宝带桥和尹山的归一化综合联系数为

$$\bar{\mu}_2'=0.503+0i_1+0i_2+0.478i_3+0.019j$$

$$\bar{\mu}_3'=0.498+0i_1+0i_2+0.034i_3+0.468j$$

$$\bar{\mu}_4'=0.513+0i_1+0i_2+0.061i_3+0.426j$$

$$\bar{\mu}_5'=0.694+0.049i_1+0i_2+0.257i_3+0j$$

根据文献[7]所给出的态势表，有以下结论。

横塘：$a>b_1>b_2>b_3>c, a>c, c=0$ 为同势 1 级。

大庆桥：$a>b_1, b_1=b_2, b_2<b_3, b_3>c, a>c, c\neq0$ 为同势 16 级，$\frac{a}{e}=26.5$。

化工厂：$a>b_1, b_1=b_2, b_2<b_3, b_3<c, a>c, c\neq0$ 为均势 18 级，$\frac{a}{e}=1.06$。

宝带桥：$a>b_1, b_1=b_2, b_2<b_3, b_3<c, a>c, c\neq0$ 为均势 18 级，$\frac{a}{e}=1.2$。

尹山：$a>b_1, b_1>b_2, b_2<b_3, b_3>c, a>c, c=0$ 为同势 7 级。

由态势比较知，横塘水质＞尹山水质＞大庆桥水质＞宝带桥水质＞化工厂水质。

以上内容基于文献[7]的研究工作，但结论不同，所以认为这里的结论更合理。

8.4 基于六元联系数的区间数决策

本节介绍冯莉莉等[8]把六元联系数用于决策方面所做的工作。

8.4.1 原理与方法

1. 六元联系数

多元联系数的一般形式是 $U=\sum_{k=1}^{n}(A+B_k i_k+Cj)$，或写成 $U=A+\sum_{k=1}^{n}B_k i_k+Cj$，$i_k\in[-1,1]$，$j=-1$，当 $n=4$ 时，即为六元联系数 $U=A+B_1 i_1+B_2 i_2+B_3 i_3+B_4 i_4+Cj$，也可以一般地记为

$$U=A+Bi+Cj+Dk+El+Fm$$

式中，$m=-1$，i、j、k、l 在$[-1,1]$区间取值，假定 i、j、k、l 取值子区间在$[-1,1]$中均匀分布，则 $i\in[0.5,1]$，$j\in[0,0.5]$，$k\in[-0.5,0]$，$l\in[-1,-0.5]$。

在多指标评价中，有时将评价级别分为 6 级，记为Ⅰ级、Ⅱ级、Ⅲ级、Ⅳ级、Ⅴ级和Ⅵ级，其中Ⅰ级和Ⅵ级评价分别对应于同一度和对立度，Ⅱ级、Ⅲ级、Ⅳ级、Ⅴ级评价对应于各级差异度，依次称为强偏同一度、弱偏同一度、弱偏对立度、强偏对立度。

将待评价的指标 x_k($k=1,2,3,\cdots,m$，m 为评价指标数)，记为集合 A_k，把 l 级评价标准的集合记为 B_l($l=1,2,3,\cdots,n$，n 为评价等级数)，则 A_k 和 B_l 构成集对 $H(A_k,B_l)$。用六元联系数 μ_k 描述集对 $H(A_k,B_l)$的关系为

$$\mu_k=a_k+b_{k1}i_1+b_{k2}i_2+b_{k3}i_3+b_{k4}i_4+c_kj \tag{8.4.1}$$

式中，a_k、b_{k1}、b_{k2}、b_{k3}、b_{k4}、c_k 分别表示指标值 x_k 与该指标Ⅰ级、Ⅱ级、Ⅲ级、Ⅳ级、Ⅴ级和Ⅵ级标准的联系程度。

一般情况下，评价指标包含效益型指标(越大越好型指标)和成本型指标(越小

越好型指标),但效益型指标均可通过一定的数学处理转化为成本型指标。因此,下面只给出成本型指标的联系度计算公式[9]:

$$\mu_k=\begin{cases}1+0i_1+0i_2+0i_3+0i_4+0j, & x_k<S_1\\ \dfrac{S_1+S_2-2x_k}{S_2-S_1}+\dfrac{2x_k-2S_1}{S_2-S_1}i_1+0i_2+0i_3+0i_4+0j, & S_1<x_k\leqslant\dfrac{S_1+S_2}{2}\\ 0+\dfrac{S_2+S_3-2x_k}{S_3-S_1}i_1+\dfrac{2x_k-S_1-S_2}{S_3-S_1}i_2+0i_3+0i_4+0j, & \dfrac{S_1+S_2}{2}<x_k\leqslant\dfrac{S_2+S_3}{2}\\ 0+0i_1+\dfrac{S_3+S_4-2x_k}{S_4-S_2}i_2+\dfrac{2x_k-S_2-S_3}{S_4-S_2}i_3+0i_4+0j, & \dfrac{S_2+S_3}{2}<x_k\leqslant\dfrac{S_3+S_4}{2}\\ 0+0i_1+0i_2+\dfrac{S_3+S_4-2x_k}{S_4-S_2}i_3+\dfrac{2x_k-S_2-S_3}{S_4-S_2}i_4+0j, & \dfrac{S_3+S_4}{2}<x_k\leqslant\dfrac{S_4+S_5}{2}\\ 0+0i_1+0i_2+0i_3+\dfrac{2S_5-2x_k}{S_5-S_4}+\dfrac{2x_k-S_4-S_5}{S_5-S_4}j, & \dfrac{S_4+S_5}{2}<x_k\leqslant S_5\\ 0+0i_1+0i_2+0i_3+0i_4+1j, & S_5<x_k\end{cases}\tag{8.4.2}$$

式中,S_1、S_2、S_3、S_4、S_5 为评价指标的门限值。

设评价样本为集合 A,评价标准为集合 B,则集对 $H(A,B)$ 的综合联系度 μ_{A-B} 可定义为

$$\begin{aligned}\mu_{A-B}&=\sum_{k=1}^{m}w_k\mu_k\\&=\sum_{k=1}^{m}w_ka_k+\sum_{k=1}^{m}w_kb_{k1}i_1+\sum_{k=1}^{m}w_kb_{k2}i_2+\sum_{k=1}^{m}w_kb_{k3}i_3+\sum_{k=1}^{m}w_kb_{k4}i_4+\sum_{k=1}^{m}w_kc_kj\end{aligned}$$

式中,w_k 为第 k 个评价指标的权重,一般是已知的。如果是未知的,可以采用熵值法或其他方法确定权重。

采用熵值法确定权重的步骤如下[10-11]。

(1) 标准化原始数据矩阵。

设 m 个评价指标,n 个评价对象得到的原始数据矩阵为

$$\boldsymbol{P}=(p_{st})_{m\times n},\quad s=1,2,\cdots,m;t=1,2,\cdots,n$$

对该矩阵标准化,得到标准化矩阵 $\boldsymbol{Q}$ 为

$$\boldsymbol{Q}=(q_{st})_{m\times n}$$

$$q_{st}=\frac{p_{st}-p_{\min}}{p_{\max}-p_{\min}}$$

式中,$p_{\max}$、$p_{\min}$ 分别为同一评价指标下不同事物中最满意者和最不满意者的值(越大越满意或越小越满意)。

(2) 定义各评价指标的熵为

$$H_s = -\frac{\sum_{t=1}^{n} f_{st} \ln f_{st}}{\ln n}, \quad s = 1,2,\cdots,m; t = 1,2,\cdots,n$$

式中，$f_{st} = \dfrac{p_{st}}{\sum_{t=1}^{n} p_{st}}$，对 f_{st} 加以修正，将其定义为

$$f_{st} = \frac{1 + p_{st}}{\sum_{t=1}^{n}(1 + p_{st})}$$

(3) 定义熵权。计算各项指标的熵权为

$$w_s = \frac{1 - H_s}{n - \sum_{s=1}^{m} H_s}$$

式中，$0 \leqslant w_s \leqslant 1$，且满足 $\sum_{s=1}^{m} w_s = 1$。

2. 采用置信度准则[12]来判断评价对象所属级别

$$h_l = (f_1 + f_2 + \cdots + f_l) > \lambda, \quad l = 1,2,\cdots,n$$

$$f_1 = \sum_{k=1}^{m} w_k a_k, \quad f_2 = \sum_{k=1}^{m} w_k b_{k1}, \quad f_3 = \sum_{k=1}^{m} w_k b_{k2}$$

$$f_4 = \sum_{k=1}^{m} w_k b_{k3}, \quad f_5 = \sum_{k=1}^{m} w_k b_{k4}, \quad f_6 = \sum_{k=1}^{m} w_k c_k$$

式中，λ 为置信度，取值范围通常为[0.5,0.7]，λ 越大评价结果越保守。

对于给定的 λ 值，若 $h_l > \lambda$，且 $h_{l-1} \leqslant \lambda$，则判定评价对象为 l 级。

8.4.2 实例

以济南市小清河为例进行水质评价。小清河主要河段监测的 10 项水质指标的数据[13]见表 8.4.1。国家地表水环境质量标准(GB 3838—2002)见表 8.4.2。

表 8.4.1 2005 年监测断面水质评价指标 (单位:mg/L)

监测河段	总氮	化学需氧量	生化需氧量	氨态氮	高锰酸盐指数	氟化物	总磷	石油类	氰化物	挥发酚
睦里闸	0.9	18.5	2.15	0.24	2.39	1.05	0.018	0.01	0.005	0.005
南太平河闸	0.95	30.3	3.23	1.15	2.87	1.12	0.12	0.03	0.005	0.005
兴济河	1.21	41	3.46	1.28	3.93	1.15	0.24	0.06	0.005	0.005

续表

监测河段	总氮	化学需氧量	生化需氧量	氨态氮	高锰酸盐指数	氟化物	总磷	石油类	氰化物	挥发酚
北太平河闸	1.51	49	5.78	1.3	4.15	1.42	0.39	0.14	0.008	0.008
工商河	1.69	68.3	7.92	2.87	6.78	1.55	0.78	0.28	0.01	0.008
东洛河	1.55	59.6	7.12	2.13	6.25	1.68	0.57	0.16	0.01	0.01
柳行河	2.01	78.1	8.79	7.98	9.36	1.6	0.62	0.24	0.03	0.01
全福河	2.34	90.3	9.81	10.77	12.79	1.59	0.64	0.46	0.05	0.011
黄台桥	2.31	98.8	10.23	11.3	15.98	1.75	0.8	0.59	0.05	0.011

表 8.4.2　水质评价指标标准限值　　（单位：mg/L）

水质级别	总氮	化学需氧量	生化需氧量	氨态氮	高锰酸盐指数	氟化物	总磷	石油类	氰化物	挥发酚
Ⅰ类(≤)	0.2	15	3	0.15	2	1	0.02	0.05	0.005	0.002
Ⅱ类(≤)	0.5	15	3	0.5	4	1	0.1	0.05	0.05	0.002
Ⅲ类(≤)	1	20	4	1	6	1	0.2	0.05	0.2	0.005
Ⅳ类(≤)	1.5	30	6	1.5	10	1.5	0.3	0.5	0.2	0.01
Ⅴ类(≤)	2	40	10	2	15	1.5	0.4	1	0.2	0.1

根据熵值法确定的总氮、化学需氧量、生化需氧量、氨态氮、高锰酸盐指数、氟化物、总磷、石油类、氰化物、挥发酚等水质指标的权重分别为 $\boldsymbol{w}=(0.1007, 0.0841, 0.1037, 0.1040, 0.0757, 0.1061, 0.1039, 0.0749, 0.1123, 0.1346)$。

根据式(8.4.2)计算联系分量 a、b_1、b_2、b_3、b_4 和 c 的值，结合相应权重计算各河段综合联系数 μ，见表 8.4.3。

表 8.4.3　各河段的综合联系数计算结果

监测河段	a	b_1	b_2	b_3	b_4	c
睦里闸	0.4915	0.0830	0.1434	0.2104	0.0717	0
南太平河闸	0.1970	0.1565	0.3375	0.2644	0.0446	0
兴济河	0.1123	0.0488	0.3472	0.4014	0.0062	0.0841
北太平河闸	0.0973	0.0150	0.0771	0.4158	0.1840	0.1672
工商河	0.0873	0.0250	0.0308	0.2671	0.1917	0.3981
东洛河	0.0873	0.0250	0.0824	0.2664	0.1408	0.3981
柳行河	0	0.1094	0.0145	0.2436	0.0927	0.5398
全福河	0	0.0864	0.0259	0.2208	0.0743	0.5937
黄台桥	0	0.0864	0.0259	0.1744	0.0351	0.6782

置信度λ取0.6,由置信度准则可判别各河段水质级别,结果见表8.4.4。

表8.4.4　各监测河段的评价结果

评价方法	睦里闸	南太平河闸	兴济河	北太平河闸	工商河	东洛河	柳行河	全福河	黄台桥
六元联系数法	Ⅲ	Ⅲ	Ⅳ	Ⅳ	Ⅴ	Ⅴ	Ⅵ	Ⅵ	Ⅵ

从建立的基于熵权的六元联系数水质评价模型可以看出,六元联系数把差异度细分,考虑到等级标准分界的模糊性,避免了直接确定联系度中的差异不确定性系数,显示出客观性。

以上工作基于文献[8]的研究工作。当指标等级为Ⅵ级,且已知指标值及各指标权重时,直接利用六元联系数进行决策评价。

这里还可以采用联系分量赋分法求综合评价结果,补充如下。

由于是六元联系数,所以对a赋6分,b_1赋5分,b_2赋4分,b_3赋3分,b_4赋2分,c赋1分,则由表8.4.3得到表8.4.5。

表8.4.5　各河段的综合联系数赋分结果

监测河段	a(6分)	b_1(5分)	b_2(4分)	b_3(3分)	b_4(2分)	c(1分)	赋分后求和	排序	等级聚类
睦里闸	0.4915	0.0830	0.1434	0.2104	0.0717	0	4.7122	①	Ⅲ
南太平河闸	0.1970	0.1565	0.3375	0.2644	0.0446	0	4.1969	②	Ⅲ
兴济河	0.1123	0.0488	0.3472	0.4014	0.0062	0.0841	3.5232	③	Ⅳ
北太平河闸	0.0973	0.0150	0.0771	0.4158	0.1840	0.1672	2.6667	④	Ⅳ
工商河	0.0873	0.0250	0.0308	0.2671	0.1917	0.3981	2.1239	⑥	Ⅴ
东洛河	0.0873	0.0250	0.0824	0.2664	0.1408	0.3981	2.4573	⑤	Ⅴ
柳行河	0	0.1094	0.0145	0.2436	0.0927	0.5398	1.9193	⑦	Ⅵ
全福河	0	0.0864	0.0259	0.2208	0.0743	0.5937	1.8864	⑧	Ⅵ
黄台桥	0	0.0864	0.0259	0.1744	0.0351	0.6782	1.7227	⑨	Ⅵ

由表8.4.5可知,通过对各阶段的综合评价联系数赋分,得到各阶段的综合评分结果,这一结果显示睦里闸、南太平河闸＞兴济河、北太平河闸＞工商河、东洛河＞柳行河、全福河和黄台桥。

因此,若把睦里闸与南太平河闸这一规范化得分区间定为Ⅲ级,则余下的河段水质依次为Ⅳ级、Ⅴ级和Ⅵ级,这一结果与前面用置信度所定等级一致。

另外,还可以采用"次完美法",求综合评价结果。

由于表8.4.3中的柳行河、全福河、黄台桥的完美接近度a都是0,存在不可比较现象,所以采用"次完美法"求综合评价结果。为形象和直观,仍然沿用前面的赋值法,也就是对完美接近度a赋6分,次完美接近度b_1赋5分,计算这两项得分的和,得到8.4.6。

表 8.4.6　各河段的综合联系数次完美法赋分结果

监测河段	a(6 分)	b_1(5 分)	b_2(0 分)	b_3(0 分)	b_4(0 分)	c(0 分)	次完美法得分	排序	等级聚类
睦里闸	0.4915	0.0830	0.1434	0.2104	0.0717	0	3.364	①	Ⅲ
南太平河闸	0.1970	0.1565	0.3375	0.2644	0.0446	0	1.965	②	Ⅳ
兴济河	0.1123	0.0488	0.3472	0.4014	0.0062	0.0841	0.918	③	Ⅴ
北太平河闸	0.0973	0.0150	0.0771	0.4158	0.1840	0.1672	0.659	④	Ⅴ
工商河	0.0873	0.0250	0.0308	0.2671	0.1917	0.3981	0.649	⑤～⑥	Ⅴ
东洛河	0.0873	0.0250	0.0824	0.2664	0.1408	0.3981	0.649	⑤～⑥	Ⅴ
柳行河	0	0.1094	0.0145	0.2436	0.0927	0.5398	0.547	⑦	Ⅵ
全福河	0	0.0864	0.0259	0.2208	0.0743	0.5937	0.432	⑧～⑨	Ⅵ
黄台桥	0	0.0864	0.0259	0.1744	0.0351	0.6782	0.432	⑧～⑨	Ⅵ

由表 8.4.6 可见，仅利用完美接近度和次完美接近度的赋分和，也能对 9 个河段的水质作出综合评价和等级聚类，而且与前面给各个联系分量赋分求和结果大体一致，原因在于这两项也是各等级项中最重要和次重要的两项，根据“抓主要矛盾”的思想，在没有特别要求的情况下，利用这两项赋分求和，不失为一种可以普及、可以接受的综合评价方法。

但是上述对联系分量赋分的方法，在求综合评价联系数值的过程中，是一种纯粹的累加运算，并没有反映出多元联系数中首尾各联系分量强弱程度不等的对立统一关系。为此，可以把对各联系分量的赋分范围扩大到$(-\infty,+\infty)$。例如，对六元联系数中的 $A(a)$、$B(b)$、$C(c)$、$D(d)$、$E(e)$、$F(f)$依次赋值 3、2、1、−1、−2、−3，利用这一赋值法处理表 8.4.3 中的数值，得到的结果如表 8.4.7 所示。

表 8.4.7　各河段的综合联系数赋分结果

监测河段	a(3 分)	b_1(2 分)	b_2(1 分)	b_3(−1 分)	b_4(−2 分)	c(−3 分)	赋分后求和	排序	等级聚类
睦里闸	0.4915	0.0830	0.1434	0.2104	0.0717	0	1.4301	①	Ⅲ
南太平河闸	0.1970	0.1565	0.3375	0.2644	0.0446	0	0.8879	②	Ⅲ
兴济河	0.1123	0.0488	0.3472	0.4014	0.0062	0.0841	0.1156	③	Ⅳ
北太平河闸	0.0973	0.0150	0.0771	0.4158	0.1840	0.1672	−0.8864	④	Ⅴ
工商河	0.0873	0.0250	0.0308	0.2671	0.1917	0.3981	−1.5021	⑥	Ⅴ
东洛河	0.0873	0.0250	0.0824	0.2664	0.1408	0.3981	−1.348	⑤	Ⅴ
柳行河	0	0.1094	0.0145	0.2436	0.0927	0.5398	−1.8151	⑦	Ⅵ
全福河	0	0.0864	0.0259	0.2208	0.0743	0.5937	−1.9518	⑧	Ⅵ
黄台桥	0	0.0864	0.0259	0.1744	0.0351	0.6782	−2.0805	⑨	Ⅵ

容易看出，表 8.4.7 与表 8.4.6 所得等级聚类只有南太平河闸不同，其他都相

同,这一现象说明对联系数各联系分量不同的赋值会有不同的结果。

不过,人们自然会问:这种对多元联系数中各联系分量外加赋分的做法是否有更客观的理由?其实,这种表面上看是对各联系分量强行赋分的做法,其实质等价于对多元联系数中各联系分量系数的一种取值,说明如下。

表 8.4.7 是对 a、b、c、d、e、f 依次赋分 3、2、1、−1、−2、−3,而按照六元联系数的一般式

$$\mu=a+bi+cj+dk+el+fm$$

a 的系数可以看成 1,而 f 的系数 m 的值是 −1,为此,只要把赋分向量 $t=(3,2,1,-1,-2,-3)$ 作线性变换,把其中的各分量各除 3,得

$$t'=\left(1,\frac{2}{3},\frac{1}{3},-\frac{1}{3},-\frac{2}{3},-1\right)$$

与六元联系数的系数向量

$$t''=(1,i,j,k,l,m)$$

作对应分量比较,可知

$$i=\frac{2}{3},\quad j=\frac{1}{3},\quad k=-\frac{1}{3},\quad l=-\frac{2}{3},\quad m=-1$$

由此可见,前述对六元联系数各联系分量的赋分,其实是对六元联系数中各联系分量系数的一种特定取值。换言之,前述对六元联系数各联系分量的外加赋分,其实是从六元联系数内部结构意义上的一种特定取值,因而是六元联系数的一种自在本意。

同理可以理解前面对六元联系数的 6、5、4、3、2、1 赋分的合理化。

一般来说,对于一个 $n(n\geqslant 2)$ 元联系数,可以给 n 个联系分量依次赋分 $n,n-1,n-2,\cdots,1$,而不影响 $m(m\geqslant 2)$ 个多元联系数值的大小排序,称以上规律为 m 个多元联系数联系分量赋值定理,或称为 m 个多元联系数的取值定理。

8.5 基于偏联系数的区间数决策

这里介绍王万军[14]的研究工作。

8.5.1 原理与方法

偏联系数是联系数的一种伴随函数[15],主要性能是刻画联系数所刻画对象的一种潜在发展趋势,又分为偏正联系数、偏负联系数、全偏联系数等。

定义 3.4.2 中给出了联系数 $\mu=a+bi+cj$ 的全偏联系数的概念,全偏联系数的定义是 $\partial U=\partial a+\partial bi+\partial cj=\frac{a}{a+b}+\frac{b}{b+c}i+\frac{c}{a+c}j$,全偏联系数反映了联系数的

一种向同异反变化趋势。$\partial c=\frac{c}{a+c}=\frac{1}{1+\mathrm{Shi}(\mu)}$是联系数 $\mu=a+bi+cj$ 中处于同一度 a 发展而来的一种负向发展趋势，是同异反联系数状态的一种伴随函数。∂c 从一定角度刻画了 $\mathrm{Shi}(\mu)$的大小变化，∂c 与 $\mathrm{Shi}(H)$本质是相同的。

下面给出偏联系数的决策模型方法与步骤。

(1) 将给定数据建立决策矩阵初始化处理决策矩阵。

(2) 将初始化后的决策矩阵转化为对应的联系数，联系数表示形式为 $\mu=a+bi+cj$。

(3) 计算矩阵联系数加权平均联系数。

(4) 根据全偏联系数准则排序。

对于全偏联系数$\partial U=\partial a+\partial bi+\partial cj$，由于$\partial c=\frac{c}{a+c}=\frac{1}{1+\mathrm{Shi}(H)}$，从而可知 $\mathrm{Shi}(H)$越大，∂c 越小，决策方案越优。

(5) 计算最终排序结果。

在偏联系数中，∂c 的值越小，决策方案就越优。当$\partial c=0.5$ 时，偏联系数的决策为“一般”；当$\partial c>0.5$ 时，偏联系数的决策为“不可行”；当$\partial c<0.5$ 时，偏联系数的决策为“可行”。因此，偏联系数的态势将决策分为“可行”、“一般”、“不可行”三大类，每类中$\frac{a}{c}$的∂c 值的大小依次排序，即可得到评价的优劣。

8.5.2　实例

现有 5 个相互独立的风险投资方案 A_1、A_2、A_3、A_4、A_5，表 8.5.1 列出 5 个方案的由初始投资推算出的 5 项指标值。

表 8.5.1　方案指标值

方案	期望净现值 G_1/百万元	期望净现值指数 G_2	投资失败率 G_3	风险损失值 G_4/百万元	风险赢利值 G_5/百万元
A_1	5	0.500	0.092	0.920	4.540
A_2	6	0.300	0.133	0.266	5.202
A_3	4	0.400	0.088	0.880	3.648
A_4	3.5	0.350	0.111	0.110	3.112
A_5	3	0.300	0.117	1.170	2.649

首先将各指标值转化为对应的联系数矩阵形式[16]，从而得到该决策模型的三元联系数，计算每个决策方案的势序和全偏联系数$\partial\mu$，见表 8.5.2。

表 8.5.2　各方案排序结果比较

方案	三元联系数	势序值 Shi(μ)	全偏联系数∂c 值	按∂c 排序结果
A_1	$0.234+0.715i+0.051j$	4.59	0.179	②
A_2	$0.309+0.671i+0.02j$	15.45	0.068	①
A_3	$0.212+0.728i+0.06j$	3.53	0.221	③
A_4	$0.142+0.634i+0.224j$	0.634	0.612	④
A_5	$0.145+0.602i+0.253j$	0.573	0.636	⑤

由表 8.5.2 可知,在 5 种方案中 A_1、A_2、A_3 的∂c 值小于 0.5,因此 A_1、A_2、A_3 为可行方案,在 A_4、A_5 中∂c 的值大于 0.5,因此 A_4、A_5 方案为不可行方案,根据∂c 和态势值的判断准则得到方案的优劣排序结果为 $A_2 > A_1 > A_3 > A_4 > A_5$,所以最佳决策方案为 A_2。

本节所给出的利用偏联系数进行决策的方法,从同一、差异、对立和联系数发展趋势的伴随函数(偏联系数)的角度揭示了决策中的有关信息及信息处理方法,通过实例说明了该决策模型的具体处理过程与步骤。

8.6　基于区间型联系数的区间数决策

本节介绍张传芳等[17]的研究工作。

8.6.1　原理与方法

区间型联系数是在联系数的基础上将联系分量设为区间数而得到的一种联系数,在第 3 章已有初步介绍,在第 7 章介绍了区间型联系数在直觉三角模糊数多属性决策中的应用,这里介绍区间型联系数在区间数多属性决策问题中的应用。问题描述如下。

设方案集 $A=\{A_1,A_2,\cdots,A_m\}$,属性指标集为 $G=\{G_1,G_2,\cdots,G_n\}$,方案 $A_k(k=1,2,\cdots,m)$关于指标 $G_t(t=1,2,\cdots,n)$的属性值 $\tilde{x}_{kt}$ 构成区间型决策矩阵 $\boldsymbol{X}=(\tilde{x}_{kt})_{m\times n}$,即 $\tilde{x}_{kt}=[x_{kt}^-,x_{kt}^+]$为区间数。设各属性指标的权重为 $\boldsymbol{w}=(w_1,w_2,\cdots,w_n)^{\mathrm{T}}$ 其中 $\sum\limits_{t=1}^{n}w_t=1,0\leqslant w_t\leqslant 1,t=1,2,\cdots,n$。

区间数多属性决策问题中的区间数通常有两种类型:效益型和成本型。这里仅以这两种类型为例。为了消除不同物理量纲对决策结果的影响,需要先将区间数表示的决策矩阵 $\boldsymbol{X}=(\tilde{x}_{kt})_{m\times n}$转化为规范化矩阵 $\boldsymbol{R}=(\tilde{r}_{kt})_{m\times n}$,其中 $\tilde{r}_{kt}=[r_{kt}^-,r_{kt}^+]$。

当指标 G_t 为效益型时,公式为

$$r_{kt}^{-}=\frac{x_{kt}^{-}}{\sqrt{\sum_{k=1}^{m}(x_{kt}^{+})^{2}}},\quad r_{kt}^{+}=\frac{x_{kt}^{+}}{\sqrt{\sum_{k=1}^{m}(x_{kt}^{-})^{2}}} \tag{8.6.1}$$

当指标 G_t 为成本型时，公式为

$$r_{kt}^{-}=\frac{\frac{1}{x_{kt}^{+}}}{\sqrt{\sum_{k=1}^{m}\left(\frac{1}{x_{kt}^{-}}\right)^{2}}},\quad r_{kt}^{+}=\frac{\frac{1}{x_{kt}^{-}}}{\sqrt{\sum_{k=1}^{m}\left(\frac{1}{x_{kt}^{+}}\right)^{2}}} \tag{8.6.2}$$

式中，$k=1,2,\cdots,m;t=1,2,\cdots,n$。

在联系数 $\mu=a+bi+cj$ 表达式中，a、b、c 称为联系分量，分别代表所比较的两个集合(元素)的同一程度、差异程度和对立程度。假定 G_t 为效益型指标，若 G_t 的属性值为区间数 $\tilde{r}_{kt}=[r_{kt}^{-},r_{kt}^{+}]$，令 $c_t^{-}=\min\limits_{k}\{r_{kt}^{-}\}$，$c_t^{+}=\max\limits_{k}\{r_{kt}^{+}\}$，由 c_t^{-}、r_{kt}^{-}、r_{kt}^{+}、c_t^{+} 四点构成了三个区间数，分别代表了属性值“能够达到完美”、“不确定是否达到完美”和“不能达到完美”的程度，则可定义区间数 $\tilde{r}_{kt}=[r_{kt}^{-},r_{kt}^{+}]$ 与 $\tilde{c}_t=[c_t^{-},c_t^{+}]$ 的联系数为

$$\tilde{\mu}_{kt}=\mu(\tilde{r}_{kt},\tilde{c}_t)=[c_t^{-},r_{kt}^{-}]+[r_{kt}^{-},r_{kt}^{+}]i+[r_{kt}^{+},c_t^{+}]j \tag{8.6.3}$$

式中，$k=1,2,\cdots,m;t=1,2,\cdots,n$。

构造区间型联系数矩阵 $\tilde{\boldsymbol{X}}=(\tilde{\mu}_{kt})_{m\times n}$，再计算每个方案的综合加权联系数

$$\tilde{\mu}_k=\tilde{\mu}_{k1}w_1+\tilde{\mu}_{k2}w_2+\cdots+\tilde{\mu}_{kn}w_n=\sum_{t=1}^{n}\tilde{\mu}_{kt}w_t,\quad k=1,2,\cdots,m \tag{8.6.4}$$

对方案进行排序可以采用以下两种方法。

(1) 利用联系数的相对贴近度进行排序。

定义 8.6.1　设区间型联系数 $\tilde{\mu}_k=\tilde{a}_k+\tilde{b}_k i+\tilde{c}_k j$，其中 $\tilde{a}_k=[a_k^{-},a_k^{+}]$，$\tilde{b}_k=[b_k^{-},b_k^{+}]$，$\tilde{c}_k=[c_k^{-},c_k^{+}]$，$k=1,2,\cdots,m$，则称

$$T_k=\frac{a_k^{+}-a_k^{-}}{a_k^{+}-a_k^{-}+c_k^{+}-c_k^{-}} \tag{8.6.5}$$

为联系数 $\tilde{\mu}_k=\tilde{a}_k+\tilde{b}_k i+\tilde{c}_k j$ 的相对贴近度。按 T_k 由大到小的顺序对各方案进行排序，其中最大者对应理想方案。

(2) 利用投影排序。

在区间型联系数矩阵 $\tilde{\boldsymbol{X}}=(\tilde{\mu}_{kt})_{m\times n}$ 中 $\tilde{\mu}_{kt}=\tilde{a}_{kt}+\tilde{b}_{kt}i+\tilde{c}_{kt}j$，其中 $k=1,2,\cdots,m$，$t=1,2,\cdots,n$。

定义 8.6.2　令 $a_{t+}^{-}=\max\limits_{k}\{a_{kt}^{-}\}$，$a_{t+}^{+}=\max\limits_{k}\{a_{kt}^{+}\}$，$c_{t+}^{-}=\min\limits_{k}\{c_{kt}^{-}\}$，$c_{t+}^{+}=\min\limits_{k}\{c_{kt}^{+}\}$，$\tilde{b}_{t+}=\min\limits_{k}\{b_{kt}^{+}-b_{kt}^{-}\}=[b_{t+}^{-},b_{t+}^{+}]$，$\tilde{a}_{t+}=[a_{t+}^{-},a_{t+}^{+}]$，$\tilde{c}_{t+}=[c_{t+}^{-},c_{t+}^{+}]$，则称

$$\tilde{\mu}_{t+}=\tilde{a}_{t+}+\tilde{b}_{t+}i+\tilde{c}_{t+}j=[a_{t+}^{-},a_{t+}^{+}]+[b_{t+}^{-},b_{t+}^{+}]i+[c_{t+}^{-},c_{t+}^{+}]j \tag{8.6.6}$$

为第 t 个指标的区间型正理想解,其中 $t=1,2,\cdots,n$。

定义 8.6.3 称

$$\mathrm{Pr}j_{\tilde{\mu}_{t+}}(\tilde{\mu}_{kt})=\frac{a_{kt}^{-}a_{t+}^{-}+a_{kt}^{+}a_{t+}^{+}+b_{kt}^{-}b_{t+}^{-}+b_{kt}^{+}a_{t+}^{+}+c_{kt}^{-}c_{t+}^{-}+c_{kt}^{+}c_{t+}^{+}}{\sqrt{(a_{t+}^{-})^2+(a_{t+}^{+})^2+(b_{t+}^{-})^2+(b_{t+}^{+})^2+(c_{t+}^{-})^2+(c_{t+}^{+})^2}} \tag{8.6.7}$$

为 $\tilde{\mu}_{kt}$ 在第 t 个指标的区间型正理想解的投影。

定义 8.6.4 称

$$\mathrm{Pr}j_{\tilde{\mu}_{+}}(\tilde{\mu}_{k})=(\mathrm{Pr}j_{\tilde{\mu}_{1+}}(\tilde{\mu}_{k1}),\mathrm{Pr}j_{\tilde{\mu}_{2+}}(\tilde{\mu}_{k2}),\cdots,\mathrm{Pr}j_{\tilde{\mu}_{n+}}(\tilde{\mu}_{kn})) \tag{8.6.8}$$

为第 k 个方案关于区间型正理想解的投影向量,其中 $k=1,2,\cdots,m$。

定义 8.6.5 称

$$\mathrm{Pr}j_{k}=\mathrm{Pr}j_{\tilde{\mu}_{+}}(\tilde{\mu}_{k})\cdot w=\sum_{t=1}^{n}\mathrm{Pr}j_{\tilde{\mu}_{t+}}(\tilde{\mu}_{kt})w_t \tag{8.6.9}$$

为第 k 个方案关于区间型正理想解的综合投影值,按 $\mathrm{Pr}j_k$ 由大到小的顺序对各方案进行排序,其中最大者对应理想方案。

8.6.2 实例

大学的学院评估问题。通常采用教学(G_1)、科研(G_2)、服务(G_3)三个属性作为评估指标。设有 5 个学院 A_1、A_2、A_3、A_4、A_5 将被评估,并假定属性的权重向量为 $\boldsymbol{w}=(0.3608,0.3091,0.3301)^{\mathrm{T}}$。决策者以区间数这种不确定形式给出了各方案的属性值,其规范化决策矩阵如表 8.6.1 所示。

表 8.6.1 规范化决策矩阵

学院 \ 属性	G_1	G_2	G_3
A_1	[0.214,0.220]	[0.166,0.178]	[0.184,0.190]
A_2	[0.206,0.225]	[0.220,0.229]	[0.182,0.191]
A_3	[0.195,0.204]	[0.192,0.198]	[0.220,0.231]
A_4	[0.181,0.190]	[0.195,0.205]	[0.185,0.195]
A_5	[0.175,0.184]	[0.193,0.201]	[0.201,0.211]

步骤 1:计算综合加权联系数为

$$A_1=[0.1745,0.1893]+[0.1893,0.1971]i+[0.1971,0.2282]j$$

$$A_2=[0.1745,0.2024]+[0.2024,0.2150]i+[0.2150,0.2282]j$$

$$A_3=[0.1745,0.2023]+[0.2023,0.2111]i+[0.2111,0.2282]j$$

$$A_4=[0-1745,0.1866]+[0.1866,0.1963]i+[0.1963,0.2282]j$$

$$A_5=[0.1745,0.1891]+[0.1891,0.1982]i+[0.1982,0.2282]j$$

步骤 2:相对贴近度为

$$T_1=0.3214,\quad T_2=0.6786,\quad T_3=0.6183,\quad T_4=0.2751,\quad T_5=0.3273$$

所以根据相对贴近度,5 个学院的排序为 $A_2 > A_3 > A_5 > A_1 > A_4$。

步骤 3:计算 5 个学院关于区间型正理想解的投影向量分别为

$$(0.5182, 0.4431, 0.4747)$$
$$(0.5154, 0.5283, 0.4739)$$
$$(0.4893, 0.4806, 0.5361)$$
$$(0.4662, 0.4886, 0.4794)$$
$$(0.4563, 0.4838, 0.5050)$$

步骤 4:计算综合投影值,分别为

$$\mathrm{Prj}_1=0.4806,\quad \mathrm{Prj}_2=0.5057,\quad \mathrm{Prj}_3=0.5021,\quad \mathrm{Prj}_4=0.4775,\quad \mathrm{Prj}_5=0.4809$$

由此可得 5 个学院的排序结果为 $A_2 > A_3 > A_5 > A_1 > A_4$。

8.7　基于联系数算子理论的区间数决策

汪新凡等[18]针对准则权重信息不完全的群决策问题,定义了二元联系数的加性运算法则,给出了二元联系数加权算术平均(BCNWAA)算子、二元联系数有序加权平均(BCNOWA)算子等,进而提出了一种准则值为二元联系数而准则权重信息不完全确定的群决策方法。

8.7.1　原理与方法

1. 有关概念

1) 二元联系数的期望值和均方差

定义 8.7.1　设 $\beta=\mu+\eta i$ 为二元联系数,则称

$$E(\beta)=\mu+0.5\eta \tag{8.7.1}$$

$$D(\beta)=\frac{\eta}{6} \tag{8.7.2}$$

分别为 β 的期望值和均方差。

根据期望-方差准则,给出一种二元联系数的比较与排序方法。

定义 8.7.2　设 $\beta_1=\mu_1+\eta_1 i$ 和 $\beta_2=\mu_2+\eta_2 i$ 为任意两个二元联系数,则有以下结论。

(1) 若 $E(\beta_1)<E(\beta_2)$,则 $\beta_1<\beta_2$。

(2) 若 $E(\beta_1)=E(\beta_2)$,则当 $D(\beta_1)=D(\beta_2)$ 时,$\beta_1=\beta_2$;当 $D(\beta_1)<D(\beta_2)$ 时,$\beta_1>\beta_2$;当 $D(\beta_1)>D(\beta_2)$ 时,$\beta_1<\beta_2$。

2）二元联系数加性与数乘运算

定义 8.7.3 设 μ、η 为任意非负实数，$\beta_1=\mu_1+\eta_1 i$ 和 $\beta_2=\mu_2+\eta_2 i$ 为任意两个二元联系数，则 β_1 与 β_2 的加性运算法则为

$$\beta_1+\beta_2=\mu_1+\eta_1 i+\mu_2+\eta_2 i=\mu_1+\mu_2+\sqrt{\eta_1^2+\eta_2^2}\,i \tag{8.7.3}$$

设 λ 为正实数，定义二元联系数的数乘运算法则为

$$\lambda\beta=\lambda\mu+\sqrt{\lambda}\eta i \tag{8.7.4}$$

该运算法则满足以下运算律：

$$\beta_1+\beta_2=\beta_2+\beta_1 \tag{8.7.5}$$

$$(\beta_1+\beta_2)+\beta_3=\beta_1+(\beta_2+\beta_3) \tag{8.7.6}$$

$$\lambda(\beta_1+\beta_2)=\lambda\beta_1+\lambda\beta_2 \tag{8.7.7}$$

$$\lambda_1\beta_1+\lambda_2\beta_1=(\lambda_1+\lambda_2)\beta_1,\lambda_1,\lambda_2\geqslant 0 \tag{8.7.8}$$

证明略。

3）二元联系数集结算子

汪新凡给出了二元联系数加权算术平均(BCNWAA)算子、二元联系数有序加权平均(BCNOWA)算子和二元联系数混合集结(BCNHA)算子的概念。

定义 8.7.4 设 $\beta_r=\mu_r+\eta_r i\,(r=1,2,\cdots,n)$ 为一组二元联系数，且设 BCNWAA:$\Omega^n\rightarrow\Omega$，若

$$\mathrm{BCNWAA}(\beta_1,\beta_2,\cdots,\beta_n)=w_1\beta_1+w_2\beta_2+\cdots+w_n\beta_n \tag{8.7.9}$$

式中，$w=(w_1,w_2,\cdots,w_n)\,(w_r\geqslant 0,r=1,2,\cdots,n)$ 为 $\beta_r\,(r=1,2,\cdots,n)$ 的加权向量，且 $\sum\limits_{r=1}^{n}w_r=1$。则称函数 BCNWAA 为二元联系数加权算术平均算子。

特别地，若 $w_1=w_2=\cdots=w_n=\dfrac{1}{n}$，则相应的 BCNWAA 算子退化为二元联系数算术平均(BCNAA)算子，即

$$\mathrm{BCNAA}(\beta_1,\beta_2,\cdots,\beta_n)=\frac{1}{n}(\beta_1+\beta_2+\cdots+\beta_n) \tag{8.7.10}$$

用数学归纳法可以证明如下定理。

定理 8.7.1 设 $\beta_r=\mu_r+\eta_r i\,(r=1,2,\cdots,n)$ 为一组二元联系数，$\boldsymbol{w}=(w_1,w_2,\cdots,w_n)\,(w_r\geqslant 0,r=1,2,\cdots,n)$ 为 $\beta_r\,(r=1,2,\cdots,n)$ 的加权向量，且 $\sum\limits_{r=1}^{n}w_r=1$，则由式(8.7.9)集结得到的结果仍为二元联系数，且有

$$\mathrm{BCNWAA}(\beta_1,\beta_2,\cdots,\beta_n)=\sum_{r=1}^{n}w_r\mu_r+\sqrt{\sum_{r=1}^{n}w_r\eta_r^2}\,i \tag{8.7.11}$$

证明 当 $n=2$ 时，由于

$$w_1\beta_1=w_1\mu_1+\sqrt{w_1}\,\eta_1 i,\quad w_2\beta_2=w_2\mu_2+\sqrt{w_2}\,\eta_2 i$$

则有

$$\begin{aligned}\mathrm{BCNWAA}(\beta_1,\beta_2) &= w_1\beta_1 + w_2\beta_2 = w_1\mu_1 + w_2\mu_2 + \sqrt{(\sqrt{w_1}\eta_1)^2 + (\sqrt{w_2}\eta_2)^2}i \\ &= \sum_{r=1}^{2} w_r\mu_r + \sqrt{\sum_{r=1}^{2} w_r\eta_r^2}i\end{aligned}$$

假设当 $n=k$ 时,式(8.7.11)成立,即有

$$\mathrm{BCNWAA}(\beta_1,\beta_2,\cdots,\beta_k) = \sum_{r=1}^{k} w_r\mu_r + \sqrt{\sum_{r=1}^{k} w_r\eta_r^2}i$$

则当 $n=k+1$ 时,由式(8.7.3)和式(8.7.4)可得

$$\begin{aligned}\mathrm{BCNWAA}(\beta_1,\beta_2,\cdots,\beta_k,\beta_{k+1}) &= \sum_{r=1}^{k} w_r\mu_r + \sqrt{\sum_{r=1}^{k} w_r\eta_r^2}i + w_{k+1}(\mu_{k+1} + \eta_{k+1}i) \\ &= \sum_{r=1}^{k} w_r\mu_r + w_{k+1}\mu_{k+1} + \sqrt{\left(\sum_{r=1}^{k} w_r\eta_r^2\right)^2 + (\sqrt{w_{k+1}}\eta_{k+1})^2}i \\ &= \sum_{r=1}^{k+1} w_r\mu_r + \sqrt{\sum_{r=1}^{k+1} w_r\eta_r^2}i\end{aligned}$$

即当 $n=k+1$ 时,式(8.7.11)也成立。

综上所述,对于一切正整数 n,式(8.7.11)均成立。

定义 8.7.5　设 $\beta_r=\mu_r+\eta_r i\,(r=1,2,\cdots,n)$ 为一组二元联系数,且设 BCNOWA:$\Omega^n\rightarrow\Omega$,若

$$\mathrm{BCNOWA}(\beta_1,\beta_2,\cdots,\beta_n)=v_1\beta_{\sigma(1)}+v_2\beta_{\sigma(2)}+\cdots+v_n\beta_{\sigma(n)} \tag{8.7.12}$$

则称函数 BCNOWA 为二元联系数有序加权平均算子。其中,$v=(v_1,v_2,\cdots,v_n)\left(v_r\geqslant 0,r=1,2,\cdots,n,\sum_{r=1}^{n}v_r=1\right)$ 是与函数 BCNOWA 相关联的加权向量(位置向量),$(\sigma(1),\sigma(2),\cdots,\sigma(n))$是$(1,2,\cdots,n)$的一个置换,使得对于任意 r,有 $\beta_{\sigma(r-1)}\geqslant\beta_{\sigma(r)}$。

特别地,若 $v_1=v_2=\cdots=v_n=\dfrac{1}{n}$,则相应的 BCNOWA 算子退化为二元联系数的算术平均算子。

定理 8.7.2　设 $\beta_r=\mu_r+\eta_r i\,(r=1,2,\cdots,n)$ 为一组二元联系数,$(\beta_{\sigma(1)},\beta_{\sigma(2)},\cdots,\beta_{\sigma(n)})$为$(\beta_1,\beta_2,\cdots,\beta_n)$的一个置换,使得对于任意 r,有 $\beta_{\sigma(r-1)}\geqslant\beta_{\sigma(r)}$,且设 $\beta_{\sigma(r)}=\mu_{\sigma(r)}+\eta_{\sigma(r)}i$,则由式(8.7.12)集结得到的结果仍为二元联系数,且

$$\mathrm{BCNOWA}(\beta_1,\beta_2,\cdots,\beta_n) = \sum_{r=1}^{n} v_r\mu_{\sigma(r)} + \sqrt{\sum_{r=1}^{n} v_r\eta_{\sigma(r)}^2}i \tag{8.7.13}$$

式中,$v=(v_1,v_2,\cdots,v_n)\left(v_r\geqslant 0,\sum_{r=1}^{n}v_r=1\right)$ 是 BCNOWA 算子的加权向量。

BCNOWA 算子的根本特点为:首先对二元联系数 $\beta_1,\beta_2,\cdots,\beta_n$ 按从大到小的

顺序进行排序(排序方法见定义 8.7.2),再利用位置加权向量 $\boldsymbol{v}$ 对排序后的数据进行加权集结,其中元素 β_r 与 v_r 没有任何联系,v_r 只与集结过程中的第 r 个位置有关。有关加权向量 $\boldsymbol{v}$ 的确定有多种方法,可以参考相关文献。

定义 8.7.6　设 $\beta_r=\mu_r+\eta_r i(r=1,2,\cdots,n)$ 为一组二元联系数,且设 BCNHA: $\Omega^n\to\Omega$,若

$$\mathrm{BCNHA}(\beta_1,\beta_2,\cdots,\beta_n)=v_1\beta'_{\sigma(1)}+v_2\beta'_{\sigma(2)}+\cdots+v_n\beta'_{\sigma(n)} \tag{8.7.14}$$

则称函数 BCNHA 为二元联系数混合集结算子。

$v=(v_1,v_2,\cdots,v_n)\left(v_r\geqslant 0,\sum\limits_{r=1}^{n}v_r=1\right)$ 是与函数 BCNHA 相关联的加权向量(位置向量),$\beta'_{\sigma(r)}$ 是加权的二元联系数组 $\beta'_k(k=1,2,\cdots,n)$ 中第 r 个最大元素,这里 $\beta'_k=nw_k\beta_k(k=1,2,\cdots,n)$,$\boldsymbol{w}=(w_1,w_2,\cdots,w_n)^{\mathrm{T}}$ 是二元联系数组$(\beta_1,\beta_2,\cdots,\beta_n)$的加权向量,$w_k\geqslant 0(k=1,2,\cdots,n)$,$\sum\limits_{k=1}^{n}w_k=1$,且 n 是平衡因子。

若令 $\beta'_k=\mu'_k+\eta'_k i$,$\beta'_{\sigma(r)}=\mu'_{\sigma(r)}+\eta'_{\sigma(r)}i$,则由式(8.7.14)集结得到的结果仍为二元联系数,且

$$\mathrm{BCNHA}(\beta_1,\beta_2,\cdots,\beta_n)=\sum_{r=1}^{n}v_r\mu'_{\sigma(r)}+\sqrt{\sum_{r=1}^{n}v_r\,(\eta'_{\sigma(r)})^2}\,i \tag{8.7.15}$$

特别需要指出的是,当 $v_1=v_2=\cdots=v_n=\dfrac{1}{n}$ 时,BCNWAA 算子是 BCNHA 算子的一个特例。当 $w_1=w_2=\cdots=w_n=\dfrac{1}{n}$ 时,BCNOWA 算子是 BCNHA 算子的一个特例。BCNHA 算子既体现了二元联系数自身的重要程度,也体现了二元联系数所在位置的重要程度。

2. 问题描述

对于某一群决策问题,设 $D=\{D_1,D_2,\cdots,D_p\}$ 为决策者集,决策者的权重向量是 $\boldsymbol{e}=(e_1,e_2,\cdots,e_p)^{\mathrm{T}}$,$e_t\geqslant 0$,$\sum\limits_{t=1}^{p}e_t=1$。$S=\{S_1,S_2,\cdots,S_m\}$ 为离散的可行方案集,$Q=\{Q_1,Q_2,\cdots,Q_n\}$ 为评价指标(准则)集。设决策者 $D_t(t=1,2,\cdots,p)$ 给出方案 $S_k(k=1,2,\cdots,m)$ 在准则 $Q_r(r=1,2,\cdots,n)$ 下的准则值为 $\beta_{kr}^{(t)}$。这里 $\beta_{kr}^{(t)}$ 为二元联系数,从而构成二元联系数决策矩阵 $\boldsymbol{R}_t=(\beta_{kr}^{(t)})_{m\times n}$。准则权重 $w_r\left(r=1,2,\cdots,n,\ w_r\geqslant 0,\sum\limits_{r=1}^{n}w_r=1\right)$ 是以不完全信息给出的。试确定这些方案的排序。

准则的部分权重信息可为下述 5 种情形中的任意一种或多种的组合。

$w_r\geqslant w_l$,　$r=1,2,\cdots,n;l=1,2,\cdots,n$

$w_r-w_l\geqslant\alpha,\quad 0\leqslant\alpha\leqslant1,\quad r=1,2,\cdots,n;l=1,2,\cdots,n$

$w_r-w_l\geqslant w_q-w_g,\quad r=1,2,\cdots,n;l=1,2,\cdots,n;q=1,2,\cdots,n;g=1,2,\cdots,n$

$w_r\geqslant\alpha w_l,\quad 0\leqslant\alpha\leqslant1,\quad r=1,2,\cdots,n;l=1,2,\cdots,n$

$\alpha\leqslant w_r\leqslant\alpha+\gamma,\quad 0\leqslant\alpha<\alpha+\gamma\leqslant1$

令 Θ 表示准则权重的全体，即 $\Theta=\{w_r|r=1,2,\cdots,n\}$。

3. 决策步骤

步骤 1：求准则权重 $w_r(r=1,2,\cdots,n)$。

假设根据准则权重的不完全确定信息求出的最优准则权重为 $\boldsymbol{w}=(w_1,w_2,\cdots,w_n)^{\mathrm{T}}$，则利用 BCNWAA 算子有

$$\beta_k^{(t)}=\mathrm{BCNWAA}(\beta_{k1}^{(t)},\beta_{k2}^{(t)},\cdots,\beta_{kn}^{(t)})\tag{8.7.16}$$

对决策矩阵 $\boldsymbol{R}_t=(\beta_{kr}^{(t)})_{m\times n}$ 中第 k 行的准则值进行集结，得到决策者 D_t 所给出的方案 S_k 的综合准则值

$$\beta_k^{(t)}=\mu_k^{(t)}+\eta_k^{(t)}i,\quad k=1,2,\cdots,n;t=1,2,\cdots,p\tag{8.7.17}$$

$$\mu_k^{(t)}=\sum_{r=1}^{n}w_r\mu_{kr}^{(t)}\tag{8.7.18}$$

$$\eta_{kt}^{(t)}=\sqrt{\sum_{r=1}^{n}w_r\ (\eta_{kr}^{(t)})^2 i}\tag{8.7.19}$$

由式(8.7.2)可知，$\beta_k^{(t)}$ 的均方差为

$$D(\beta_k^{(t)})=\frac{\eta_k^{(t)}}{6}\tag{8.7.20}$$

方差为

$$(D(\beta_k^{(t)}))^2=\frac{(\eta_k^{(t)})^2}{36}=\frac{1}{36}\sum_{r=1}^{n}w_r\ (\mu_{kr}^{(t)})^2\tag{8.7.21}$$

在此基础上，汪新凡根据二元联系数准则值的方差和准则权重的随机性建立优化模型，从而求出准则权重以不完全确定信息形式给出时的最优准则权重的方法。

首先考虑决策者 D_t 所给出的决策矩阵 $\boldsymbol{R}_t=(\beta_{kr}^{(t)})_{m\times n}$，由于综合准则值为二元联系数形式，从 $\boldsymbol{R}_t$ 中求出合理的准则权重 $\boldsymbol{w}^{(t)}=(w_1^{(t)},w_2^{(t)},\cdots,w_n^{(t)})^{\mathrm{T}}$ 应该使所有方案方差的总和最小化，即

$$\begin{aligned}&\min\sum_{k=1}^{m}(\eta_k^{(t)})^2=\sum_{k=1}^{m}\sum_{r=1}^{n}w_r^{(t)}\ (\eta_{kr}^{(t)})^2\\&\text{s.t.}\quad w^{(t)}\in\Theta,\quad \sum_{r=1}^{n}w_r^{(t)}=1,\quad w_r^{(t)}\geqslant0,\quad r=1,2,\cdots,n\end{aligned}\tag{8.7.22}$$

同时，由于各准则的真实权重是一个随机变量，具有不确定性。为了描述这种

不确定性，可将准则权重 $w_r^{(t)}$ 理解为第 r 个指标在准则集中所占比例（概率），这样就可以用 Shannon 信息熵[19]

$$H = -\sum_{r=1}^{n} w_r^{(t)} \ln w_r^{(t)} \tag{8.7.23}$$

来表示准则权重的不确定性。根据 Jaynes 最大熵原理，合理的准则权重应使 Jaynes 熵极大，即

$$\begin{aligned} &\max(H) = -\sum_{r=1}^{n} w_r^{(t)} \ln w_r^{(t)} \\ &\text{s.t.}\quad w^{(t)} \in \Theta,\quad \sum_{r=1}^{n} w_r^{(t)} = 1,\quad w_r^{(t)} \geqslant 0,\quad r = 1,2,\cdots,n \end{aligned} \tag{8.7.24}$$

为了达到上述两个目的，求解最优准则权重 $\boldsymbol{w}^{(t)}$ 就等价于求解如下最优化问题：

$$\begin{aligned} &\min \sum_{k=1}^{m} \sum_{r=1}^{n} w_r^{(t)} (\eta_{kr}^{(t)})^2 + \sum_{r=1}^{n} w_r^{(t)} \ln w_r^{(t)} \\ &\text{s.t.}\quad w^{(t)} \in \Theta,\quad \sum_{r=1}^{n} w_r^{(t)} = 1,\quad w_r^{(t)} \geqslant 0,\quad r = 1,2,\cdots,n \end{aligned} \tag{8.7.25}$$

再考虑决策者的权重 $\boldsymbol{e} = (e_1, e_2, \cdots, e_p)^{\mathrm{T}}$，则准则的最优权重向量 $\boldsymbol{w} = (w_1, w_2, \cdots, w_n)^{\mathrm{T}}$ 可由下式计算：

$$w_r = \sum_{t=1}^{p} e_t w_r^{(t)},\quad r = 1,2,\cdots,n \tag{8.7.26}$$

步骤 2：利用 BCNHA 算子

$$\beta_k = \mathrm{BCNHA}(\beta_k^{(1)}, \beta_k^{(2)}, \cdots, \beta_k^{(p)}) \tag{8.7.27}$$

对 p 位决策者给出的方案 S_k 的综合准则值 $\beta_k^{(t)}(t=1,2,\cdots,p)$ 进行集结，得到方案 S_k 的群体综合准则值 $\beta_k(k=1,2,\cdots,m)$。其中，$\boldsymbol{v} = (v_1, v_2, \cdots, v_p)^{\mathrm{T}}$ 是与 BCNHA 算子相关联的加权向量，$v_t \geqslant 0(t=1,2,\cdots,p)$，$\sum_{t=1}^{p} v_t = 1$。

步骤 3：分别利用式(8.7.1)和式(8.7.2)计算 β_k 的期望值 $E(\beta_k)$ 和均方差 $D(\beta_k)(k=1,2,\cdots,m)$。

步骤 4：根据定义 8.7.2 对方案 $S_k(k=1,2,\cdots,m)$ 进行排序，从而得到最优方案。

8.7.2　实例

假设要从 4 个候选人中选出最合适的办公室主任，评价准则是工作能力(I_1)、学识水平(I_2)和人际关系(I_3)，准则权重满足条件 $0.33 \leqslant w_1 \leqslant 0.36$，$0.30 \leqslant w_2 \leqslant 0.32$，$w_3 \geqslant 0.31$。现有 3 位决策者 $D_t(t=1,2,3)$，权重向量为 $\boldsymbol{e} = (0.3, 0.4, 0.3)^{\mathrm{T}}$，依照评价标准对 4 个候选人 $S_k(k=1,2,3,4)$ 进行评价打分，各准则下的评价信息用

区间数表示(采用百分制,由于所有指标的量纲一致,所以不需决策矩阵规范化),试确定最合适的办公室主任。决策矩阵 $\boldsymbol{R}_t$ $(t=1,2,3)$ 如表 8.7.1～表 8.7.3 所示。

表 8.7.1　决策矩阵 $\boldsymbol{R}_1$

方案	准则		
	I_1	I_2	I_3
S_1	[75,78]	[85,88]	[86,90]
S_2	[82,84]	[79,81]	[83,88]
S_3	[78,79]	[82,86]	[81,84]
S_4	[89,92]	[83,86]	[80,82]

表 8.7.2　决策矩阵 $\boldsymbol{R}_2$

方案	准则		
	I_1	I_2	I_3
S_1	[78,80]	[89,91]	[89,92]
S_2	[86,87]	[91,92]	[88,92]
S_3	[88,90]	[85,88]	[86,89]
S_4	[93,96]	[89,91]	[89,93]

表 8.7.3　决策矩阵 $\boldsymbol{R}_3$

方案	准则		
	I_1	I_2	I_3
S_1	[76,80]	[89,92]	[83,86]
S_2	[86,89]	[87,89]	[85,89]
S_3	[79,82]	[84,86]	[85,87]
S_4	[88,90]	[86,90]	[87,90]

决策步骤如下。

步骤 1:首先,根据第 4 章介绍的区间数向联系数的转换方法,根据式(4.1.3)将表 8.7.1～表 8.7.3 中的区间数改写成二元联系数;然后,利用式(8.7.25)从决策矩阵 $\boldsymbol{R}_t$ $(t=1,2,3)$ 中求得合理的准则权重向量分别为

$$\boldsymbol{w}^{(1)}=(0.3600,0.3200,0.3200)^{\mathrm{T}}$$

$$\boldsymbol{w}^{(2)}=(0.3600,0.3200,0.3200)^{\mathrm{T}}$$

$$\boldsymbol{w}^{(3)}=(0.3400,0.3200,0.3400)^{\mathrm{T}}$$

再根据式(8.7.26)求得最优准则权重向量为

$$w=(0.3540,0.3200,0.3260)^{T}$$

步骤 2:根据式(8.7.16)对决策矩阵 $\boldsymbol{R}_t$ 中第 k 行的准则值进行集结,得到决策者 D_t 所给出的候选人 S_k 的综合准则值 $\beta_k^{(t)}(k=1,2,3,4,t=1,2,3)$,即

$$\beta_1^{(1)}=81.7860+3.3589i,\quad \beta_2^{(1)}=81.3660+3.2933i$$
$$\beta_3^{(1)}=80.2580+2.8997i,\quad \beta_4^{(1)}=84.1460+2.7148i$$
$$\beta_1^{(2)}=85.1060+2.3728i,\quad \beta_2^{(2)}=88.2520+2.4269i$$
$$\beta_3^{(2)}=86.3880+2.6889i,\quad \beta_4^{(2)}=90.4160+3.1116i$$
$$\beta_1^{(3)}=82.4420+3.3879i,\quad \beta_2^{(3)}=85.9940+3.1116i$$
$$\beta_3^{(3)}=82.5560+2.4021i,\quad \beta_4^{(3)}=87.0340+3.0773i$$

步骤 3:根据式(8.7.27)对 3 位决策者给出的候选人 S_k 的综合准则值 $\beta_k^{(t)}(k=1,2,3,4,t=1,2,3)$进行集结,得到 S_k 的群体综合准则值 $\beta_k(k=1,2,3,4)$,即

$$\beta_1=80.8384+3.0691i,\quad \beta_2=83.3074+2.9272i$$
$$\beta_3=80.9308+2.5721i,\quad \beta_4=85.0272+2.9691i$$

式中,BCNHA 算子的加权向量由文献[20]中基于正态分布的赋权方法确定为

$$v=(0.2429,0.5142,0.2429)^{T}$$

步骤 4:根据式(8.7.1)计算 β_k 的期望值 $E(\beta_k)(k=1,2,3,4)$,即

$$E(\beta_1)=82.3730,\quad E(\beta_2)=84.7710,\quad E(\beta_3)=82.2169,\quad E(\beta_4)=86.5118$$

步骤 5:根据定义 8.7.2 对候选人 $S_k(k=1,2,3,4)$进行排序,有 $S_4>S_2>S_1>S_3$,所以最合适的办公室主任为 S_4。

上述方法中,BCNHA 算子结合了 BCNWAA 算子和 BCNOWA 算子的优点,不仅充分考虑决策者自身的重要性程度,而且通过对过高或过低的方案综合准则值赋予较小的权重,尽可能地消除了实际决策过程中某些不公正因素的影响。

首先要指出的是,决策者自身的重要性程度是一个模糊的概念,如何客观公正地确定一个决策者自身的重要性程度,仍然是一个不确定性问题。因此,一般来说,当要在决策中充分考虑决策者自身的重要性程度时,这个决策问题一般是一个多次(幂)不确定性决策问题,例如,在属性值和属性权重都是区间数的群决策问题中,考虑决策者自身的重要性时,就是一个含有 3 次不确定性的决策问题,为此需要研究和给出新的算子;其次是对于决策中的不确定性要作不确定性分析,在不作不确定性分析的条件下得到唯一确定的结论,无疑是把不确定性决策问题等同于确定性决策问题处理,逻辑上难以自洽,也不符合实际实情况;由集对分析的最新进展[21-25]知,经典概率论中的期望需要联系数化。因此,基于经典概率期望作出的决策需要作进一步研究。

8.8 基于多维联系数的区间数决策

胡启洲提出了多维联系数的概念,本节介绍胡启洲等[26]所做的研究工作。

8.8.1　原理与方法

1. 多维联系数的概念

当对一个事物或现象进行测度时，如果共有 n 个指标，恰好各个指标相互独立，那么这 n 个指标可以看成测度事物或现象的 n 个维度，此时总体效用是 n 个指标的效用之和，这个总体效用就是多维联系数。

定义 8.8.1　若对某一事物(如现象)进行测度的 n 个指标 $i_1,i_2,\cdots,i_n$ 相互独立，存在实数 $b_1,b_2,\cdots,b_n\in\mathbf{R}$，其总体效用函数可以表示为

$$\mu=b_1i_1+b_2i_2+\cdots+b_ni_n \tag{8.8.1}$$

则称效用函数 μ 为 n 维联系数，其中 $i_1,i_2,\cdots,i_n$ 为事物或现象的维度，有时作为标记使用，在适当的条件下，可以赋值运算。当 $n\geqslant 2$ 时，也称 μ 为多维联系数。

多维联系数有时也称为多重联系数。在多元联系数中

$$\mu=a+b_1i_1+b_2i_2+\cdots+b_ni_n+cj,\quad j=-1 \tag{8.8.2}$$

当 $a=0,c=0$ 时，多元联系数即为多维联系数，所以多维联系数是多元联系数的特殊情况。

2. 多维联系数的运算

定义 8.8.2　设有两个多维联系数 $\mu_1=b_1i_1+b_2i_2+\cdots+b_ni_n$，$\mu_2=b'_1i_1+b'_2i_2+\cdots+b'_ni_n$，则定义两个多维联系数的运算如下。

加减运算为

$$\mu_1\pm\mu_2=(b_1\pm b'_1)i_1+(b_2\pm b'_2)i_2+\cdots+(b_n\pm b'_n)i_n \tag{8.8.3}$$

乘法运算为

$$\mu_1\times\mu_2=(b_1\times b'_1)i_1+(b_2\times b'_2)i_2+\cdots+(b_n\times b'_n)i_n \tag{8.8.4}$$

除法运算为

$$\mu_1\div\mu_2=(b_1\div b'_1)i_1+(b_2\div b'_2)i_2+\cdots+(b_n\div b'_n)i_n,\quad b'_1,b'_2,\cdots\text{且 }b'_n\neq 0 \tag{8.8.5}$$

数乘运算为

$$k\mu_1=kb_1i_1+kb_2i_2+\cdots+kb_ni_n \tag{8.8.6}$$

3. 问题描述

对于一个多指标决策问题，设有方案 $S_1,S_2,\cdots,S_m$，有指标 $Q_1,Q_2,\cdots,Q_n$，且指标集的权重向量 $\mathbf{W}=(w_1,w_2,\cdots,w_n)\left(w_k\in[0,1],\sum_{k=1}^{n}w_k=1\right)$，各指标权重已知。利用指标集对方案进行测度，其效用函数 $\mu_t=b_{t1}i_1+b_{t2}i_2+\cdots+b_{tn}i_n(t=1,$

2,…,m),从而得到效用函数决策矩阵为

$$\boldsymbol{D}=\begin{bmatrix}\mu_1\\ \mu_2\\ \vdots\\ \mu_m\end{bmatrix}=\begin{bmatrix}b_{11}i_1+b_{12}i_2+\cdots+b_{1n}i_n\\ b_{21}i_1+b_{22}i_2+\cdots+b_{2n}i_n\\ \vdots\\ b_{m1}i_1+b_{m2}i_2+\cdots+b_{mn}i_n\end{bmatrix} \tag{8.8.7}$$

试对方案集进行优劣排序。

4. 决策模型与决策步骤

步骤 1:对指标值进行规范化。指标值通常具有效益型(越大越好)和成本型(越小越好)两种类型。对于 Q_k 为效益型指标值,令

$$c_{tk}=\frac{b_{tk}}{\sum_{t=1}^{m}b_{tk}} \tag{8.8.8}$$

对于 Q_k 为成本型指标值,令

$$c_{tk}=\frac{\dfrac{1}{b_{tk}}}{\sum_{t=1}^{m}\dfrac{1}{b_{tk}}} \tag{8.8.9}$$

规范化后的指标值为

$$\mu_t'=c_{t1}i_1+c_{t2}i_2+\cdots+c_{tn}i_n,\quad t=1,2,\cdots,m \tag{8.8.10}$$

步骤 2:运用 TOPSIS 方法,按照下述方法确定方案的正负理想解。

正理想解为

$$\mu^+=c_1^+i_1+c_2^+i_2+\cdots+c_n^+i_n \tag{8.8.11}$$

式中,$c_k^+=\max\limits_{1\leqslant t\leqslant m}(c_{tk})$,$k=1,2,\cdots,n$。

负理想解为

$$\mu^-=c_1^-i_1+c_2^-i_2+\cdots+c_n^-i_n \tag{8.8.12}$$

式中,$c_k^-=\min\limits_{1\leqslant t\leqslant m}(c_{tk})$,$k=1,2,\cdots,n$。

方案的绝对正理想解为

$$\mu^+=1i_1+1i_2+\cdots+1i_n$$

绝对负理想解为

$$\mu^-=0i_1+0i_2+\cdots+0i_n$$

步骤 3:计算各方案到正负理想解的距离。

令 $d(\mu_t',\mu^+)=\sum\limits_{k=1}^{n}|c_{tk}-c_k^+|$,则各方案到正理想解的距离为

$$d_t^+ = \boldsymbol{W}^{\mathrm{T}} d(\mu_t', \mu^+) = \sum_{k=1}^{n} (w_k \mid c_{tk} - c_k^+ \mid) \tag{8.8.13}$$

令 $d(\mu_t', \mu^-) = \sum_{k=1}^{n} \mid c_{tk} - c_k^- \mid$，则各方案到负理想解的距离为

$$d_t^- = \boldsymbol{W}^{\mathrm{T}} d(\mu_t', \mu^-) = \sum_{k=1}^{n} (w_k \mid c_{tk} - c_k^- \mid) \tag{8.8.14}$$

步骤 4：根据各决策方案到正理想解的距离 d_t^+ 和到负理想解的距离 d_t^-，计算综合测度指数 $r_t(t=1,2,\cdots,m)$；根据 r_t 对各决策方案进行排序和择优，r_t 越大，方案越优。

r_t 的计算公式为

$$r_t = \frac{d_t^-}{d_t^+ + d_t^-} \tag{8.8.15}$$

8.8.2　实例

某城市 2009 年 12 月 30 日拥有机动车辆 98.7 万辆，安全态势监控共有 13 个监控指标，从人、车、路和环境四方面对该城市交通安全态势进行监控，分别从：①管理人员执法力度；②行人安全意识；③驾驶员操作技能；④车辆技术性能；⑤车辆安全设施；⑥平均车速；⑦道路密度；⑧人均道路面积；⑨道路负荷度；⑩天气状况；⑪地形特征；⑫交通组织；⑬交通监控，共 13 个方面来进行测度。

通过计算得到该城市各监控指标的考察值为

$$\begin{aligned} \mu =& 0.75i_1 + 0.97i_2 + 0.83i_3 + 0.75i_4 + 0.88i_5 + 30i_6 + 0.21i_7 \\ & + 5.8i_8 + 0.87i_9 + 0.86i_{10} + 0.92i_{11} + 0.83i_{12} + 0.75i_{13} \end{aligned} \tag{8.8.16}$$

各指标权重为

$$\begin{aligned} \boldsymbol{w} = (&0.077, 0.072, 0.075, 0.073, 0.081, 0.083, \\ &0.071, 0.081, 0.077, 0.082, 0.076, 0.077, 0.075) \end{aligned}$$

决策过程如下。

步骤 1：对指标值规范化。利用式(8.8.8)和式(8.8.9)对式(8.8.16)进行规范化，得

$$\begin{aligned} \mu =& 0.732i_1 + 0.874i_2 + 0.815i_3 + 0.713i_4 + 0.823i_5 + 0.728i_6 + 0.715i_7 \\ & + 0.613i_8 + 0.798i_9 + 0.824i_{10} + 0.831i_{11} + 0.798i_{12} + 0.734i_{13} \end{aligned}$$

步骤 2：各监控指标到绝对正理想解的距离和到绝对负理想解的距离分别为

$$d_1^+ = 0.0217, \quad d_1^- = 0.0328$$

步骤 3：根据式(8.8.15)计算综合监控指数。该城市交通安全态势的综合监控指数为

$$r_1 = 0.6018$$

胡启洲介绍的城市交通安全态势监控值的等级界定区间见表 8.8.1。

表 8.8.1 城市交通安全态势监控值的等级界定区间

等级		等级区间
1 级	很安全	(0.8,1.0]
2 级	较安全	(0.6,0.8]
3 级	一般	(0.3,0.6]
4 级	较危险	(0.1,0.3]
5 级	很危险	[0,0.1]

从表 8.8.1 可以看出，该城市交通安全态势监控属于 2 级，即较安全。从中也可以看出，综合监控指数 $r_1=0.6018$ 更贴近于 0.6，所以该城市交通安全态势更接近 3 级。

胡启洲等基于决策指标相互独立假设提出多维联系数，并把其应用于城市交通安全态势监控，从应用实例看，实例中的 13 个指标，其相互独立性并不存在，而是或多或少地相互关联，例如，指标④车辆技术性能与指标⑤车辆安全设施高度关联；指标⑦道路密度与指标⑨道路负荷度高度关联，这两个指标与指标⑧人均道路面积也存在一定的关联；还有指标①管理人员执法力度、指标②行人安全意识、指标⑫交通组织和指标⑬交通监控都存在较大的关联；特别是这种关联还具有模糊性，使得各关联程度难以客观地定量刻画；基于这样的实际情况，多维联系数中的 i 其实就是多元联系数中的 i，其取值要视不同情况而定，对多维联系数综合后得到的安全态势等级也需有作具体的不确定性分析；如果还进一步注意到以“安全”为参考集时，有的指标(如指标①管理人员执法力度、指标②行人安全意识)与“安全”有较大同一性；有的指标(如指标⑨道路负荷度、指标⑩天气状况、指标⑪地形特征、指标⑫交通组织等)与“安全”既有同一性又有可能存在一定的对立性等，该实例拟直接用同异反三元联系数综合评价为好。事实上，不少决策问题中的决策用指标相互之间并不满足独立性假设。

8.9 基于联系数的混合型区间数决策

针对多属性区间数决策中既有定量属性又有自然语言表示的定性属性这类复杂问题，基于集对分析的联系数理论，把语言属性值先用区间数赋值，再把各属性值区间数转换成二元联系数，建立基于二元联系数的决策模型，利用模型中的确定性联系分量作出初决策，再利用模型中的不确定量作不确定分析，得到终决策。此方法简称“确定性计算＋不确定性分析-两步决策法[27]”。

8.9.1　原理与方法

问题描述如下。

设有 $S_1, S_2, \cdots, S_m$ 共 m 个方案，每个方案都有 n 个不相同的属性 $Q_1, Q_2, \cdots, Q_n$，属性值的权重用区间数表示，记为 $w_t = [w_t^-, w_t^+]$，$0 \leqslant w_t^- \leqslant w_t^+ \leqslant 1$，$t=1, 2, \cdots, n$，且 $\sum_{t=1}^{n} w_t^- \leqslant 1$，$\sum_{t=1}^{n} w_t^+ \geqslant 1$。$n$ 个属性中有 $R(R \neq 0)$ 个属性值用具有等级含义的定性语言变量表示，T 个属性值用点实数表示，其余 $n-R-T$ 个属性值用区间数 $P_{kt} = [p_{kt}^-, p_{kt}^+](k=1,2,\cdots,m; t=1,2,\cdots,n-R-T)$ 表示，为简明起见，假定 P_{kt} 已通过规范化处理为越大越好型属性，且 $0 \leqslant p_{kt}^- \leqslant p_{kt}^+ \leqslant 1$。要求对 m 个方案按照从优到劣的顺序进行排序，确定最优方案。

上述区间数决策问题中既有用定性语言表达的属性值，又有用定量表达的属性值，对于定性属性值常需要转换成定量属性值进行数学建模，通常采用赋值的方法对定性属性值进行转换。

对定性语言属性值的赋值规则是根据属性的重要程度用数字来刻画，当考虑的属性值是越小越好型时，则对重要性强的属性赋小值，对重要性弱的属性赋大值，如重要的赋值 1(一级、一等、第一名……)，次重要的赋值 2(二级、二等、第二名……)，再次重要的赋值 3(三级、三等、第三名……)，以此类推。根据赋值约定将原始属性值中的全部定性语言变量替换成相应数字(值)；当考虑的属性值是越大越好型时，则对重要性强的赋大值，对重要性弱的赋小值。例如，最重要的赋值 1，最不重要的赋值 0。为了完整地保留语言变量的信息，有时也可以直接用区间数赋值。

混合型区间数决策问题决策步骤如下。

步骤 1：根据上述规则，对 R 个属性的定性语言变量赋值。

步骤 2：把由点实数形式表示的 T 个属性值改写成区间数形式，例如，$1=[1, 1]$，$2=[2,2]$，$0.9=[0.9,0.9]$等。

步骤 3：根据区间数向联系数转换公式，把各区间数转换成二元联系数，转换公式如下：

$$u_{kt} = \frac{p_{kt}^+ + p_{kt}^-}{2} + \frac{p_{kt}^+ - p_{kt}^-}{2} i \tag{8.9.1}$$

把各属性权重转换成二元联系数，转换公式如下：

$$w_t' = \frac{w_t^+ + w_t^-}{2} + \frac{w_t^+ - w_t^-}{2} i \tag{8.9.2}$$

步骤 4：利用下列公式对各属性值联系数做规范化处理。

对于效益型属性值联系数，规范化处理后所得联系数 u_{kt}' 为

$$u'_{kt}=\frac{u_{kt}}{\max\limits_{k}(u_{kt})},\quad k=1,2,\cdots,m;t=1,2,\cdots,n \tag{8.9.3}$$

对于成本型属性联系数，规范化后所得联系数 u'_{kt} 为

$$u'_{kt}=\frac{\min\limits_{k}(u_{kt})}{u_{kt}},\quad k=1,2,\cdots,m;t=1,2,\cdots,n,\quad u_{kt}\neq 0 \tag{8.9.4}$$

步骤 5：用以下决策模型计算

$$M(S_k)=\sum_{t=1}^{n}w'_t u'_{kt}=A_{kt}+B_{kt}i,\quad k=1,2,\cdots,m \tag{8.9.5}$$

式中，$M(S_k)$表示方案的决策值，简称决策联系数；w'_t表示用联系数表示的第 t 个属性的权重；称 A_{kt} 为方案决策值的主值，简称决策值主值。

步骤 6：根据方案决策值主值 A_{kt} 从大到小进行 m 个方案的排序，此为初排序，再对 $M(S_k)=A_{kt}+B_{kt}i$ 中的 i 作取值分析，检验初排序的稳定性。如初排序有变化，则进行排序变化原因的分析，据此作出终决策。

联系数的大小比较准则：对 $m(m\geqslant 2)$ 个二元联系数 $u_1=A_1+B_1i,u_2=A_2+B_2i,\cdots,u_m=A_m+B_mi(i\in[-1,1])$，若均有 $A_k>B_k$，则 A_k 大的联系数大于 A_k 小的联系数。

8.9.2 实例

电力系统黑启动是电力系统在出现大面积停电事故情况下的一种应急启动，作出应急启动的决策是一种带有诸多不确定性因素的多属性决策，通常由应急启动专家委员会根据电力系统的有关参数和专家经验，在若干应急预案中筛选出最优黑启动方案和次优黑启动方案并付诸实施。文献[28]利用文献[29]的原始数据给出了基于区间数的黑启动决策方法，其原始数据见表 8.9.1。

表 8.9.1 某电力系统黑启动 6 个候选方案的属性与属性值

方案(机组)	机组的额定容量/MW	机组所处状态	机组爬坡速率/(MW/h)	机组启动需要的电能/MW	变电站个数
S_1	300	冷态	[54,66]	15	5
S_2	200	热态	[29.97,36.63]	10	4
S_3	125	温态	[56.25,68.75]	6	3
S_4	125	冷态	[28.125,34.375]	6	3
S_5	50	热态	[15.03,18.37]	3	1
S_6	200	极热态	[51.3,62.7]	10	4
权重	[0.18,0.22]	[0.27,0.33]	[0.09,0.11]	[0.13,0.17]	[0.225,0.275]

属性说明:需要选取最优启动方案(机组),其中机组的额定容量和机组爬坡速率是效益型属性,机组启动需要的电能和变电站个数是成本型属性。对于机组所处状态,极热态比热态更容易启动,热态比温态更容易启动,温态比冷态更容易启动。当按“冷-热”次序依次赋由小到大的值时,该属性是效益型属性。

决策步骤如下。

步骤 1:对表 8.9.1 中的“冷-热”语言变量在[0,1]区间赋值,为简明起见,直接赋予区间值,分别为:冷态=[0.2,0.3],温态=[0.4,0.5],热态=[0.6,0.7],极热态=[0.8,0.9]。

步骤 2:把表 8.9.1 中的点实数改写为区间数,得到表 8.9.2。

表 8.9.2　某电力系统黑启动 6 个候选方案的区间数属性值

方案(机组)	机组的额定容量/MW	机组所处状态	机组爬坡速率/(MW/h)	机组启动需要的电能/MW	变电站个数
S_1	[300,300]	[0.2,0.3]	[54,66]	[15,15]	[5,5]
S_2	[200,200]	[0.6,0.7]	[29.97,36.63]	[10,10]	[4,4]
S_3	[125,125]	[0.4,0.5]	[56.25,68.75]	[6,6]	[3,3]
S_4	[125,125]	[0.2,0.3]	[28.125,34.375]	[6,6]	[3,3]
S_5	[50,50]	[0.6,0.7]	[15.03,18.37]	[3,3]	[1,1]
S_6	[200,200]	[0.8,0.9]	[51.3,62.7]	[10,10]	[4,4]
权重	[0.18,0.22]	[0.27,0.33]	[0.09,0.11]	[0.13,0.17]	[0.225,0.275]

步骤 3:把表 8.9.2 中的各区间数(属性值和权重)联系数化,得到表 8.9.3。

表 8.9.3　某电力系统黑启动 6 个候选方案的属性值联系数

方案(机组)	机组的额定容量(效益型)/MW	机组所处状态(效益型)	机组爬坡速率(效益型)/(MW/h)	机组启动需要的电能(成本型)/MW	变电站个数(成本型)
S_1	$300+0i$	$0.25+0.05i$	$60+6i$	$15+0i$	$5+0i$
S_2	$200+0i$	$0.65+0.05i$	$33.3+3.33i$	$10+0i$	$4+0i$
S_3	$125+0i$	$0.45+0.05i$	$62.5+6.25i$	$6+0i$	$3+0i$
S_4	$125+0i$	$0.25+0.05i$	$31.25+3.125i$	$6+0i$	$3+0i$
S_5	$50+0i$	$0.65+0.05i$	$16.7+1.67i$	$3+0i$	$1+0i$
S_6	$200+0i$	$0.85+0.05i$	$57+5.7i$	$10+0i$	$4+0i$
权重	$0.2+0.02i$	$0.3+0.03i$	$0.1+0.01i$	$0.15+0.02i$	$0.25+0.025i$

步骤 4:把表 8.9.3 中的各数据做规范化处理,得到表 8.9.4。

表 8.9.4 某电力系统黑启动 6 个候选方案的规范化属性值联系数

方案(机组)	机组的额定容量/MW	机组所处状态	机组爬坡速率/(MW/h)	机组启动需要的电能/MW	变电站个数
S_1	$1+0i$	$0.294+0.04i$	$0.96+0i$	$0.2+0i$	$0.2+0i$
S_2	$0.667+0i$	$0.765+0.01i$	$0.533+0i$	$0.3+0i$	$0.25+0i$
S_3	$0.417+0i$	$0.529+0.03i$	$1+0i$	$0.5+0i$	$0.33+0i$
S_4	$0.417+0i$	$0.294+0.04i$	$0.5+0i$	$0.5+0i$	$0.33+0i$
S_5	$0.167+0i$	$0.765+0.01i$	$0.267+0i$	$1+0i$	$1+0i$
S_6	$0.667+0i$	$1+0i$	$0.912+0i$	$0.3+0i$	$0.25+0i$
权重	$0.2+0.02i$	$0.3+0.03i$	$0.1+0.01i$	$0.15+0.02i$	$0.25+0.025i$

步骤 5:根据式(8.9.5)把表 8.9.4 中的各属性规范化联系数计入属性权重并求和,得到表 8.9.5。

表 8.9.5 某电力系统黑启动 6 个候选方案的决策联系数及排序

方案(机组)	决策联系数	主值	按主值排序	文献[28]排序
S_1	$0.4642+0.0606i$	0.4642	⑤	⑤
S_2	$0.5237+0.0572i$	0.5237	③	③
S_3	$0.4996+0.0624i$	0.4996	④	④
S_4	$0.3791+0.0536i$	0.3791	⑥	⑥
S_5	$0.6896+0.0773i$	0.6896	①	①
S_6	$0.6321+0.0647i$	0.6321	②	②

由表 8.9.5 可见,按本节给出的方法,以主值从大到小对各方案排序与文献[28]给出的排序结果完全一致;但由于方案 S_5 和方案 S_6 的主值 0.6896 和 0.6321 相当接近,需要考虑在不确定性条件下,它们之间的排序会不会逆转?为此作不确定分析,见表 8.9.6。

表 8.9.6 方案 S_5 与方案 S_6 的不确定性条件

$M(S_k)$	决策联系数	$i=-1$	$i=-0.75$	$i=-0.5$	$i=-0.25$	$i=0$	$i=0.25$	$i=0.5$	$i=0.75$	$i=1$
$M(S_5)$	$0.6896+0.0773i$	0.6123	0.6316	0.6510	0.6703	0.6896	0.7089	0.7283	0.7476	0.7669
$M(S_6)$	$0.6321+0.0647i$	0.5674	0.5836	0.5998	0.6159	0.6321	0.6483	0.6645	0.6806	0.6968

当把上述联系数中的 i 看做变量时,则 $M(S_5)$ 与 $M(S_6)$ 都是线性函数,因此,当 $M(S_5)$ 与 $M(S_6)$ 中的 i 同步取 $i=-1, i=-0.75, \cdots, i=1$ 时,都有 $M(S_5)>M(S_6)$,这可以从图 8.9.1 看出。

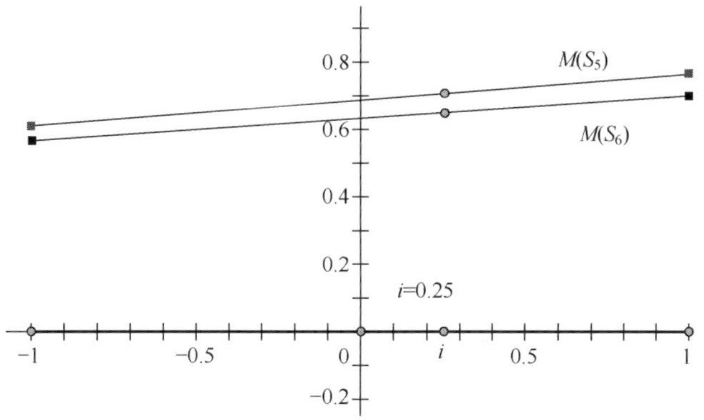

图 8.9.1　方案 S_5 与方案 S_6 的决策联系数的图像

但是,当 $M(S_5)$与 $M(S_6)$中的 i 不是同步取值时,则可能产生方案 S_5 与方案 S_6 的排序逆转的情况。例如,当 $M(S_5)$中的 $i=-1$ 时,$M(S_5)=0.6123$,此时,若 $M(S_6)$中的 i 取 $i\geqslant-0.5$,均有 $M(S_6)>M(S_5)$。类似地,当 $M(S_5)|_{i=-0.5}=0.6510$,而 $M(S_6)|_{i\geqslant0.5}\geqslant0.6645>0.6510$,从而导致方案 S_6 优于方案 S_5。

事实上,上述分析可以从统计的角度加以讨论。由表 8.9.6 可见,当 i 取表 8.9.6 所示的 9 个值时,$M(S_5)$与 $M(S_6)$总共有 $9\times9=81$ 个组合,依次考察这 81 个组合中方案 S_5 与方案 S_6 的排序,可知方案 S_5 优于方案 S_6 的组合有 64 个,方案 S_6 优于方案 S_5 的组合有 17 个,从而得到统计学意义上的结论为方案 S_5 优于方案 S_6,详见表 8.9.7。

表 8.9.7　方案 S_5 与方案 S_6 在不确定条件下的优劣统计

	第 1 组	第 2 组	第 3 组	第 4 组	第 5 组	第 6 组	第 7 组	第 8 组	第 9 组	合计
$M(S_5)$	0.6123	0.6316	0.6510	0.6703	0.6896	0.7089	0.7283	0.7476	0.7669	
$M(S_6)$	0.5674	0.5836	0.5998	0.6159	0.6321	0.6483	0.6645	0.6806	0.6968	
S_5 优于 S_6	3	4	6	7	8	9	9	9	9	64
S_6 优于 S_5	0	0	0	1	2	2	3	4	5	17

需要指出的是,本实例的方案排序在文献[28]中是方案 S_5 最优,方案 S_6 次优,而在文献[29]中是方案 S_6 最优,方案 S_5 次优,其余方案排序相同,究其原因,是因为文献[29]中还考虑了启动时间(min)这个属性,而文献[28]中则筛去了这个属性,本节为便于与文献[28]对照采用文献[28]中的属性和属性值。

8.10　基于联系数和前景理论的动态区间数决策

随机多准则决策问题指决策者所面临的各种自然状态为随机出现的一类不确

定性决策问题，主要体现为准则值是随机变量，在经济管理等领域有着广泛的应用。而这些随机变量获取决策新信息既可以来源于同一时期或阶段，也可能来自不同时期与阶段，呈现出动态的特点。

8.10.1 原理与方法

Tversky 和 Kahneman 提出的前景理论和累积前景理论能很好地反映决策者的主观风险偏好。

胡军华等在文献[30]中把集对分析理论与前景理论和累积前景理论相结合，提出了基于累积前景理论和集对分析的动态随机多准则决策方法，下面进行简单介绍。

1. 累积前景理论[31]

累积前景理论中，前景 V 值由价值函数 v 和决策权重函数 π 共同决定，表示为

$$V(f)=V(f^{+})+V(f^{-}) \tag{8.10.1}$$

$$V(f^{-})=\sum_{i=1}^{h}\pi_i^{-}v(x_i),\quad V(f^{+})=\sum_{i=h+1}^{n}\pi_i^{+}v(x_i) \tag{8.10.2}$$

给出了一种能很好地满足决策者面临收益时风险规避和面临损失时风险寻求的偏好特征的价值函数的形式，其具体表达式如下

$$v(x)=\begin{cases}x^{\alpha}, & x\geqslant 0\\ -\lambda(-x)^{\beta}, & x<0\end{cases} \tag{8.10.3}$$

式中，x 是决策方案相对于参考点的差值，x 为正时，表示收益，x 为负时，表示损失；α、β 分别为风险偏好和风险厌恶系数。Tversky 和 Kahneman 认为 $0<\alpha,\beta<1$，参数越大，越倾向于冒险，$\alpha=\beta=1$ 时，决策者可被视为风险中立者；λ 为损失规避系数，表示决策者对于损失更加敏感。

下面的收益和损失的决策权重函数采用文献[31]给出的形式，分别为

$$\pi_i^{+}=w^{+}\left(\sum_{j=i}^{n}p_j\right)-w^{+}\left(\sum_{j=i+1}^{n}p_j\right) \tag{8.10.4}$$

$$\pi_i^{-}=w^{-}\left(\sum_{j=1}^{n}p_j\right)-w^{-}\left(\sum_{j=1}^{n-1}p_j\right) \tag{8.10.5}$$

Prelec[32] 给出了 w^{+} 和 w^{-} 的函数形式

$$w^{+}\left(\sum_{j=h}^{n}p_j\right)=\exp\left(-\gamma^{+}\left[-\ln\left(\sum_{j=h}^{n}p_j\right)\right]^{\varphi}\right) \tag{8.10.6}$$

$$w^{-}\left(\sum_{j=h}^{n}p_j\right)=\exp\left(-\gamma^{+}\left[-\ln\left(\sum_{j=h}^{n}p_j\right)\right]^{\varphi}\right) \tag{8.10.7}$$

式中，$\gamma^{+}>0, \gamma^{-}>0, \varphi>0$。

2. 集对分析方法

定义 8.10.1　设 ψ_1、ψ_2 分别为定义域 R 上的两个相互独立的离散型随机变量，其概率质量函数分别为 $g_1(y)$、$g_2(y)$，且 $\sum\limits_{y=-\infty}^{+\infty} g_1(y)=1$，$\sum\limits_{y=-\infty}^{+\infty} g_2(y)=1$，$y_1$、$y_2$ 分别为随机变量 ψ_1、ψ_2 的可能取值，$g_\beta(y)$ 表示 $\psi_1-\psi_2$ 的概率密度函数，$p_{y_1=y_2}$ 表示 $\psi_1=\psi_2$ 的概率[33]，则有

$$g_\beta(y)=\sum_{y_1=-\infty}^{+\infty} g_2(y_1-y)g_1(y_1)=\sum_{y_2=-\infty}^{+\infty} g_1(y+y_2)g_2(y_2) \quad (8.10.8)$$

$$p_{y_1=y_2}=g_\beta(0)=\sum_{y_1=-\infty}^{+\infty} g_2(y_1)g_1(y_1)=\sum_{y_2=-\infty}^{+\infty} g_1(y_2)g_2(y_2) \quad (8.10.9)$$

则 $\psi_1>\psi_2$ 的概率定义为

$$p_{y_1>y_2}=\sum_{y=0}^{+\infty} g_\beta(y)=0.5p_{y_1=y_2} \quad (8.10.10)$$

式中，$\sum\limits_{y=0}^{+\infty} g_\beta(y)$ 表示 $\psi_1\geqslant\psi_2$ 的概率，显然有 $p_{y_1>y_2}+p_{y_2>y_1}=1$。

在随机多准则决策问题中，方案 s_i 和方案 s_k 的可能取值分别为离散型随机变量 X 和 Y，则对于效益型指标而言，根据式(8.10.10)计算方案 s_i 和方案 s_k 在问题 $s_i>s_k$ 下的同一度 $a=p(X>Y)$，方案 s_i 和方案 s_k 在问题 $s_i>s_k$ 下的对立度 $c=p(Y>X)$；对于成本型指标而言，方案 s_i 和方案 s_k 在问题 $s_i>s_k$ 下的同一度 $a=p(Y>X)$，方案 s_i 和方案 s_k 在问题 $s_i>s_k$ 下的对立度 $c=p(X>Y)$。

3. 动态随机多准则决策问题描述

对于某一动态随机多准则决策问题，设方案集 $S=\{s_1,s_2,\cdots,s_m\}$，准则集 $C=\{c_1,c_2,\cdots,c_n\}$，且各准则相互独立，$\boldsymbol{\omega}=(\omega_1,\omega_2,\cdots,\omega_n)^{\mathrm{T}}$ 为准则的加权向量，$\omega_j\in[0,1](j=1,2,\cdots,n)$，$\sum\limits_{j=1}^{n}\omega_j=1$。$t_b(b=1,2,\cdots,p)$ 为 p 个不同的时期，其权重向量为 $\boldsymbol{w}(t)=(w(t_1),w(t_2),\cdots,w(t_p))^{\mathrm{T}}$，$w(t_b)\in[0,1](b=1,2,\cdots,p)$，$\sum\limits_{b=1}^{p}w(t_b)=1$。设方案 $s_i(i=1,2,\cdots,m)$ 关于准则 $c_j(j=1,2,\cdots,n)$ 在时期 $t_b(b=1,2,\cdots,p)$ 的取值为 $X_{ij}(t_b)$，这里 $X_{ij}(t_b)$ 为离散型随机变量，其可能的取值为 x_{ijq}^{b}，相应的概率为 p_{ijq}^{b}，$p_{ijq}^{b}\in[0,1]$，$\sum\limits_{q=1}^{r}p_{ijq}^{b}=1$(这里假设有 r 种可能结果)。各个时期 $t_b(b=1,2,\cdots,p)$ 时各个准则 $c_j(j=1,2,\cdots,n)$ 下的初始随机决策矩阵为 $\boldsymbol{D}(t_b)$，$h_j(j=1,

$2,\cdots,n$) 表示各个准则 $c_j(j=1,2,\cdots,n)$ 下的参照点，则有如下定义。

定义 8.10.2 将随机变量 $X_{ij}(t_b)$的可能结果 x_{ijq}^b 进行排序，当 $x_{ijq}^b<h_j$ 时表示损失；当 $x_{ijq}^b=h_j$ 时表示不赢不亏；当 $x_{ijq}^b>h_j$ 时表示收益。在时期 t_b，方案 s_i 在准则 c_j 下的前景值为

$$V_{ij}^b(f)=V_{ij}^b(f^-)+V_{ij}^b(f^+)=\sum_{q=1}^{h}(\pi_q^b)^-v(x_{ijk}^b-h_j)+\sum_{q=h+1}^{r}(\pi_i^b)^+v(x_{ijk}^b-h_j) \tag{8.10.11}$$

$$v(x_{ijq}^b-h_j)=\begin{cases}(x_{ijq}^b-h_j)^\alpha, & x_{ijq}^b\geqslant h_j\\ -\lambda(-(x_{ijq}^b-h_j))^\beta, & x_{ijq}^b>h_j\end{cases} \tag{8.10.12}$$

$$(\pi_q^b)^+=w^+\left(\sum_{s=q}^{r}p_{ijs}^b\right)-w^+\left(\sum_{s=q+1}^{r}p_{ijs}^b\right) \tag{8.10.13}$$

$$(\pi_q^b)^-=w^-\left(\sum_{s=1}^{q}p_{ijs}^b\right)-w^-\left(\sum_{s=1}^{q-1}p_{ijs}^b\right) \tag{8.10.14}$$

$$w^+\left(\sum_{s=q}^{r}p_{ijs}^b\right)=\exp\left(-\gamma^+\left(-\ln\left(\sum_{s=q}^{r}p_{ijs}^b\right)\right)^\varphi\right) \tag{8.10.15}$$

$$w^-\left(\sum_{s=1}^{q}p_{ijs}^b\right)=\exp\left(-\gamma^-\left(-\ln\left(\sum_{s=1}^{q}p_{ijs}^b\right)\right)^\varphi\right) \tag{8.10.16}$$

进而得到各个时期的前景值矩阵 $\boldsymbol{V}(t_b)(b=1,2,\cdots,p)$。

定义 8.10.3 设 $\boldsymbol{V}(t_b)=(V_{ij}^b)_{m\times n}$ 是各时期 $t_b(b=1,2,\cdots,p)$下的前景值矩阵，且 $\boldsymbol{w}(t)=(w(t_1),w(t_2),\cdots,w(t_p))^{\mathrm{T}}$ 为时间序列 T 的权重向量，则令

$$\mathrm{DWGA}_{w(t)}(\boldsymbol{V}(t_1),\boldsymbol{V}(t_2),\cdots,\boldsymbol{V}(t_p))=\prod_{b=1}^{p}(V_{ij}^b)^{w(t_b)} \tag{8.10.17}$$

称式(8.10.17)为动态加权几何平均算子(dynamic weighted geometry averaging operator)，简称为 DWGA 算子。

4. 决策步骤

步骤 1：据式(8.10.11)～式(8.10.16)计算时期 $t_b(b=1,2,\cdots,p)$时各方案在各准则下的前景值 V_{ij}^b，得到各个时期的前景值矩阵 $\boldsymbol{V}(t_b)=(V_{ij}^b)_{m\times n}$。

步骤 2：由二项分布方法得到时间序列权重向量[34] $\boldsymbol{w}(t)=(w(t_1),w(t_2),\cdots,w(t_p))^{\mathrm{T}}$ 为

$$w(t_b)=C_{p-1}^{b-1}u(b-1)(1-u)^{p-1-(b-1)} \tag{8.10.18}$$

式中，$w(t_b)\in[0,1](b=1,2,\cdots,p)$，$\sum_{b=1}^{p}w(t_b)=1$；$u$ 为成功的概率，$u\in(0,1)$。

步骤 3：将不同时期的前景值矩阵进行规范化处理，得到规范化矩阵，再按式(8.10.17)集结不同时期的规范化矩阵，得到方案 $s_i(i=1,2,\cdots,m)$在各个准则 c_j

$(j=1,2,\cdots,n)$下的前景值矩阵$\boldsymbol{V}=(V_{ij})_{m\times n}$，根据离差最大化思想，建立如下优化模型：

$$\max(V(\omega))=\sum_{j=1}^{n}\sum_{i=1}^{m}\sum_{k=1}^{m}\mid v_{ij}-v_{kj}\mid\omega_j$$
$$\text{s. t.}\quad \omega_j\geqslant 0,\quad \sum_{j=1}^{n}\omega_j^2=1 \tag{8.10.19}$$

从而确定各准则 c_j 的权重$\boldsymbol{\omega}=(\omega_1,\omega_2,\cdots,\omega_n)$。

步骤 4：根据式(8.10.10)计算方案 s_i 和方案 s_k 在问题 $s_i>s_k$ 下的同一度 $a_{ij}(t_b)$和对立度 $c_{ij}(t_b)$。方案 s_i 在时期 $t_b(b=1,2,\cdots,p)$集对势为

$$\text{Shi}_{ij}=\frac{\sum_{j=1}^{n}\omega_j a_{ij}}{\sum_{j=1}^{n}\omega_j c_{ij}(t_b)} \tag{8.10.20}$$

此时，方案 s_i 的整体集对势 $\text{Shi}_i(t_b)=\sum_{i=1,i\neq j}^{m}\text{Shi}_{ij}(t_b)$。

步骤 5：时期 $t_b(b=1,2,\cdots,p)$时，方案 s_i 的整体势为 $\text{Shi}_i(t_b)$，则在整个考虑的时间周期内方案 s_i 的综合集对势为

$$\text{Shi}_i=\prod_{b=1}^{p}(\text{Shi}_i(t_b))^{w(t_b)} \tag{8.10.21}$$

最后，按照综合集对势序 Shi_i 对方案进行排序，Shi_i 越大，方案越优。

显而易见，方案 s_i 的 Shi_i 有如下性质。

(1) 传递性：若 $\text{Shi}_i>\text{Shi}_j$，$\text{Shi}_j>\text{Shi}_k$，则 $\text{Shi}_i>\text{Shi}_k$，即 $s_i>s_k$。

(2) 单调性：若对任意时期 $t_b(b=1,2,\cdots,p)$，都有 $\text{Shi}_i(t_b)>\text{Shi}_j(t_b)$，则 $\text{Shi}_i>\text{Shi}_j$。

(3) 幂等性：若对任意时期 $t_b(b=1,2,\cdots,p)$，有 $\text{Shi}_i(t_1)=\text{Shi}_i(t_2)=\cdots=\text{Shi}_i(t_p)=\theta$，则 $\text{Shi}_i=\theta$。

(4) 若时间序列权重 $\boldsymbol{w}(t)=(w(t_1),w(t_2),\cdots,w(t_p))^{\mathrm{T}}=\left(\frac{1}{p},\frac{1}{p},\cdots,\frac{1}{p}\right)^{\mathrm{T}}$，则

$$\text{Shi}_i=\prod_{b=1}^{p}(\text{Shi}_i(t_b))^{w(t_b)}=\prod_{b=1}^{p}(\text{Shi}_i(t_b))^{\frac{1}{p}}$$

8.10.2　实例

风险项目投资是风险投资公司的重要项目，但是在投资过程中确实存在很多

风险,所以决策者需要对各个项目的备选方案进行评估。现有 4 个风险投资备选方案,记为 s_1、s_2、s_3 和 s_4,需要对这 4 个备选方案进行排序。决策者需要同时考虑以下 4 个准则因素:成长性、收益、社会效益和环境影响,分别记为 c_1、c_2、c_3、c_4。其中,环境影响属于成本型指标,其余均属于效益型指标,所有准则均采用打分法,效益型指标的分值范围为 1(效益最低)~7 分(效益最高),成本型指标的分值范围为 1(损失最小)~7 分(损失最大),准则值为离散型随机变量,各个时期的准则值的分布函数如表 8.10.1~表 8.10.3 所示,试确定投资方案排序[30]。

表 8.10.1 初始随机决策矩阵 $D(t_1)$

准则	方案	得分						
		1	2	3	4	5	6	7
c_1	s_1	0	0.1	0.1	0.3	0.35	0.15	0
	s_2	0	0	0.1	0.4	0.3	0.2	0
	s_3	0	0.1	0.25	0.4	0.1	0.15	0
	s_4	0	0.05	0.3	0.4	0.2	0.05	0
c_2	s_1	0	0	0	0.2	0.3	0.2	0.3
	s_2	0	0	0.1	0.1	0.3	0.4	0.1
	s_3	0	0	0	0.15	0.35	0.35	0.15
	s_4	0	0	0	0.1	0.4	0.5	0
c_3	s_1	0	0	0.2	0.3	0.4	0.1	0
	s_2	0	0	0.2	0.5	0.2	0.1	0
	s_3	0	0	0.15	0.3	0.5	0.05	0
	s_4	0	0	0.05	0.5	0.3	0.1	0.05
c_4	s_1	0.05	0.2	0.4	0.2	0.1	0.05	0
	s_2	0	0.2	0.4	0.3	0.1	0	0
	s_3	0	0.3	0.3	0.3	0.1	0	0
	s_4	0	0	0.6	0.2	0.2	0	0

表 8.10.2 初始随机决策矩阵 $D(t_2)$

准则	方案	得分						
		1	2	3	4	5	6	7
c_1	s_1	0.1	0.1	0.2	0.3	0.2	0.1	0
	s_2	0	0.2	0.3	0.3	0.2	0	0
	s_3	0	0.15	0.35	0.35	0.15	0	0
	s_4	0	0.2	0.2	0.3	0.3	0	0

续表

准则	方案	得分						
		1	2	3	4	5	6	7
c_2	s_1	0	0	0.1	0.2	0.3	0.4	0
	s_2	0	0	0.05	0.2	0.25	0.4	0.1
	s_3	0	0	0.15	0.15	0.2	0.3	0.2
	s_4	0	0	0.1	0.2	0.25	0.35	0.1
c_3	s_1	0	0.1	0.1	0.3	0.4	0.1	0
	s_2	0	0.05	0.1	0.4	0.35	0.1	0
	s_3	0	0.05	0.15	0.25	0.35	0.2	0
	s_4	0	0.1	0.15	0.15	0.5	0.1	0
c_4	s_1	0	0.3	0.4	0.2	0.1	0	0
	s_2	0	0.25	0.45	0.2	0.1	0	0
	s_3	0.05	0.2	0.45	0.1	0.2	0	0
	s_4	0	0.25	0.5	0.15	0.1	0	0

表 8.10.3　初始随机决策矩阵 $D(t_3)$

准则	方案	得分						
		1	2	3	4	5	6	7
c_1	s_1	0	0.2	0.25	0.3	0.25	0	0
	s_2	0	0.15	0.2	0.4	0.25	0	0
	s_3	0	0.1	0.3	0.4	0.2	0	0
	s_4	0	0.1	0.2	0.4	0.3	0	0
c_2	s_1	0	0	0.05	0.15	0.25	0.45	0.1
	s_2	0	0	0.1	0.1	0.35	0.35	0.1
	s_3	0	0.05	0.05	0.1	0.5	0.2	0.1
	s_4	0	0	0.2	0.1	0.2	0.3	0.2
c_3	s_1	0	0	0.15	0.35	0.3	0.1	0.1
	s_2	0	0	0.1	0.3	0.4	0.1	0.1
	s_3	0	0.05	0.15	0.2	0.3	0.2	0.1
	s_4	0	0.05	0.1	0.25	0.4	0.15	0.5
c_4	s_1	0	0.35	0.45	0.15	0.05	0	0
	s_2	0.1	0.2	0.2	0.4	0.1	0	0
	s_3	0	0.3	0.45	0.2	0.05	0	0
	s_4	0	0.3	0.4	0.3	0	0	0

决策步骤如下。

(1) 投资者认为成长性、收益、社会效益和环境影响的参照点分别为 4、6、5 和 3，根据式(8.10.11)～式(8.10.16)计算不同时期各方案在各准则下的前景值 V_{ij}^b，得到各个时期的前景值矩阵 $\boldsymbol{V}(t_b)=(V_{ij}^b)_{4\times4}(b=1,2,3)$，如表 8.10.4、表 8.10.5 和表 8.10.6 所示。根据文献[31]，式(8.10.12)中价值函数的参数 α、β 和 λ 的取值为 $\alpha=\beta=0.88$，$\lambda=2.25$。式(8.10.15)、式(8.10.16)中决策权重函数的参数 γ^+、γ^- 和 φ，根据文献[35]中的建议值，取 $\gamma^+=0.9$，$\gamma^-=0.8$ 和 $\varphi=1$。

表 8.10.4 同时期各方案在各准则下的前景值(1)

方案	t_1			
	c_1	c_2	c_3	c_4
s_1	2.3624	2.1500	1.8231	2.2303
s_2	2.7589	1.4665	1.5700	2.1962
s_3	1.8671	1.9536	1.8256	2.3512
s_4	1.7643	1.6735	2.1175	1.7093

表 8.10.5 同时期各方案在各准则下的前景值(2)

方案	t_2			
	c_1	c_2	c_3	c_4
s_1	1.2648	1.0262	1.4665	2.4657
s_2	1.1308	1.5761	1.5988	2.3898
s_3	1.1324	1.4171	1.8501	2.4504
s_4	1.3868	1.3207	1.5428	2.4458

表 8.10.6 同时期各方案在各准则下的前景值(3)

方案	t_3			
	c_1	c_2	c_3	c_4
s_1	1.2608	1.6780	2.2860	2.6910
s_2	1.4482	1.4055	2.4456	2.4820
s_3	1.4052	1.9727	2.3130	2.5624
s_4	1.6576	1.2895	2.0936	2.5465

(2) 投资者认为成功的概率 $u=0.6$，根据式(8.10.18)得到时间序列权重为 $\boldsymbol{w}(t)=(0.16,0.48,0.36)^{\mathrm{T}}$。

(3) 对前景值矩阵 $\boldsymbol{V}(t_1)$、$\boldsymbol{V}(t_2)$ 和 $\boldsymbol{V}(t_3)$ 进行规范化处理，按式(8.10.17)集结不同时期的规范化前景矩阵 $\boldsymbol{V}$，得到前景矩阵 $\boldsymbol{V}$，再根据式(8.10.19)得各准则的

权重为 $\boldsymbol{\omega}=(0.3472,0.3467,0.1512,0.1549)^{\mathrm{T}}$。

(4) 按公式 $\mathrm{Shi}_i(t_b)=\sum_{i=1,i\neq j}^{m}\mathrm{Shi}_{ij}(t_b)$ 计算方案 $s_i(i=1,2,3,4)$ 在各时期 $t_b(b=1,2,3)$ 的集对势，如表 8.10.7 所示。

表 8.10.7　方案在不同时期的集对势

方案	t_1	t_2	t_3
s_1	3.9620	2.7092	2.7565
s_2	3.6443	2.9380	3.4890
s_3	2.3456	3.1650	2.3671
s_4	2.5210	3.2307	3.6737

(5) 按公式 $\mathrm{Shi}_i=\prod_{b=1}^{p}(\mathrm{Shi}_i(t_b))^{w(t_b)}$ 计算方案 s_i 的综合集对势，计算得到 $\mathrm{Shi}_1=2.8971$，$\mathrm{Shi}_2=3.2352$，$\mathrm{Shi}_3=2.7173$，$\mathrm{Shi}_4=3.2520$，按综合集对势从大到小的顺序对方案进行排序，得到方案的排序 $s_4\succ s_2\succ s_1\succ s_3$。

以上基于累积前景理论和集对分析理论，胡军华等提供了一种对决策信息来自不同时期的动态随机多准则决策问题的决策方法。但集对分析的最新研究表明：随机试验中的随机事件成对存在，例如，在随机摸球的随机试验中，如果袋子中只有白球没有其他颜色的球，就不存在摸到白球的随机性，摸到白球的概率恒为 1，也就是 P(白球)$\equiv 1$，当 P(白球)$\neq 1$ 时，说明袋子中同时存在非白色的球，这时的概率 $P(P\neq 1)$ 需要联系数化为 $P+(1-P)i,i\in(-\infty,+\infty)$[21-22,25]。这样，基于经典概率理论的累积前景理论需要扩展为基于集对分析联系概率的累积前景理论，前面介绍的基于累积前景理论的随机多准则决策方法以及所得到的决策结论因而需要作新的研究。

8.11　基于联系数和马尔可夫链的动态区间数决策

一般情况下，对不确定性决策问题常常从静态的角度进行讨论，但是在科研和生产活动中存在大量动态的不确定性决策问题。孙晋众等为此建立了基于马尔可夫链的集对分析动态模型[36]，并将其应用于人力资源动态绩效的评价与预测，由于其思路完全可以用于动态区间数决策问题的研究，特在下面介绍“孙晋众-陈世权动态决策模型”。

8.11.1　原理与方法

从前面已经知道，集合 A 与集合 B 构成的集对 (A,B) 的联系度为

$$\mu=\frac{S}{N}+\frac{P}{N}i+\frac{Q}{N}j,\quad \frac{S}{N}+\frac{P}{N}+\frac{Q}{N}=1,\quad i\in[0,1],\quad j=-1 \tag{8.11.1}$$

式中，N 表示集对 (A,B) 的特性总和，S 表示相同的特性总数，P 表示既不相同也不对立的特性总数，Q 表示对立的特性总数。

也可以记为

$$\mu=a+bi+cj,\quad i\in[0,1],\quad j=-1,\quad a+b+c=1 \tag{8.11.2}$$

在多指标决策问题中，若共有 N 个考核指标，且每个考核指标的权重为 $w_k(k=1,2,\cdots,N)$，$\sum_{k=1}^{N}w_k=1$，其中具有相同特性的各指标权重之和为 $\sum_{k=1}^{S}w_k$，具有既不相同也不对立的特性的权重之和为 $\sum_{k=S+1}^{S+P}w_k$，具有对立特性的权重之和为 $\sum_{k=S+P+1}^{N}w_k$，则有

$$\mu=\sum_{k=1}^{S}w_k+\sum_{k=S+1}^{S+P}w_ki+\sum_{k=S+P+1}^{N}w_kj \tag{8.11.3}$$

式中，$\sum_{k=1}^{S}w_k+\sum_{k=S+1}^{S+P}w_k+\sum_{k=S+P+1}^{N}w_k=1$。

在考核指标的数值发生变化的动态情况下，借助研究系统状态转移规律的马尔可夫链，在分析集对的同异反特性变化规律的基础上，建立基于马尔可夫链的集对分析动态模型。

首先考虑集对在 t 时刻的同异反特性的联系度表示。假设在 t 时刻，N 个特性中有 $S^{(t)}$ 个特性相同，$P^{(t)}$ 个特性既不相同也不对立，$Q^{(t)}$ 个特性对立，且满足 $S^{(t)}+P^{(t)}+Q^{(t)}=N$，将 N 个特性按 $S^{(t)}$、$P^{(t)}$、$Q^{(t)}$ 的顺序排序并连续编号，且各个特性在 t 时刻重编后的序号对应的权重为 $w_k^{(t)}$，那么 t 时刻的联系度记为

$$\mu^{(t)}=a^{(t)}+b^{(t)}i+c^{(t)}j=\sum_{k=1}^{S^{(t)}}w_k^{(t)}+\sum_{k=S^{(t)}+1}^{S^{(t)}+P^{(t)}}w_k^{(t)}i+\sum_{k=S^{(t)}+P^{(t)}+1}^{N}w_k^{(t)}j \tag{8.11.4}$$

式中，$\sum_{k=1}^{S^{(t)}}w_k^{(t)}+\sum_{k=S^{(t)}+1}^{S^{(t)}+P^{(t)}}w_k^{(t)}+\sum_{k=S^{(t)}+P^{(t)}+1}^{N}w_k^{(t)}=1$。

其次考虑集对 (A,B) 在 $[t,t+T]$ 期间的特性的同异反变化。若集对 (A,B) 在 $[t,t+T]$ 期间（T 为变化周期）原有的同异反特性发生了变化，可能有的同异反特性保持不变，而有的则可能转化为其他同异反特性。

下面分别考虑相同特性总数 $S^{(t)}$、既不相同也不对立（相异）特性总数 $P^{(t)}$ 以及互相对立特性总数 $Q^{(t)}$ 在 $t+T$ 时刻的转化情况。

设在 $t+T$ 时刻，原有的 $S^{(t)}$ 个相同特性中仍有 S_{t1} 个相同特性数，S_{t2} 个转变为既不相同又不对立特性数，S_{t3} 个转变为对立特性数（$S_{t1}+S_{t2}+S_{t3}=S^{(t)}$），则 $S^{(t)}$ 个相同特性在 $[t,t+T]$ 周期内的转移向量（经归一化处理）为

$$\boldsymbol{S}=(M_{11},M_{12},M_{13})=\frac{1}{\alpha^{(t)}}\left(\sum_{k=1}^{S_{t1}}w_k^{(t)},\sum_{k=S_{t1}+1}^{S_{t1}+S_{t2}}w_k^{(t)},\sum_{k=S_{t1}+S_{t2}+1}^{S^{(t)}}w_k^{(t)}\right)\tag{8.11.5}$$

式中，$M_{11}+M_{12}+M_{13}=1$；$\alpha^{(t)}=\sum_{k=1}^{S^{(t)}}w_k^{(t)}$。

同理，$P^{(t)}$个相异特性的转移向量为

$$\boldsymbol{P}=(M_{21},M_{22},M_{23})=\frac{1}{\beta^{(t)}}\left(\sum_{k=S^{(t)}+1}^{S^{(t)}+P_{t1}}w_k^{(t)},\sum_{k=S^{(t)}+P_{t1}+1}^{S^{(t)}+P_{t1}+P_{t2}}w_k^{(t)},\sum_{k=S^{(t)}+P_{t1}+P_{t2}+1}^{S^{(t)}+P^{(t)}}w_k^{(t)}\right)\tag{8.11.6}$$

式中，P_{t1}、P_{t2}和P_{t3}是$P^{(t)}$中在$[t,t+T]$时刻的相同特性数、差异特性数和对立特性数。且满足$P_{t1}+P_{t2}+P_{t3}=P_t$及$M_{21}+M_{22}+M_{23}=1$，$\beta^{(t)}=\sum_{k=S^{(t)}+1}^{S^{(t)}+P^{(t)}}w_k^{(t)}$。

$Q^{(t)}$个对立特性的转移向量为

$$\boldsymbol{Q}=(M_{31},M_{32},M_{33})=\frac{1}{\gamma^{(t)}}\left(\sum_{k=S^{(t)}+P^{(t)}+1}^{S^{(t)}+P^{(t)}+Q_{t1}}w_k^{(t)},\sum_{k=S^{(t)}+P^{(t)}+Q_{t1}+1}^{S^{(t)}+P^{(t)}+Q_{t1}+Q_{t2}}w_k^{(t)},\sum_{k=S^{(t)}+P^{(t)}+Q_{t1}+Q_{t2}+1}^{S^{(t)}+P^{(t)}+Q^{(t)}}w_k^{(t)}\right)\tag{8.11.7}$$

式中，Q_{t1}、Q_{t2}和Q_{t3}是$Q^{(t)}$中在$[t,t+T]$时刻的相同特性数、差异特性数和对立特性数。且满足$Q_{t1}+Q_{t2}+Q_{t3}=Q^{(t)}$及$M_{31}+M_{32}+M_{33}=1$，$\gamma^{(t)}=\sum_{k=S^{(t)}+P^{(t)}+1}^{S^{(t)}+P^{(t)}+Q^{(t)}}w_k^{(t)}$。因此，集对$(A,B)$在$[t,t+T]$期间的同异反转移矩阵为

$$\boldsymbol{M}-\begin{bmatrix}M_{11}&M_{12}&M_{13}\\M_{21}&M_{22}&M_{23}\\M_{31}&M_{32}&M_{33}\end{bmatrix}\tag{8.11.8}$$

在$t+T$时刻，集对的联系度表达式为

$$\mu^{(t+T)}=a^{(t+T)}+b^{(t+T)}i+c^{(t+T)}j=(a^{(t)},b^{(t)},c^{(t)})\cdot\boldsymbol{M}\cdot\begin{bmatrix}1\\i\\j\end{bmatrix}\tag{8.11.9}$$

式中，“·”表示矩阵的乘法。

假设每个周期的转移矩阵都相同，即转移矩阵$\boldsymbol{M}$为常数矩阵，那么n个周期之后(A,B)的联系度为

$$\mu^{(t+nT)}=a^{(t+nT)}+b^{(t+nT)}i+c^{(t+nT)}j=(a^{(t)},b^{(t)},c^{(t)})\cdot\boldsymbol{M}^{nT}\cdot\begin{bmatrix}1\\i\\j\end{bmatrix}\tag{8.11.10}$$

式中，$\boldsymbol{M}^{nT}$符合查普曼-柯尔莫哥洛夫方程，即随着 n 的增加，$\boldsymbol{M}^{nT}$渐趋稳定。因此，t 时刻的联系度在经过多个周期的转移后，最后将趋于稳定的形式 $\hat{\mu}$。若设$\hat{\mu}=\hat{a}+\hat{b}i+\hat{c}j$ 为最后趋于稳定的联系度，则根据马尔可夫链的性质有

$$(\hat{a},\hat{b},\hat{c})=(\hat{a},\hat{b},\hat{c})\cdot \boldsymbol{M} \tag{8.11.11}$$

考虑到联系度的归一化条件 $\hat{a}+\hat{b}+\hat{c}=1$，因而有方程组

$$\begin{cases}(\hat{a},\hat{b},\hat{c})\cdot(\boldsymbol{I}-\boldsymbol{M})=0\\ \hat{a}+\hat{b}+\hat{c}=1\end{cases} \tag{8.11.12}$$

式中，$\hat{a},\hat{b},\hat{c}>0$，$\boldsymbol{I}$ 为单位矩阵。

解此方程组，就可求得$\langle A,B\rangle$稳定的联系度

$$\hat{\mu}=\hat{a}+\hat{b}i+\hat{c}j,\quad i\in[0,1],\quad j=-1 \tag{8.11.13}$$

8.11.2　实例

在人力资源管理中，客观、公正地对人力资源的绩效进行评价，最大限度地调动员工的积极性、创造性，是人力资源管理部门必须认真解决的问题。人力资源的绩效评价指标体系按如下方式建立[37]：一级指标为品德要素、智力要素、能力要素和绩效要素，二级指标体系和权重以及某一企业对一名员工进行了连续半年的月考评，考评数据如表 8.11.1 所示。表中，A 代表优秀，表示员工在该指标达到了公司的要求；B 代表良好，表示与公司的要求有一定差异；C 代表一般，表示不满足公司的要求。

表 8.11.1　某员工连续半年的月考评数据

一级指标	二级指标	权重	1月	2月	3月	4月	5月	6月
品德要素	事业心	0.020	A	B	B	A	A	C
	职业道德	0.010	B	A	C	A	B	C
	工作作风	0.010	C	C	A	C	C	B
	竞争意识	0.015	B	B	B	A	B	B
	纪律性	0.010	B	B	B	B	B	A
	协作精神	0.010	C	A	C	A	C	A
	责任心	0.025	A	C	B	C	B	A
智力要素	专业知识	0.060	B	B	A	B	A	C
	体质精力	0.030	C	C	A	B	C	B
	工作毅力	0.020	A	A	C	C	C	C
	记忆力	0.010	A	B	C	A	C	C
	观察力	0.010	C	B	B	A	B	B
	综合知识面	0.040	C	C	B	B	B	C
	学识水平	0.030	B	A	B	C	B	A

续表

一级指标	二级指标	权重	1 月	2 月	3 月	4 月	5 月	6 月
	动手能力	0.080	A	B	A	B	C	B
	决策能力	0.080	A	C	A	A	A	C
	应变能力	0.020	B	B	C	C	C	B
	协作能力	0.040	B	B	B	A	B	A
能力要素	计划能力	0.040	C	C	B	B	B	A
	独立工作能力	0.080	C	B	B	C	A	B
	判断能力	0.020	A	C	A	C	A	C
	组织能力	0.020	A	A	B	A	B	C
	沟通能力	0.020	A	B	B	B	C	B
	工作数量	0.060	B	C	C	B	C	A
	工作质量	0.060	B	A	A	C	B	B
绩效要素	工作成效	0.045	C	C	B	B	B	C
	工作效率	0.045	C	B	C	B	A	A
	工作业绩	0.090	B	B	A	B	B	A

下面采用这些数据对该员工进行集对动态分析。

步骤 1：根据表 8.11.1 中的数据计算该员工在 1～6 月的绩效评价为优秀(A)、良好(B)和一般(C)的权重之和，得到的考评结果见表 8.11.2(注：表 8.11.2 为本书作者补充)。

表 8.11.2 该员工 1～6 月绩效评价指标权重考评结果

评价 \ 月份	1 月	2 月	3 月	4 月	5 月	6 月
A	0.2950	0.1500	0.4300	0.2150	0.3050	0.3500
B	0.3950	0.5000	0.3950	0.5000	0.4350	0.3250
C	0.3100	0.3500	0.1750	0.2650	0.2600	0.3250

从表 8.11.2 的数据可得，该员工 1～6 月的绩效评价联系度 $\mu_t = A_t + B_t i + C_t j\,(t=1,2,\cdots,6)$ 分别为

$$\mu_1 = 0.2950 + 0.3950i + 0.3100j,\quad \mu_2 = 0.1500 + 0.5000i + 0.3500j$$

$$\mu_3 = 0.4300 + 0.3950i + 0.1750j,\quad \mu_4 = 0.2150 + 0.5200i + 0.2650j$$

$$\mu_5 = 0.3050 + 0.4350i + 0.2600j,\quad \mu_6 = 0.3500 + 0.3250i + 0.3250j$$

步骤 2：计算各月间同异反转移矩阵。以 1～2 月的同异反转移情况为例，见表 8.11.3(注：表 8.11.3 为本书作者补充)。

表 8.11.3　该员工 1～2 月的绩效评价转移情况

转移情况	转移个数	权重之和	归一化处理
A→A	2	0.04	0.1356
A→B	4	0.13	0.4407
A→C	3	0.125	0.4237
总计	9	0.295	1

同理可以计算出该员工在 1～2 月绩效评价 B 的转移 B→A，B→B、B→C 情况以及绩效评价 C 的转移 C→A，C→B、C→C 的情况统计。从而得同异反转移矩阵为

$$\boldsymbol{M}_{1\sim2}=\begin{bmatrix}0.1356 & 0.4407 & 0.4237\\ 0.2532 & 0.5949 & 0.1519\\ 0.0332 & 0.4335 & 0.5323\end{bmatrix}$$

同理，可得 2～3 月、3～4 月、4～5 月、5～6 月的同异反转移矩阵分别为

$$\boldsymbol{M}_{2\sim3}=\begin{bmatrix}0.4000 & 0.3333 & 0.2677\\ 0.4600 & 0.3900 & 0.1500\\ 0.4000 & 0.4286 & 0.1714\end{bmatrix},\quad \boldsymbol{M}_{3\sim4}=\begin{bmatrix}0.1860 & 0.6047 & 0.2093\\ 0.2658 & 0.3924 & 0.3418\\ 0.1714 & 0.6000 & 0.2286\end{bmatrix}$$

$$\boldsymbol{M}_{4\sim5}=\begin{bmatrix}0.4651 & 0.4419 & 0.0930\\ 0.2019 & 0.4327 & 0.3654\\ 0.3773 & 0.4340 & 0.1887\end{bmatrix},\quad \boldsymbol{M}_{5\sim6}=\begin{bmatrix}0.1457 & 0.2623 & 0.5902\\ 0.5402 & 0.1954 & 0.2644\\ 0.5769 & 0.3077 & 0.1154\end{bmatrix}$$

步骤 3：计算 6 个月的加权转移矩阵。

按照越是近期数据权重越大的原则，取各月转移矩阵的权重为 $\boldsymbol{W}=(0.10, 0.15, 0.20, 0.25, 0.30)$，计算 5 个矩阵对应位置元素的加权之和，就得到这半年的加权转移矩阵为

$$\boldsymbol{M}=\begin{bmatrix}0.2713 & 0.4042 & 0.3247\\ 0.3600 & 0.3633 & 0.2767\\ 0.3649 & 0.4286 & 0.2065\end{bmatrix}$$

另外，根据该员工 1～6 月的绩效评价联系度，可计算出 1～6 月平均（等权）绩效联系度表达式为

$$\mu=0.2908+0.4283i+0.2808j$$

以此为基础，据式（8.11.9）预测该员工在 7 月份的绩效联系度为

$$\mu_7=\mu\boldsymbol{M}\cdot\begin{bmatrix}1\\ i\\ j\end{bmatrix}=\begin{bmatrix}0.2908 & 0.4283 & 0.2808\end{bmatrix}\begin{bmatrix}0.2713 & 0.4042 & 0.3247\\ 0.3600 & 0.3633 & 0.2767\\ 0.3649 & 0.4286 & 0.2065\end{bmatrix}\begin{bmatrix}1\\ i\\ j\end{bmatrix}$$

$$=0.3355+0.3935i+0.2709j$$

从该员工各月的绩效联系度看，表现很不稳定。1月、2月、4月、5月表现属中等，3月、6月属优秀，而且预测其7月的表现也属中等。若转移矩阵 $\boldsymbol{M}$ 保持不变，那么经过一段时间的调整，该员工最终的表现由下面的方程组求得：

$$\begin{cases}(\hat{a},\hat{b},\hat{c})\begin{bmatrix}0.7287 & -0.4042 & -0.3247\\ -0.3600 & 0.6367 & -0.2767\\ -0.3649 & -0.4286 & 0.7935\end{bmatrix}=0\\ \hat{a}+\hat{b}+\hat{c}=1\end{cases}$$

解方程组求得

$$\hat{a}=0.3319,\quad \hat{b}=0.3947,\quad \hat{c}=0.2734$$

即稳态联系度为

$$\hat{\mu}=\hat{a}+\hat{b}i+\hat{c}j=0.3319+0.3947i+0.2734j$$

若按“比例取值法”取 $i=0.6631$，且 $j=-1$，则 $\hat{\mu}=0.3202$。从绩效联系度看，该员工稳定表现判定为中等。

在以上实例中，如果采用“0～100的百分制”定量表示优(91～100)、良(80～90)、一般(61～79)，或者把各考评指标的权重也用区间数表示，则上述“孙晋众-陈世权动态决策模型”就变为基于区间数的动态决策模型，计算时会相对灵活，但也相对复杂。另外要注意该模型的适用条件，适宜于有多次评价的场合，评价次数越多越好，才能作出科学的决策。从方法论的角度看，将集对分析与马尔可夫链结合研究动态决策问题，不失为是一个重要的研究方向，特别是概率联系数化后的马尔可夫链含有更丰富的信息[21-25]。

参考文献

[1] 叶跃祥，糜仲春，王宏宇，等. 一种基于集对分析的区间数多属性决策方法[J]. 系统工程与电子技术，2006，28(9)：1344-1347.

[2] 刘秀梅，赵克勤. 属性等级和属性值均为区间数的多属性决策集对分析[J]. 模糊系统与数学，2012，26(6)：124-131.

[3] 徐泽水，孙在东. 一类不确定型多属性决策问题的排序方法[J]. 管理科学学报，2002，5(3)：35-39.

[4] 刘俊娟，王炜，程义林. 基于梯形隶属函数的区间数模糊评价方法[J]. 系统工程与电子技术，2009，31(2)：390-392.

[5] 王国平，杨洁，王洪光. 五元联系数在地表水环境质量评价中的应用[J]. 安全与环境学报，2006，6(6)：21-24.

[6] Zhang S B. Application of osculating value method on environmental quantity assessment[J]. Environmental Protection，1989(8)：14-151.

[7] Wang G P，Yang J，Wang H G. A method of the state power ordering of the four-element connection number[C]//中国人工智能进展. Beijing：Beijing University of Posts and Tele-

communications(BUPT) Press,2005:879-883.

[8] 冯莉莉,高军省.基于六元联系数的水质综合评价模型[J].灌溉排水学报,2011,30(1):121-124.

[9] 王文圣,金菊良,丁晶,等.水资源系统评价新方法——集对评价法[J].中国科学E辑:技术科学,2009,39(9):1529-1534.

[10] 邹志红,孙靖南,任广平.模糊评价因子的熵权法赋权及其在水质评价中的应用[J].环境科学学报,2005,25(4):552-556.

[11] 王艳芳.灌溉水质综合评价的熵权可拓模型[J].灌溉排水学报,2009,28(3):73-76.

[12] 王敏,毛晓敏,尚松浩,等.五元联系数在黄河健康评价中的应用[J].水资源与水工程学报,2010,21(1):1-4.

[13] 谭永明.济南市小清河水质评价及环境需水量研究[D].济南:山东大学,2009:30-32.

[14] 王万军.一种基于集对决策的偏联系数方法[J].甘肃联合大学学报(自然科学版) 2009,23(3):43-45.

[15] 赵克勤.偏联系数[C]//中国人工智能进展.北京:北京邮电大学出版社,2005:884-886.

[16] 王万军.基于集对逻辑的推理[J].甘肃联合大学学报(自然科学版),2005,19(3):15-16.

[17] 张传芳,杨春玲.区间型联系数及其在多属性决策中的应用[J].数学的实践与认识.2012,13(42):61-67.

[18] 汪新凡,王坚强,杨恶恶.基于二元联系数集结算子的多准则群决策方法[J].控制与决策,2013,28(11):1630-1636.

[19] 汪泽焱,顾红芳,益晓新,等.一种基于熵的线性组合赋权法[J].系统工程理论与实践,2003,23(3):112-116.

[20] Xu Z S. An overview of methods for determining OWA weights[J]. Int J of Intelligent Systems,2005,20(8):843-865.

[21] 赵森烽,赵克勤.概率联系数化的原理及其在概率推理中的应用[J].智能系统学报,2012,7(3):200-205.

[22] 赵森烽,赵克勤.几何概型的联系概率(复概率)与概率的补数定理[J].智能系统学报,2013,8(1):11-15.

[23] 赵森烽,赵克勤.联系概率的由来及其在风险决策中的应用[J].数学的实践与认识,2013,43(3):165-171.

[24] 赵森烽,赵克勤.基于赵森烽-克勤概率的新型风险决策[C]//决策科学与系统分析.北京:知识产权出版社,2013:186-192.

[25] 赵森烽,赵克勤.频率型联系概率与随机事件转化定理[J].智能系统学报,2014,9(1):53-59.

[26] 胡启洲,吴娟.基于多维联系数的城市交通安全态势监控模型[J].中国安全科学学报 2011,21(10):16-22.

[27] 刘秀梅,赵克勤.区间数伴语言变量的混合多属性决策[J].模糊系统与数学,2014,28(1):113-118.

[28] 王宏,林振智,文福栓,等.基于区间数的黑启动决策方法[J].电力系统自动化,2013,

37(11):26-32.

[29] 董张卓,焦建林,孙良宏.用层次分析法安排电力系统事故后火电机组恢复的次序[J].电网技术,1997,21(6):48-54.

[30] 胡军华,杨柳,刘咏梅.基于累积前景理论的动态随机多准则决策方法[J].软科学,2012,26(2):132-135.

[31] Tversky A,Kahneman D. Advances in prospect theory:cumulative representation of uncertainty[J]. Journal of Risk and Uncertainty,1992,5(4) :297-323.

[32] Prelec D. Compound Invariant Weighting Functions in Prospect Theory[M]. Cambridge: Cambridge University Press,2000.

[33] Fan Z,Liu Y,Feng B. A method for stochastic multiple criteria decision making based on pairwise comparisons of alternatives with random evaluations[J]. European Journal of Operational Research,2010,207:906-915.

[34] Xu Z,Chen J. Binomial distribution based approach to deriving time series weights[C]//The IEEE International Conference on Industrial Engineering and Engineering Management,Singapore,2007:154-158.

[35] Goda K,Hong H. Application of cumulative prospect theory:implied seismic design preference[J]. Structural Safety,2008,30(6):506-516.

[36] 孙晋众,陈世权.一种集对分析的动态模型及其应用[J].系统工程,2004,22(5):35-38.

[37] 肖作平,李玉宝.模糊集合在人力资源绩效考评中的应用[J].商业研究,2002,(7):1-4.

第 9 章　基于赵森烽-克勤概率的新型风险决策与问题

区间数决策因区间数的不确定性而成为一种不确定性决策，对区间数决策作不确定性分析因而成为必需。但从实际效用的角度看，在不确定分析基础上作出的决策仍然存在风险，也就是存在决策结果不符合实际的可能，基于风险考虑的决策简称风险决策，经典的风险决策是基于经典概率的决策，但集对分析的最新研究表明，经典概率需要联系数化，联系数化后的概率也称为"赵森烽-克勤概率"，或称为"联系概率"，基于"赵森烽-克勤概率"的风险决策比经典风险决策有更丰富的内容，决策结论也更符合实际情况。为此，本章先介绍"赵森烽-克勤概率"的由来，再介绍基于赵森烽-克勤概率的新型风险决策思路和实例，最后提出"不确定性处置"和"大数据决策"两个需要进一步研究的问题。

9.1　基于赵森烽-克勤概率的新型风险决策

9.1.1　赵森烽-克勤概率的由来

赵森烽-克勤概率也称为联系概率。因最早由赵森烽、赵克勤通过一系列随机试验的集对分析导出而得名，该随机试验也称为赵森烽-赵克勤试验，基于古典概型的赵森烽-赵克勤试验如下[1-6]。

设一个盒子中只装有 $n(n\geqslant 1)$ 个白球，令 A 表示"任抽一个球是白球"，显然 A 是必然事件，则事件 A 的概率为 1，即 $P(A)=1$；现在向盒子中放入 $m(m\geqslant 1)$ 个黑球，这时的事件 A 就从必然事件变为随机事件，相应地 $P(A)=1$ 变为 $P(A)<1$。

对以上试验进行分析，得到以下结论。

(1) 基于现象的结论。事件 A 的随机性来自盒子中加入了另一种颜色的球。

因为试验表明：当盒子中只有白球时，事件 A="任抽一个球是白球"是必然事件；但当盒子中加入黑球后，事件 A 就成为随机事件，这说明事件 A 的随机性来自黑球。

(2) 对现象进行抽象后的结论。事件的随机性来自两个事物的联系。

因为试验表明：当盒子中只有一种颜色的球时，事件 A="任抽一个球是白球"是必然事件；但当盒子中加入另一种颜色的球后，事件 A 就成为随机事件，这说明事件 A 的随机性源自两个事物的联系。

结论(2)也表述为：事件 A 的随机性源自随机试验中两个互不相容事件 A 与 $\overline{A}$ 的一种联系。由此得到新的随机事件定义。

定义 9.1.1 具有随机性的事件称为随机事件。

经典概率论把随机事件定义为可能出现也可能不出现的事件[7-8]，或随机现象的某些样本点组成的集合[9]，但上述随机试验表明：随机试验是由两个事物同时存在的随机试验。事实上，正是由于两个不同事物在随机试验中同时存在，并由这两个事物引发的两个互不相容事件的相互关系导致了这两个事件的随机性。

由定义 9.1.1 得出以下推论。

推论 9.1.1 随机事件必具有随机性。

证明 用反证法，设随机事件没有随机性，但这与定义 9.1.1 相矛盾，所以随机事件必具有随机性。

根据上述赵森烽-赵克勤试验的分析和关于随机事件的定义，文献[1]～文献[3]进一步给出了随机事件的以下两个定理：

定理 9.1.1(随机事件成对存在定理) 任一随机试验中的随机事件成对存在。

证明 设事件 A 是某一随机试验中的随机事件，根据定义 9.1.1 和推论 9.1.1 知，该随机事件 A 必具有随机性。再根据试验显示的随机性产生原理可知，随机性是两个事件的一种关系，因此在随机试验中的随机事件 A 与随机事件 $\overline{A}$ 成对存在，证毕。

注意：随机事件成对存在定理指的是随机事件的存在状态，并非指随机事件的表现状态。事实上，当两个随机事件是互不相容事件时，就存在的意义上成对存在，否则不称其为随机事件。但在表现意义上互不相容，一个出现时，另一个就不出现，据此得到以下随机事件表现定理。

定理 9.1.2(随机事件表现定理) 设随机事件 A 与 $\overline{A}$ 是互不相容的对立事件，则在一次随机试验中必出现其中之一，且只能出现其中之一。

证明 根据定理 9.1.1，随机事件 A 与随机事件 $\overline{A}$ 成对存在，由于随机事件 A 与随机事件 $\overline{A}$ 是互不相容的对立事件，所以在关于随机事件 A 与 $\overline{A}$ 共存的随机试验中，随机事件 A 与 $\overline{A}$ 不可能同时出现，也不可能同时不出现，所以定理 9.1.2 成立。

由于随机事件成对存在，随机试验会有不同的结果，为研究方便起见，文献[1]还给出以下定义。

定义 9.1.2 在随机试验中，被首先关注的事件称为主事件(也称为第一关注事件或正事件)；与主事件互不相容的另一事件称为该主事件的伴随事件(也称为第二关注事件或负事件)，简称伴随事件。

根据定义 9.1.2 知，在两个互为成对的随机事件 A 与 $\overline{A}$ 中，主事件 A 是首先关注事件，伴随事件则与主事件有关。

也就是说，用 A 表示主事件时，$\overline{A}$ 就是 A 的伴随事件；反之，用 $\overline{A}$ 表示主事件时，A 就是 $\overline{A}$ 的伴随事件。

由于随机事件 A 与 $\overline{A}$ 成对存在，又因互不相容而在某次随机试验中随机出现其中之一，所以用 $P(A,\overline{A})$表示 A 或 $\overline{A}$ 出现的概率，并约定$(A,\overline{A})$中的 A 为主事件，表示 A 的伴随事件，由此导出赵森烽-克勤概率（联系概率）——一种基于主事件 A 发生的大数概率和主事件 A 不发生的即或概率的联系数表达式

$$P_c(A)=P(A)+[1-P(A)]i \tag{9.1.1}$$

式中，$P_c(A)$表示联系数意义下事件 A 在某次随机事件中发生的可能性大小$P(A)$（A 的大数概率）与不发生的可能性大小 $1-P(A)$（A 的即或概率）的“联系和”，即赵森烽-克勤概率，也称为联系概率，$P_c(A)$中的下标 c 是“联系”(connected)的意思。

有时，也把式(9.1.1)写成

$$P(A,\overline{A})=P(A)+P(\overline{A})i \tag{9.1.2}$$

在式(9.1.1)和式(9.1.2)中，i 代表不确定性，定义 i 在$\left[\dfrac{-1-P(A)}{1-P(A)},1\right]$区间根据不同情况取不同的值。因为就随机试验的结果看，$P_c(A)=P(A)+P(\overline{A})i$ 有 -1（伴随事件发生）与 1（主事件发生）两个值，解方程 $P_c(A)=P(A)+P(\overline{A})i=-1$得 $i=\dfrac{-1-P(A)}{1-P(A)}$；解方程 $P_c(A)=P(A)+P(\overline{A})i=1$ 得 $i=1$，由此才能刻画出每一次随机试验的实际结果。

例如，袋子中有 2 个白球和 3 个黑球，设抽到白球为主事件 A，抽到黑球为事件 $\overline{A}$，在任抽一球是白球时，有赵森烽-克勤概率 $P_c(A)=P(A)+P(\overline{A})i=\dfrac{2}{5}+\dfrac{3}{5}i=1$，解得这时的 $i=1$。当实际抽到的球是黑球时，站在主事件 A 的角度看，其相应的赵森烽-克勤概率 $P_c(A)=P(A)+P(\overline{A})i=\dfrac{2}{5}+\dfrac{3}{5}i=-1$，解得 $i=-\dfrac{7}{3}$。如果以 $\overline{A}$ 作为主事件，把 A 看成 $\overline{A}$ 的伴随事件，则相应的赵森烽-克勤概率为 $P_c(\overline{A})=P(\overline{A})+P(A)i=\dfrac{3}{5}+\dfrac{2}{5}i$，这时如果任抽一球是黑球，则有 $P_c(\overline{A})=P(\overline{A})+P(A)i=\dfrac{3}{5}+\dfrac{2}{5}i=1$，解得 $i=1$；如果任抽一球是白球，则有 $P_c(\overline{A})=P(\overline{A})+P(A)i=\dfrac{3}{5}+\dfrac{2}{5}i=-1$，解得 $i=-4$。

可见在同一问题中选择不同的事件作为主事件，把与之不相容的另一事件作

为该主事件的伴随事件，它们的赵森烽-克勤概率表达式不同，i 的取值也随之不同，这是容易理解的。特别地，在随机试验中，设事件 A 为主事件(参考事件)，而实际试验结果出现事件 $\overline{A}$，$A\cap\overline{A}=\varnothing$，$A\cup\overline{A}=\Omega$(全事件)，则称出现随机事件 $\overline{A}$ 的概率 $P(\overline{A})$ 为相对于主事件 A 的负概率。

由此可见，所谓主事件 A 的负概率并非是 $P(A)$ 的负值，也就是 $P(\overline{A})\neq-P(A)$。

容易看出，赵森烽-克勤概率比经典概率含有更多的信息，有关赵森烽-克勤概率的更多内容请参见文献[1]～文献[6]。

9.1.2 应用举例

例 9.1.1 某地势较低的工地有一重要设备，据气象部门预报，下个月该地区出现小洪水的概率是 0.25，出现大洪水的概率是 0.01，为保护该设备拟定三种方案。

方案 1：运走设备，需费用 3800 元。

方案 2：建一挡水围墙，费用 2000 元，但围墙能挡小洪水，不能挡大洪水，大洪水侵入要损失 60000 元。

方案 3：不做准备，当小洪水来临损失 10000 元，大洪水来临损失 60000 元。

决策者为保守型(要求损失最小)，试选择方案。

该例题取自文献[8]，这是一个求数学期望的问题，该例子在文献[8]中的解如下。

解 设该工地所受损失为 X，在三种不同方案下的期望损失如下。

取方案 1 时 X 为常数，$X=3800$，这时 X 的期望 $E(X_1)=3800$(元)。

取方案 2 时 X 的分布列，见表 9.1.1。

表 9.1.1 X 的分布

X	2000	62000
P	0.99	0.01

这时 X 的期望 $E(X_2)=2000\times0.99+62000\times0.01=2600$(元)。

取方案 3 时 X 的分布列见表 9.1.2。

表 9.1.2 X 的分布

X	0	10000	60000
P	0.74	0.25	0.01

这时 X 的期望 $E(X_3)=0\times0.74+10000\times0.25+60000\times0.01=3100$(元)。

比较以上三种方案的期望后看出，方案 2 的期望损失值最小。

以下是把例题中的概率采用联系概率表示后的三个方案期望损失值计算。

首先，把题目中给出的各个概率改写为联系概率 P_c(小洪水)$=0.25+0.75i$，P_c(大洪水)$=0.01+0.99i$，P_c(无洪水)$=0.74+0.26i$，再计算联系概率条件下的各个方案期望值。

取方案 1 时 X 为常数，这时 X 的期望 $E_c(X_1)=3800$(元)不变。

取方案 2 时 X 的分布列见表 9.1.3。

表 9.1.3　X 的分布

X	2000	62000
P	$0.99+0.01i$	$0.01+0.99i$

这时 X 的期望为

$$E_c(X_2)=2000\times(0.99+0.01i)+62000\times(0.01+0.99i)=2600+61500i(\text{元})$$

取方案 3 时 X 的分布列见表 9.1.4。

表 9.1.4　X 的分布

X	0	10000	60000
P	$0.74+0.26i$	$0.25+0.75i$	$0.01+0.99i$

这时 X 的期望为

$$\begin{aligned}E_c(X_3)&=0\times(0.74+0.26i)+10000\times(0.25+0.75i)+60000\times(0.01+0.99i)\\&=3100+66900i(\text{元})\end{aligned}$$

由于 $E_c(X_2)$、$E_c(X_3)$ 中含有不确定取值的 bi 项，需要对其中的 i 进行取值分析，但仅根据题给条件难以确定 i 值，不过可以计算以下不等式：

$$2600+61500i\geqslant 3800$$

解得

$$i\geqslant 0.0195$$

这表明当 $i>0.0195$ 时，$E_c(X_2)>E_c(X_1)$。

同理，解

$$3100+66900i\geqslant 3800$$

得

$$i\geqslant 0.0105$$

表明当 $i>0.0105$ 时，就有 $E_c(X_3)>E_c(X_1)$。

综合以上计算结果，可以得出损失最小的保守型方案应当是方案 1，这一结论与直观相符，因为只要洪水来了，实际损失都要大幅度地超过方案 1 的损失。事实上，方案 2 与方案 3 都存在风险，但这种风险在仅采用概率计算期望时，并不在计算结果中显现,这时的计算结果仅是一个实数;但这种风险在把概率联系化后就显现在计算结果中不确定取值的 bi 项上,计算表明:当 $bi=0$(也就是取 $i=0$)时,赵森烽-克勤概率下的期望正好是经典概率意义下的期望,可见前者是后者的一个特例。

从这个例子可以看出:同一个问题中经典概率意义下的数学期望与基于赵森烽-克勤概率的数学期望不一致,后者比前者含有更多的信息,这种信息源自赵森烽-克勤概率在刻画事件 A 的可能性大小的同时,也刻画出事件 $\overline{A}$ 的可能性大小。例如,$0.25+0.75i$ 这个刻画小洪水的赵森烽-克勤概率,在刻画出小洪水概率 0.25 的同时,也刻画了出现“非小洪水”的概率,而在“非小洪水”这个事件中,既包含了“没有洪水”,也包含了“大洪水”等不同情况。由于出现“非小洪水”的概率 0.75 是小洪水概率 0.25 的 3 倍,所以考虑“非小洪水”事件是非常必要的。事实上,由于已知“大洪水”的概率是 0.01,当 $i\geqslant 0.0195$ 时意味着“大洪水”出现,这时的方案 2 自然失效。用类似的思路可以分析和理解赵森烽-克勤概率意义下方案 3 的期望值。但由于不能确切地知道究竟是“小洪水”或者是“大洪水”或者是“没有洪水”,所以题中仅给出 i 的不等式解。

9.2　需要进一步研究的问题

9.2.1　不确定性的处置

本书第 1 章绪论中已指出:人们把区间数引进决策,是因为区间数能较好地反映在决策中出现的各种不确定性数据,但区间数自身固有的不确定性又给决策建模和最终决策带来了困扰,面对这些困扰,决策科学研究者的思路分为截然不同的两种。

一种思路是想方设法把各种不确定性数据转换成确定性数据,据此建立决策的数学模型和给出确定的决策供决策者使用,即使是基于经典概率的经典风险决策,最后得出的基于数学期望的决策也是如此。

另一种思路是承认区间数决策中区间数的不确定性,基于区间数既有确定性又有不确定性的双重特性进行可以数学建模,由此得到的决策依然是不确定性决策,这种决策在实际工作中还需要结合实际情况作不确定性分析后才能选择具体的方案,基于集对分析和联系数的区间数决策属于后一种思路,基于赵森烽-克勤概率的新型风险决策当然也属于后一种思路。

但后一种思路中需要展开对不确定性的分析。具体到数学形式上,就是要对联系数中的 i 展开分析,根据集对分析理论,对于 i 的分析分为面向联系数本身的理论分析和面向联系数所刻画的研究对象的实际系统分析,前一种分析是基于对联系数作确定性计算的分析,后一种分析是基于对不确定性作不确定性系统分析;

集对分析提倡把这两种分析有机结合,以提高区间数决策的科学性。

总而言之,对不确定性的处置原则是"客观承认,系统描述,定量刻画,具体分析[10-11]"。"客观承认"就是承认区间数决策数据、决策过程和决算结论中存在不确定性;"系统描述"就是把不确定性与确定性作为一个既确定又不确定的系统来描述;"定量刻画"就是对确定性和不确定性作出数学上的刻画;"具体分析"就是对不同的区间数决策问题作不同的具体分析。此外,没有更好的处置方法。另一方面,这也是一种无奈,因为第一次数学危机就用事实告诉人们,$\sqrt{2}$的不确定性或者在边长为完全确定的1的单位正方形中,或者在两条直角边为完全确定的1的直角三角形的斜边上,这也说明不确定性有时就在确定的范围之中。正是在这样的意义上,集对分析方法与其他处理不确定性的决策理论与决策方法有着良好的兼容性和互补性。

9.2.2 大数据决策

随着计算机的普遍应用和网络的不断延伸,特别是计算机容量的不断加大和处理能力的不断提高,各种日积月累的数据流源源不断地产生,大数据时代已经来临[12],大数据不仅左右着自然探索、科学研究、社会管控、经济发展、重特大灾害应对,也影响着人们的生活和工作,大数据决策也将接踵而至,如何从各种大数据中挖掘出有用的知识,作出阶段性的决策,将是决策科学工作者要面临的新问题。毫无疑问,本书给出的区间数决策集对分析理论和方法可以在大数据决策中大显身手。但如何根据需要截取数据流,化为区间数,以及把带有种种不确定性的数据化为联系数[13],进而提炼决策问题,建立动态的大数据区间决策数学模型,并对模型求解,这是一个前所未有的问题,需要数学工作者、计算机科技人员、决策科学工作者和相关领域专家共同协作,迎接挑战。

参考文献

[1] 赵森烽,赵克勤.概率联系数化的原理及其在概率推理中的应用[J].智能系统学报,2012,7(3):200-205.

[2] 赵森烽,赵克勤.几何概型的联系概率(复概率)与概率的补数定理[J].智能系统学报,2013,8(1):1-15.

[3] 赵森烽,赵克勤.频率型联系概率与随机事件转化定理[J].智能系统学报,2014,9(1):53-59.

[4] 赵森烽,赵克勤.联系概率的由来及其在风险决策中的应用[J].数学的实践与认识,2013,43(3):165-171.

[5] 赵森烽,赵克勤.基于赵森烽-克勤概率的新型风险决策[C]//决策科学与系统分析.北京:知识产权出版社,2013:186-192.

[6] 赵克勤,赵森烽.奇妙的联系数[M].北京:知识产权出版社,2014:65-80.

[7] 王梓坤. 概率论基础及其应用[M]. 北京:科学出版社,1979:218-219.

[8] 赵秀恒,米立民. 概率论与数理统计[M]. 北京:高等教育出版社,2008:1-28.

[9] 茆诗松,程依明,濮晓龙. 概率论与数理统计教程[M]. 北京:高等教育出版社,2012:1-4.

[10] 赵克勤,宣爱理. 集对论——一种新的不确定性理论方法与应用[J]. 系统工程,1996,14(1):18-25.

[11] 赵克勤. 集对分析及其初步应用[M]. 杭州:浙江科技出版社,2007:1-35.

[12] http//www. ciotimes. com/bi/sjck/84274. html[2014-03-16].

[13] Zhao K Q, Liu X M, Zhao S F. Cloud computing data uncertain Set pair analysis[C]//IEEE CCIS2012, Hangzhou, 2012:448-450.

后　记

现实世界中的各种决策问题，由于受到客观和主观条件的限制，或多或少具有各种不确定性。也因为如此，用区间数表示决策中的各种指标(属性)值既方便又自然，但是，进一步的数学建模和计算分析就遇到麻烦，原因在于区间数既具有确定性，同时又具有不确定性。区间数的这种双重特性对于习惯于“一一对应”思考的经典数学来说无疑是一个挑战，因此，至今人们都没有找到一种公认的区间数大小排序方法。

既然区间数及其扩充的区间数是确定性与不确定性的对立统一体，我们所能做的，也只能是采用集对分析的理论及其联系数这个工具研究各种区间数决策问题，因为集对分析理论是一个把事物的确定性与不确定性作为一个对立统一体加以研究的理论，集对分析中的联系数是反映研究对象确定性与不确定性辩证关系的一种结构函数。已有不少学者的研究表明区间数多属性决策问题应用集对分析联系数处理的有效性和实用性，本书的研究工作也进一步证实了这种有效性和实用性，其原因就在于集对分析理论及其联系数客观地反映了区间数的确定性与不确定性。

按集对分析理论，确定性与不确定性的对立统一贯穿于一个事物的始终。把集对分析联系数用于区间数决策，其结论也因此是随不确定性变化而变化的有条件的结论，这多少有些令人失望，但无疑是客观和合理的，道理很简单，因为只有这样，才能使决策结论符合现实世界中不断变化着的各种问题。

需要说明的是，本书的不少内容需要做更深入的研究。例如，就区间数决策来说，在同一个问题中要同时兼顾区间数的数量特性和空间位置特性，可能会出现决策结果不协调的情况；同时兼顾区间数的数字特性和系统性特性，也会增加决策的难度；就联系数来说，不仅有一次、二次和高次联系数，还有偏联系数、邻联系数和多重多元联系数、多重多元偏联系数、多重多元邻联系数等，这些联系数都可以应用到各种复杂的区间数决策问题研究中。就发展趋势来说，由于计算机的普遍应用，人们正面临各种大数据的挑战，如果把特定对象在一定时间段中产生的数据流定义为大区间数，那么如何开展大区间数决策也成为决策科学研究工作者的一个新课题；对这些问题追根溯源，又归结到如何客观地处理数与系统的确定性关系与不确定性关系的相互联系和相互作用问题，所有这些问题都是本书作者研究的方向，期待读者与我们共同思考，共同探讨这些问题，也期望专家学者批评和指正书中存在的问题，发展和完善区间数决策的理论和方法以及集对分析理论，写就决策科学的新篇章。